振动系统的逆谱问题

魏朝颖◎著

中国石化出版社

图书在版编目(CIP)数据

振动系统的逆谱问题/魏朝颖著.—北京:中国石化出版社,2022.9
ISBN 978-7-5114-6887-1

Ⅰ.①振… Ⅱ.①魏… Ⅲ.①谱(数学)-逆问题
Ⅳ.①O177.7

中国版本图书馆CIP数据核字(2022)第172748号

中国石化出版社出版发行
地址:北京市东城区安定门外大街58号
邮编:100011 电话:(010)57512500
发行部电话:(010)57512575
http://www.sinopec-press.com
E-mail:press@sinopec.com
北京柏力行彩印有限公司印刷
全国各地新华书店经销
*
787×1092毫米 16开本 10.25印张 165千字
2022年9月第1版 2022年9月第1次印刷
定价:78.00元

前言

Preface

受其他学科与工程技术领域在应用中所产生的问题所驱动，比如热传导问题、微波传输问题、弦和梁的振动问题等，振动系统的逆谱问题已成为应用数学中发展和成长最快的热门学科之一.

振动系统的逆谱问题主要研究由怎样的谱信息能唯一确定并重构该系统. 该问题的研究在许多领域都有着非常重要的实际应用，主要包括力学、物理学、地球物理学、数学物理学、气象学、机械和航空航天工程等科学领域. 基于该问题的研究可以解决很多实际问题. 例如，由物体的模态、固有频率等物理参数的变化判断物体结构是否出现损伤、损伤的程度和损伤的位置，即所谓探伤问题；由风管固有频率的变化判断风管内部是否出现障碍物并判断障碍物的位置和大小；由地震引起的振动推断地球的内部结构；由弹性振动薄膜的振动频率确定弹性振动薄膜的密度或者设计一种结构来避免共振现象的发生等. 此外，由于振动系统的逆谱问题在理论上又具有鲜明的特性，迄今，已发展成为具有交叉性的计算数学、应用数学和系统科学中的一个热门学科方向.

该书立足于数学，结合相关的物理现象，从新的观点出发，对数学物理学科中被广泛关注的若干振动系统的逆谱和逆散射问题进行了系统和深入的研究。其中，主要包括 Sturm-Liouville 差分和微分算子、Dirac 微分算子和 Jacobi 算子. 特别地，还研究这些系统基于不完备谱数据的逆谱问题，其主旨在于选取最少的谱数据以确保系统是唯一的，并在此基础上给出算子的重构算法. 本书结构如下：

第 1 章总结和评述振动系统，包括 Sturm-Liouville 系统和 Dirac 系统逆谱问题的物理背景、研究意义及研究现状.

第 2 章研究内传输特征值的逆问题. 首先研究了具有吸收介质的 Sturm-Liouville 差分算子，给出了唯一确定密度函数的相关条件. 然后研究了球面对称介质内传输特征值问题的逆谱问题，给出了密度函数存在的唯一性定理及密度函数的重构的算法.

第 3 章考虑 Sturm-Liouville 微分算子的逆谱问题，研究了其基于混合谱数据的逆谱问题和基于不完备谱数据的逆谱问题，给出了势函数在部分区间已知的情况下，由部分特征值和部分规范常数确定整个区间上势函数的唯一性定理及重构势函数的算法.

第 4 章研究 Dirac 微分算子的逆谱问题. 首先研究了边值条件含有谱参数的自伴 Dirac 算子和具有间断点的非自伴 Dirac 算子的逆谱问题，证明了势函数的唯一性问题，给出了算子重构的算法. 然后研究了 Dirac 算子基于不完备谱数据的逆谱问题和逆结点问题. 最后考虑 Dirac 算子的三组谱逆问题.

第 5 章研究 Jacobi 算子基于混合谱数据的唯一性问题和重构问题，在 Jacobi 矩阵的部分元素已知的情况下，给出了如何确定 Jacobi 矩阵的唯一性定理和重构算法.

本书对以上问题研究的意义主要表现在以下几个方面：

一是提出了新型 Sturm-Liouville 算子和 Dirac 算子，用以描述物理中的混合振动系统，并解决了新算子基于混合谱数据的逆谱问题，指出在唯一确定势函数的问题上，特征值与规范常数所起的作用是相同的.

二是给出了逆散射问题研究的新方法，首次借助 Mittag-Leffler 分解将待定的全纯函数“化大为小”，并与已知数据“对齐”，从而为 Levin-Lyubarski 插值公式提供了充分的应用环境，圆满解决了逆散射领域一类重要的反问题：内部传输特征值问题，给出了该问题可解性的充要条件和重构算法.

三是解决了具有间断点系统的谱及逆谱问题，建立了非连续振动系统的算子理论框架，形成此类微分算子刻画，分析了特征值和特征函数的渐近性等相关谱理论.

综上，本书立足于数学，以无界线性算子谱理论的应用为基础，结合相关的物理现象，从新的观点出发，对数学物理学科中被广泛关注的 Sturm-Liouville 算子、Dirac 算子和 Jacobi 算子的谱与逆谱问题进行了系统和深入的研究. 这些研究不仅深化了微分算子的研究内容，还为相关物理问题提供了理论基础. 因而，无论在数学上还是在实际问题的应用中，都具有重要的意义.

本书由西安石油大学优秀学术著作出版基金和国家自然科学基金面上基金（NO. 11971284）资助出版.

由于笔者水平有限，谬误之处在所难免，敬请读者批评指正.

目录

Contents

第1章 概 述

振动系统中的微分算子谱与反谱理论是讨论在数学物理、各类应用和理论科学及工程技术问题所提出的各种有关算子谱结构、函数按特征值展开、算子的结构特性及由算子的谱信息唯一确定、重构算子等课题的专门研究领域. 它与近代分析学科的几乎所有分支都有密切联系，并在量子力学、数学物理和许多涉及特征值计算的工程技术中均有重要应用.

1.1 Sturm-Liouville 问题和 Dirac 问题的物理背景

作为振动系统的典型代表，Sturm-Liouville（简称 S-L）问题更受研究者关注.

该问题的研究缘起于 19 世纪初叶 Fourier 对热传导问题的数学研究，Sturm 和 Liouville 将 Fourier 的方法又进行了一般性的讨论，他们所得的结果，即形成了 S-L 问题理论，该理论后来成为解决一大类数理方程的理论基础. S-L 问题不仅是常微分算子研究方法的起源地，也是量子力学中描述微观粒子状态的基本数学手段. 许多知名数学家，诸如 Weidam、Simon、Titchmarsh、Levison、Krein、Naimark 等（见参考文献[1]~[11]），均曾投入于 S-L 问题理论和应用的研究，特别在 S-L 问题的谱、逆谱、迹、亏指数理论等方面作出了开拓性的工作. 因此，S-L 理论已经逐步形成数学界和物理学界的一个非常重要的研究领域.

S-L 方程可产生于细直杆的纵向振动问题[5]、非均匀弦的振动问题[5]、杆的轴向振动与扭转振动问题[12]、地球的扭动振动问题[6]、声波在管道中的传播问题[13]、有限长均匀杆的热传导问题[14]、微波传输问题[15,16]等. 根据牛顿第二定律，上述物理模型，都可描述为二阶偏微分方程的初值或边值问题，利用分离变量法求解该类问题，最终都往往导致如下的 S-L 问题：

$$\begin{cases} [p(x)y']' + q(x)y(x) = \lambda\omega(x)y(x) \\ y'(a) - hy(a) = 0 \\ y'(b) - Hy(b) = 0 \end{cases} \tag{1-1}$$

当 $h=\infty$ 时对应的边值条件退化为 Dirachlet 条件 $y(a)=0$、$H=\infty$ 时对应于 $y(b)=0$ 时的情形. 求解上述微分方程边值问题的解，非平凡解对应的 λ 构成该问题的谱系，对应于 λ 的非平凡解构成问题的特征函数系. 上述问题若为自伴的，则其特征函数集合构成 $L^2[a, b]$ 空间中的一组完备的正交函数系. 求解原偏微分方程初值、边值问题的解即化作求解上述 S-L 问题的谱，以及已知函数按照 S-L 特征函数系展开的问题.

下面介绍几个典型的物理模型：

1.1.1 振动问题

杆、梁或非均匀弦的振动问题在工程上具有非常重要的实际意义. 如飞机、火箭等受到推力或阻力时，房屋受到风力和地震波的冲击时，拉紧的非均匀弦两端固定时，均会产生沿着轴线方向的振动.

设振动的杆的轴线在 x 轴上从 $x=a$ 到 $x=b$ 处，其材料密度为 ρ，记杆在 x 处的截面面积为 $S(x)$，材料的弹性模量为 E，令 $u(x,t)$ 表示 t 时刻 x 点处截面的位移，则由 Hook 定律和 d´Alembert 原理，可得其运动方程为：

$$\rho S(x)\frac{\partial^2 u(x,t)}{\partial t^2}=E\frac{\partial}{\partial x}\left[S(x)\frac{\partial u(x,t)}{\partial t}\right] \tag{1-2}$$

分离变量后可得 S-L 方程：

$$-[S(x)v'(x)]'=\lambda S(x)v'(x),\qquad x\in[a,b] \tag{1-3}$$

根据杆的端点 a 或 b 的支撑情况可得 S-L 问题在该端点处的边界条件：

$$v'(x_0)=\pm\frac{k}{ES(x_0)}v(x_0) \tag{1-4}$$

其中，k 为弹性支撑刚度，$x_0=a$ 时等式右端取“-”，$x_0=b$ 时等式右端取“+”. 特别地，端点固定时，$k=\infty$，端点自由时，$k=0$.

设拉紧的非均匀弦固定在 x 轴上从 $x=a$ 到 $x=b$ 处，线密度为 $\rho(x)$，弹性系数为 $p(x)$，令 $u(x,t)$ 表示 t 时刻 x 点处偏离 x 轴的位移，则由 Newton 第二定律可得弦振动的机械运动方程：

$$p(x)\frac{\partial^2 u(x,t)}{\partial t^2}=\frac{\partial}{\partial x}\left[p(x)\frac{\partial u(x,t)}{\partial t}\right] \tag{1-5}$$

边界条件和初值条件分别为：

$$u(a,t)=0,\ u(b,t)=0,\ t>0 \tag{1-6}$$

与

$$u(x,0)=f(x),\ \frac{\partial u(x,t)}{\partial t}\bigg|_{t=0}=g(x),\ a\leqslant x\leqslant b \tag{1-7}$$

用分离变量法求解上式问题，令 $u(x,t)=\varphi(t)v(x)$，则上述振动问题转化为 S-L 问题：

$$-[p(x)v'(x)]'=\lambda\omega(x)v(x),\ x\in[a,b];\ v(a)=0,\ v(b)=0 \tag{1-8}$$

的特征值 λ，对应的特征函数 $v_n(x)$，及 $f(x)$ 与 $g(x)$ 按特征函数系展开的问题.

对于上述 S-L 问题的所有特征值 λ_n，$\sqrt{\lambda_n}$ 为系统的固有频率，对应的解，即特征函数 $v_n(x)$ 被称为振型函数，$u_n(x)=\varphi_n(x)v_n(x)$ 表示弦对应于固有频率 $\sqrt{\lambda_n}$ 的主振动.

1.1.2 波传播问题

声波问题在雷达、医学等领域有广泛的应用，日益受到人们的重视. 考虑声波传播的散射问题，平面声波 u^i 在介质中遇到不可穿透阻碍物 D，在其外部产生散射波 u^s，则总场 u 由入射场 u^i 和散射场 u^s 组成. 若在无穷远场 $\hat{X}=\dfrac{X}{|X|}$ 处满足 Sommerfeld 散射条件，用 $n(X)$

表示折射率，则声波传播的散射问题的微分方程为：

$$\begin{cases}\Delta u + k^2 n(X) u = 0,\ X \in \mathbb{R}^3 \\ u = u^i + u^s \\ \lim\limits_{r\to\infty} r\left(\dfrac{\partial u^s}{\partial r} - ik\sqrt{n_b}\, u^s\right) = 0\end{cases} \tag{1-9}$$

其中，$k > 0$ 为波数，$r = |X|$，此处 Δ 是 R^3 内的拉普拉斯算子. 在平面入射波 $u^i(x) = e^{ik\sqrt{n_b}xd}$，$|d| = 1$ 的条件下，定义远场算子 F：$L^2(\Omega) \to L^2(\Omega)$，$\Omega = \{X: |X| = 1\}$：

$$(Fg)(\hat{X}) := \int_\Omega u_\infty(\hat{X}) g(d) \mathrm{d}s_d$$

其中，u_∞ 为远场，可以测量得到.

经过共谱变换，上述微分方程可以转化为：

$$\begin{cases}\Delta\omega + k^2 n(x)\omega = 0, & \text{in } D \\ \Delta v + k^2 n_b = 0, & \text{in } D \\ \omega = v, & \text{on } \partial D \\ \dfrac{\partial\omega}{\partial V} = v, & \text{on } \partial D\end{cases} \tag{1-10}$$

其中，$n(x)$、n_b 分别为内部介质和外部介质的折射率，v 是 D 的外向法线，其中 D 是有界的，连通的而且具有光滑边界 ∂D 使得对于 $x \in \mathbb{R}^3 \setminus \overline{D}$，有 $n(x) = n_b$. 在该问题中，与非平凡的解 (ω, v) 对应的复数值 λ 即为传输特征值.

当 $\mathrm{Im}\,n(x) = 0$ 与 $\mathrm{Im}\,n_b = 0$ 时，声波和电磁波在传输过程中，在背景介质和非均匀的介质中均没有吸收现象发生，否则有吸收现象发生.

如果 D 是球，而且 $n(x)$ 是球面对称的，则问题(1-10)对应的边值问题共谱于如下非连续的 S-L 问题：

$$\begin{cases}\omega'' + \lambda^2 n(x)\omega = 0,\ 0 < x < a + b \\ \omega(0) = 0 = \omega(a+b) \\ \omega(a+) = -\omega(a-),\ \omega'(a+) = \omega'(a-)\end{cases} \tag{1-11}$$

则在已知远场的情况下，反演障碍物的形状和介质间的阻尼函数的问题即转化为系统(1-11)的逆传输特征值问题.

1.1.3　一维定态 Schrödinger 方程

若粒子在一维空间的势能场 $U(x)$ 中运动，其质量为 m，粒子在时刻 t 的状态波函数记为 $\Psi(x, t)$，则由它满足的能量和动能关系可知，其满足如下 Schrödinger 方程：

$$ih\frac{\partial\Psi(x, t)}{\partial t} = -\frac{h^2}{2m}\frac{\partial^2\Psi(x, t)}{\partial t^2} + U(x)\Psi(x, t) \tag{1-12}$$

其中，h 为约化 Plank 常量. 令 $\Psi(x, t) = \psi(x)f(t)$，分离变量，可导出如下 S-L 方程：

$$-\frac{h^2}{2m}\psi''(x) + U(x)\psi(x) = E\psi(x) \tag{1-13}$$

其中，E 是波函数处于相应状态时粒子的能级.

S-L 问题的研究发展到今天，已脱离了微分方程理论模式，而纳入各类函数空间上无界线性算子的框架. 用算子的观点和方法来认识和研究 S-L 方程，不仅提出了许多更深入和更基础的问题，而且大大扩展了问题的认识视野.

振动系统的另一类典型代表，Dirac 问题同时得到许多学者的关注. 该问题的研究起源于广义量子力学中对于自由电子变化规律的研究.

对于研究微观粒子系统变化规律的理论的量子力学而言，S-L 方程的研究对象是狭义量子力学中一维空间低能无衰变的粒子以及这样的粒子构成的系统，即只能描述速度远小于光速的运动，理论是非相对论的，而广义量子力学的研究对象主要是有无穷多个自由度的场，这时粒子可以产生、湮没和相互转化，系统的粒子可以不守恒，理论是相对论的. 同样对于一维空间而言，这时 S-L 方程就显得无能为力了.

为了建立相对论不变性的方程，几乎在 Schrödinger 方程提出的同时，在 1926 年，Klein-Golrdon 提出了相对论中描述自由电子的波动方程，即 Klein-Gordon 方程，在此方程中出现了波函数对时间 t 的二阶导数，这是与 Schrödinger 方程明显不同的. 用此方程计算氢原子，结果其能级与实验值符合得不好. 1928 年，Dirac 克服了 Klein-Golrdon 方程负概率的困难，提出自由电子 Dirac 方程. 该方程自提出以后，就一直与 S-L 方程并行研究发展，备受很多科学家的关注.

流体力学和空气动力学中的很多问题，都可描述为二阶偏微分方程的初值或边值问题. 利用分离变量法求解该类问题，最终都往往导致如下的一维 Dirac 问题：

$$H(Y)=\begin{pmatrix}0 & 1\\ -1 & 0\end{pmatrix}\frac{\mathrm{d}Y}{\mathrm{d}x}+\begin{pmatrix}\alpha(x) & \delta(x)\\ \delta(x) & \beta(x)\end{pmatrix}Y=\lambda Y \tag{1-14}$$

其中，$Y(x)=(y_1(x),\ y_2(x))^{\mathrm{T}}$ 且 $\alpha(x)$，$\beta(x)$，$\delta(x)\in L^2[0,\ \pi]$. 若 $\alpha(x)=-\beta(x)$，则势函数为标准形式，又称为 AKNS 系统.

1.1.4 修正 Korteweg-de Vries (MKdV) 方程

由离子和非等温电子构成的等离子体研究中，粒子运动的单向非线性波动方程可描述为如下的 MKdV 方程：

$$\begin{cases}y_t-6y^2y_x+y_{xxx}=0, & -\infty<x<+\infty,\ t\geqslant 0\\ y(x,\ t=0)=y_0(x)\end{cases} \tag{1-15}$$

其中，$y(x,\ t)$ 是 t 时刻 x 位置波的高度(或描述 x 方向上流体的速度)，其下标表示求偏导数.

用反散射方法求解以上 MKdV 方程时，寻求所得的 U-V 对为：

$$\begin{cases}\dfrac{\mathrm{d}\Phi}{\mathrm{d}\eta}=\begin{pmatrix}-iz & iy\\ -iy & iz\end{pmatrix}\Phi\equiv U(z)\Phi\\ \dfrac{\mathrm{d}\Phi}{\mathrm{d}t}=\begin{pmatrix}-4iz^3-2iy^2z & 4iz^2y-2zy_\eta-iy_{\eta\eta}+2iy^3\\ 4iz^2y-2zy_\eta-iy_{\eta\eta}-2iy^3 & 4iz^3=2iy^2z\end{pmatrix}\Phi\equiv V(z)\Phi\end{cases} \tag{1-16}$$

U-V 对中的第一个方程即为 Dirac 方程.

可见，Dirac 方程与非线性波方程（“MKdV 方程”）与一元 AKNS-ZS 谱系的相关性如同 S-L 方程与 KdV 方程，即就 Dirac 算子是量子物理中相对化的 S-L 算子.

1.2　振动系统逆谱问题的研究意义

振动系统谱问题和逆谱问题在许多领域都有着非常重要的实际应用，主要包括力学、工程学、物理学、地球物理学、数学物理学、气象学等自然科学领域.

在力学与振动问题中，特征值描述的是模型的固有频率，是最易测取的物理量，而在量子力学中，特征值描述的是该两种体系中离子跃迁时的能量，是唯一可以观测到的物理量. 那么自然要问，如何由已观测到的固有频率或原子的能级，即按照实验测得的谱数据，来确定振动物体的弹性系数或确定原子的内力. 从而产生一个问题，即已知算子的谱来确定方程中所含有的系数，这样的问题称为 S-L 逆谱问题.

所以，逆谱问题与谱问题相反，研究由给定的谱信息(包括特征值、特征函数的零点和规范常数等)来唯一确定并重构该微分系统的问题. 振动系统逆特征值问题通过考虑物体的振动频率来判断物体本身的一些性质，基于该问题的研究可以解决很多的实际问题. 例如，物体结构发生损伤或故障会引起物体结构的物理参数，比如模态、固有频率等发生变化，根据这些参数的变化，可以判断出物体结构是否出现损伤，甚至还可以判断出损伤的程度和损伤的位置，即所谓探伤问题. 比如探测杆的损伤，诊断风管内部是否出现障碍物且可由风管的固有频率的变化判断风管内部出现障碍的位置和障碍物的大小等. 该类问题在土木、机械和航空航天工程中有着重要的应用[13,30-32]. 此外，基于逆谱问题的研究，人们还可以由地震引起的振动来推断出地球的内部结构[13]，由弹性振动薄膜的振动频率来确定弹性振动薄膜的密度或者设计一种结构来避免某些共振现象的发生[33].

S-L 算子和 Dirac 算子特征值的逆问题因其在众多领域中应用的重要性吸引了许多数学家的广泛关注和深入研究，使得这种问题成为当今计算数学领域的热门研究课题之一.

1.3　Sturm-Liouville 算子和 Dirac 算子逆谱问题的研究现状

从数学的角度出发来考虑，所有逆问题的研究都包括存在性问题、唯一性问题、重构问题和稳定性问题这四个方面的内容[5,34]. 存在性问题研究是否存在一个势函数(或密度或面积函数)，或者在物理上是否存在一个振动系统，具有所要求的(谱)性质；唯一性问题研究是否只存在唯一的微分系统具有给定的谱信息；重构问题则研究当给定谱信息时，如何由这些给定的谱信息重新构造出或还原出原来的微分系统；而稳定性问题研究对谱信息的测量误差及重构模型的计算误差的控制情况，而其最理想的情况，即无误差时的情况，便退归为唯一性.

然而从应用的角度看，存在性肯定是成立的，而唯一性则是指导测取用来重构的数据的理论基础. 故在逆问题理论中，唯一性问题一直扮演着最主要的角色.

当 $p(x)$、$\omega(x)$ 充分光滑时，应用 Liouville 变换[35]，S-L 问题(1-1)可转化为“共谱的”S-L 势方程问题进行研究，即均可划归为对应于系统(1-1)中 $p(x)=\omega(x)=1$ 的 S-L 问题：

$$\begin{cases} y'' + q(x)y(x) = \lambda y(x), \ x \in [a, b] \\ y'(a) - hy(a) = 0 \\ y'(b) - Hy(B) = 0 \end{cases} \tag{1-17}$$

进行研究，通常用 $\sigma(q, h, H)$ 表示系统(1-17)的谱.

对于 Dirac 问题，给定确定的边值条件：

$$\begin{cases} y_2(0) - hy_1(0) = 0 \\ y_2(1) - Hy_1(1) = 0 \end{cases} \tag{1-18}$$

则 AKNS 系统(1-14) 与下面的典则形式是共谱的[25]：

$$H(Y) = \begin{pmatrix} 0 & 1 \\ -1 & 0 \end{pmatrix} \frac{\mathrm{d}Y}{\mathrm{d}x} + \begin{pmatrix} p(x) & 0 \\ 0 & r(x) \end{pmatrix} Y = \lambda Y \tag{1-19}$$

其中，$p(x)$，$r(x) \in L^2[0, \pi]$. 方程(1-19)满足边值条件(1-18)的非平凡解所对应的 λ 值构成该问题的谱系.

下面主要以 S-L 算子为例，介绍逆谱问题研究的发展现状. S-L 逆谱问题的研究，起源于对定义在有限区间上自伴型势方程的考虑. 1946 年，Borg 给出了逆谱问题的奠基性结果，现在被称为两组谱定理：

引理 1-1[38] 设 $q(x) \in L^1[0, 1]$ 为实值函数，$H \neq \infty$，则

(1) $h = \infty$ 时，$\sigma := \sigma(q, h, \infty) \cup \sigma(q, h, H)$ 或 $\sigma := \sigma(q, \infty, \infty) \cup \sigma(q, \infty, H)$ 可以唯一确定势函数 $q(x)$.

(2) 当 $h \neq \infty$ 时，$\sigma := \sigma(q, h, \infty) \cup \sigma(q, h, H)$ 可以唯一确定势函数 $q(x)$.

(3) σ 的任何真子集不能唯一确定势函数 $q(x)$.

上述引理表明：通过两组特征值完全能唯一确定势函数，且这两组特征值中至多可缺少一个. 另外，若势函数是对称的，则一组谱就可确定势函数，另一组谱被势函数的对称性补足.

引理 1-2[38] 设 $q(x) \in L^1[0, 1]$ 并关于 $x = \dfrac{1}{2}$ 对称，即 $q(x) = q(1 - x)$，则 $\sigma :=$ $\sigma(q, \infty, \infty)$ 或 $\sigma := \sigma(q, 0, 0)$ 可以唯一确定势函数 $q(x)$.

需指明的是，上述“唯一确定”指的是“不存在另一个不同的势函数具有相同给定的谱信息”.

此后，Borg 定理得到了深入研究和广泛推广，取得了一系列的研究成果. 特别地，1949 年，Levinson[9] 简化了 Borg 的证明过程，并进一步对结果进行了推广. 此后，Marchenko[39] 利用变换算子的方法，改进了 Borg 和 Levinson 的结果，证明了谱函数，对有限区间而言即为一组谱数据对：特征值和对应的规范常数，不仅能唯一确定势函数，而且同时可以确定对应的边值条件中所含有的参数.

引理 1-3 设 $q(x) \in L^1[0, 1]$，若给定一组谱 $\sigma(q, h, H)$ 及其对应的一组规范常数，则可唯一确定整个区间上的势函数 $q(x)$ 及其边值条件中所含有的参数 h，H.

引理表明一组特征值及其对应的规范常数组可唯一确定算子. 该方法后来被 Levitan[40]，Marchenko[41]，Krein[42-43] 和 Gasymov[44] 等运用，得到了由谱函数对和两组谱重构 S-L 系统的势函数和边值条件参数的方法(亦可参见文献[45-49]).

特别需要提到的是，Gelfand 和 Levitan[40] 于 1951 年建立的实现势函数的积分方程（现在被称为 G-L 方程），这一方程，在此后的研究中，对系统的重构起到了非常重要的作用. 历史上，许多知名的数学家和物理学家曾投入其中进行研究，如 Marchenko、Krein、Barcilon、Mclaughlin、Simon 等. 值得一提的是，此后，Trubowitz 与他的合作者，在一系列文章中，从几何构造出发，给出了两组数列（可以认为是一组特征值和特征函数的端点比率），基于一定的渐近性质，唯一确定势函数的充要条件.

Dirac 算子的逆谱问题的研究一直与 S-L 算子并行发展，比如由两组谱重构连续的势函数[36]，由一组谱和一组规范常数唯一确定势函数[37]，及由谱函数唯一确定势函数[62]等. 特别是，自 1966 年，Gasymov 与 Levitan 通过应用谱函数[53]及散射位相[54]解决了定义在 $\mathbb{R}_+$ 上的 Dirac 算子的逆谱问题后，有很多学者继续和发展了他们的工作.

可见，S-L 算子及 Dirac 算子势函数的唯一性问题可由以下三组谱数据中的某一组来确定[36,37]：

$$T_1: = \{\lambda_n,\ \alpha_n\}$$
$$T_2: = \{\lambda_n,\ \kappa_n\}$$
$$T_3: = \{\lambda_n,\ \widetilde{\lambda}_n\}$$

其中，$\widetilde{\lambda}_n$ 是通过改变边值条件中的参数后所得新算子生成的特征值，对于 S-L 算子，$\alpha_n = \| y_n \|^2$ 称为规范常数，其中 y_n 为 S-L 算子特征值 λ_n 对应的特征函数，即规范常数为特征函数范数的平方 κ_n 称为终端速率或比率，定义为 $\kappa_n = \psi(x,\ \lambda_n)/\varphi(x,\ \lambda_n)$，即为特征函数的边界比率. 而对应于 Dirac 算子，$\alpha_n = \| y_{1,\ n} \|^2 + \| y_{2,\ n} \|^2$，$u_1(0,\ \lambda_n)/u_1(\pi,\ \lambda_n) = \kappa_n = v_1(0,\ \lambda_n)/v_2(\pi,\ \lambda_n)$.

自伴型势方程的逆谱问题研究的另一转折点是，Hochstadt 等[63]于 1978 年给出了有限区间上所谓的半逆谱定理，即通过一半区间上的势函数与一组谱，完全能唯一确定整个方程：

引理 1-4　设 $q(x) \in L^1[0,\ 1]$，若给定区间 $\left[\dfrac{1}{2},\ 1\right]$ 上的势函数 $q(x)$，则一组谱 $\sigma(q,\ h,\ H)$ 即可确定整个区间上的势函数 $q(x)$.

该结论与 Borg-Levinson 的对称性结论有异曲同工之妙，即由一组谱确定势函数的不足条件的另一种替代，即用半区间上势函数代替第二组谱，或者说代替势函数对称性的条件.

此工作开启了混合谱数据确定势函数的研究，后来得到了极大的推广，产生了大量的研究成果，尤其以 Simon 为首的研究小组[64-66]，成功运用 Weyl 函数的方法，通过势函数的部分与谱的部分信息给出了唯一确定势方程的条件. 近年来，Wei 与 Xu[67,68]一直关注并研究这方面的问题，并成功解决了 Simon 在文中提出的公开问题，即边界条件可以替代一个特征值用于唯一确定势函数，此外，Wei 与 Xu 还首次提出并解决通过部分势函数和部分谱数据对（特征值与其规范常数）同样能唯一确定势函数. 事实上，Wei 与 Xu 证明规范常数和特征值，在唯一确定势函数的问题上，“地位”是相同的.

1996 年，Amour[69]证明了：若左半区间（或右半区间）上的势函数对 $(p,\ r)$ 已知，则 Dirichlet 谱可唯一确定整个区间上的势函数对 $(p,\ r)$. 2001 年，Delrio 与 Grbert[70]研究了若子区间 $[a,\ 1]$ 上的势函数对已知，则两组谱中的一部分即可确定整个区间 $[0,\ 1]$ 上的势函数对. 这些结论是Borg, Hochstadt 及 Lieberman 对于 S-L 算子的典型结论在 Dirac 算子中的推广.

以上结论可概括为："当一部分区间上的势函数已知时, 若势函数未知部分的区间长度是整个区间长度的 $a(0 < a < 1)$ 倍, 则确定整个区间上的势函数, 主要是未知部分的势函数, 至少需要再提供 $2a$ 组特征值或规范常数." 比如从可数组谱中抽取下标相同的特征值进行重组来得到唯一确定势函数的条件[71].

此外, 关于 S-L 算子, Gesztesy 与 Simon[72] 及 Pivovarchik[73] 已证明, 若对于 $a \in (0, 1)$, 定义在区间 $[0, 1]$ 及子区间 $[0, a]$、$[a, 1]$ 上的三个 S-L 问题的谱是分段不交的, 则这三组谱可唯一确定势函数 q, 该问题被称为三组谱问题. 事实上, 两个子区间 $[0, a]$、$[a, 1]$ 上的两个 Sturm-Liouville 问题的谱, 可视为区间 $[0, 1]$ 上由直和空间构造出的 S-L 问题的一组谱, 并且子区间上的两组谱与 $[0, 1]$ 区间上的谱存在着交错性关系, 文章[71-75]及[76]和本书第 5 章分别证明了在经典 S-L 问题、不定 S-L 问题和非连续 S-L 问题中, 这种交错性都成立. 但是, 对于 Dirac 算子的三组谱问题, 在文章[77]发表之前, 却没有看到有相应的结果, 尤其是对于具有界面条件的 Dirac 算子, 甚至其自伴性都没有看到有学者证明.

第 2 章 传输特征值的逆谱问题

传输特征值的反演问题的研究起源于非均匀介质的散射问题，其主要目的是通过振动系统的频率(对应于特征值)识别和实现非均匀介质的密度. 传输特征值反映了散射物质的性态，原则上可通过远场或近场测量得到. 通过其测量值，对散射物质的材料性质进行估计. 具体地，传输特征值与介质的“隐身”有着密切的关系，当入射波的频率取内部(或外部)传输特征值时，介质外部的散射波有可能为零，此时利用波场散射信息探测障碍物时，介质就“隐身”了. 基于这样的现象，工程实际中，可借助传输特征值，指导隐形材料的设计. 此外，散射介质的结构损伤或结构变化会引起特征值的变化，反过来可根据特征值变化探测介质是否出现损伤及损伤出现的位置等. 因此，传输特征值反演问题在目标识别的相关问题中有非常重要的理论意义和实际应用价值，已发展成为当前反散射理论研究的一个核心课题.

在数学上，传输特征值表现为定义在直和空间上非自伴微分算子的离散谱点. 与自伴算子谱的性质相比，传输特征值的性态更为复杂，可能存在非实和非简单特征值. 另一方面，其对应特征函数在相应空间上未必是完备的. 与自伴算子反谱问题的研究相比，传输特征值反问题的处理方法存在许多迥异之处，从而使得该问题的研究非常活跃并具有很大的挑战性.

2.1 具有吸收介质的 Sturm-Liouville 差分算子的逆传输特征值问题

2.1.1 引言

传输特征值问题受到了广泛的关注，已成为逆散射理论的一个重要研究领域，特别是在声波和电磁波的问题中有广泛的应用[80-87]. 考虑该问题的主要动机是由于传输特征值能反映关于散射物体材料性质的信息，且这些特征值原则上可以从散射数据中确定[80,89].

内部传输问题是一个非自伴边值问题，研究具有足够光滑边界 ∂Q，在 $\mathbb{R}^n$ 内有界的单连通域 Q 中的一对场 $E(x)$ 和 $Q(x)$. 设 $\Omega=\Omega_b$ 是 $\mathbb{R}^3$ 中一个半径为 b 的球，$Q(x)=\hat{\rho}(x)+i\dfrac{\rho(x)}{\lambda}$ 是球面对称函数，对应于介质折射率的平方，$E(x)=\hat{\gamma}(x)+i\dfrac{\gamma(x)}{\lambda}$ 是另一个球面对称函数，在电磁学和声学中，它们表示在支撑 Ω_b 的位置 x 处，具有折射率 $\theta(x)$ 的介质嵌

入在折射率为 $E(x)$ 的介质中.

很容易看出，相应的边值问题是：

$$\begin{cases}\omega'' + \lambda^2\hat{\rho}(x)\omega + i\lambda\rho(x)\omega = 0,\ 0 < x < a \\ v'' + \lambda^2\hat{\gamma}(x)v + i\lambda\gamma(x)v = 0,\ 0 < x < a \\ \omega(0) = v(0) = 0 \\ \omega(a) = v(a),\ \omega'(a) = v'(a)\end{cases} \tag{2-1}$$

这里 $\hat{\rho}(x) > 0$，$\rho(x) \geqslant 0$ 和 $\hat{\gamma}(x) > 0$，$\gamma(x) \geqslant 0$，$0 < x < a$. 当 $\rho(x) \equiv 0$ 和 $\gamma(x) \equiv 0$ 时，两种介质中均不存在吸收现象.

本节研究的是吸收介质的逆离散传输特征值问题，定义如下：设 $\omega(n)$ 是离散变量 n 的复值函数，A_K 是 $-\mathrm{d}^2/\mathrm{d}x^2$ 算子的离散形式，定义为：

$$(A_K\omega)(n) =:\ -\omega(n+1) - \omega(n-1) + 2\omega(n) \tag{2-2}$$

其中 $n = 1, 2, \cdots, k$. 吸收介质的离散传输特征值问题可以表示为：

$$\begin{cases}(A_K\omega)(n) = i\lambda\rho(n)\omega(n) + \lambda^2\hat{\rho}(n)\omega(n) \\ (A_M\omega)(n) = i\lambda\gamma(n)v(n) + \lambda^2\hat{\gamma}(n)v(n) \\ \omega(0) = v(0) = 0\end{cases} \tag{2-3}$$

传输条件为：

$$\omega(N) = v(M),\ \omega(N+1) = v(M+1)\ \sqrt{b^2 - 4ac} \tag{2-4}$$

M，N 为给定的自然数，$\omega(n)$，$v(n)$ 表示波函数

$$\omega(\lambda, n),\ v(\lambda, n),\ \rho(n) =:\ \rho_n \geqslant 0,\ \hat{\rho}(n) =:\ \hat{\rho}_n > 0$$

其中 $n=1, 2, \cdots, N$，$\gamma(n) =:\ \gamma_n \geqslant 0$，对于所有 $n=1, 2, \cdots, M$，$\hat{\gamma}(n) =:\ \hat{\gamma}_n > 0$ 表示 n 处的电位势，是折射率的离散指数. 式(2-3)中 $\lambda \in \mathbb{C}$ 是谱参数. 那些使得问题(2-3)～(2-4)存在非平凡解对 $(\vec{\omega}, \vec{v})$ 的 λ 值称为传输特征值. 在下面的第 2 小节中说明，传输特征值的数目(允许重特征值)最多为 $(2M+2N-2)$. 特征值问题(2-3)～(2-4)可以看作是传输特征值问题(2-1)的离散形式，第一个方程为 N 个差分节点，第二个方程为 M 个差分节点.

对于问题(2-3)～(2-4)，如果 M 和 N 足够大，则由式(2-2)定义的差分算子 A_M 和 A_N 收敛到微分算子 $-\mathrm{d}^2/\mathrm{d}x^2$. 根据 Borcea 等人的准确描述，对于离散问题与连续边界问题之间的联系，我们知道离散问题(2-3)～(2-4)的传输特征值收敛到问题(2-1)的特征值.

近年来，对传输特征值及其逆问题的研究主要集中在考虑 $\rho(x) \equiv 0$ 与 $\gamma(x) \equiv 0$ 的情况上，即没有吸收的情形[90-92]. 对于问题(2-1)，Aktosun 等[87]和 Wei 和 Xu[91]给出了由传输特征值唯一确定 $\hat{\rho}(x)$ 的条件；另一方面，对于逆离散传输特征值问题(2-3)～(2-4)，Papanicolaou，Doumas 给出了 $M=N$ 和所有 $\hat{\gamma}(n) \equiv 1$ 情况下的唯一性定理. 在文献[92]中，研究了具有吸收介质的传输特征值问题. 特别是 Cakoni 等人，证明了问题(2-1)的传输特征值存在，形成一个离散集合.

本节的主要目的是，对于问题(2-3)～(2-4)中的 $M \geqslant N$ 和 $M < N$ 的情况，分别研究 $\rho(n)$，$\hat{\rho}(n)$，$n = 1, 2, \cdots, N$，能否由所有传输特征值重构，前提是 $\gamma(n)$，$\hat{\gamma}(n)$，$n = 1, 2, \cdots, M$ 已知. 更准确地说，我们证明了，当 $M>N$ 时，$\rho_1, \rho_2, \cdots, \rho_n$ 和 $\hat{\rho}_1, \hat{\rho}_2, \cdots, \hat{\rho}_n$

是由所有传输特征值唯一确定的；当 $M=N$ 时，ρ_1，ρ_2，…，ρ_n 和 $\hat{\rho}_1$，$\hat{\rho}_2$，…，$\hat{\rho}_n$，是由所有传输特征值以及 ρ_n 、$\hat{\rho}_n$ 或常数 δ 唯一确定的；当 $M<N$ 时，所有的传输特征值以及一些关于 ρ_n 和 $\hat{\rho}_n$ 的部分信息可以唯一确定所有的 ρ_1，ρ_2，…，ρ_n 和 $\hat{\rho}_1$，$\hat{\rho}_2$，…，$\hat{\rho}_n$.

我们用来证明唯一性定理的方法是多项式的扩展欧氏算法. 事实上，证明我们的唯一性结果的过程同时提供了函数 ρ_n 和 $\hat{\rho}_n$ 的重构算法.

在下一小节中，我们提供了一些预备知识，其中包含一些多项式及其与我们的逆问题相关的性质. 在第 3 小节和第 4 小节中，给出我们的主要结果.

2.1.2　相关多项式及其性质

在这一小节中，介绍与问题(2-3)～(2-4)相关的一些多项式及其多项式的性质，这些性质在后面小节主要结论的证明中将用到.

首先定义复变量为 λ 的多项式，记为 $\{U(n,\ \lambda)\}_{n=0}^{N+1}$，是方程

$$(A_N\omega)(n,\ \lambda)=i\lambda\rho(n)\omega(n)+\lambda^2\hat{\rho}(n)\omega(n) \tag{2-5}$$

满足初始条件

$$U(0,\ \lambda)=0,\ U(1,\ \lambda)=1 \tag{2-6}$$

的解的第 n 个分量，则

$$U(n,\ \lambda)=(-1)^{n-1}\prod_{j=1}^{n-1}\hat{\rho}_j\lambda^{2n-2}+i(-1)^{n-1}\prod_{j=1}^{n-1}\hat{\rho}_j\sum_{j=1}^{n-1}\frac{\rho_j}{\hat{\rho}_j}\lambda^{2n-3}+\cdots+n \tag{2-7}$$

其中 $n=2$，…，$N+1$，$i^2=-1$，且表达式中的系数通过递推公式

$$U(n+1,\ \lambda)=(2-i\lambda\rho_n-\lambda^2\hat{\rho}_n)U(n,\ \lambda)-U(n-1,\ \lambda) \tag{2-8}$$

来确定. 因此 $U(n,\ \lambda)$ 具有以下形式

$$U(n,\ \lambda)=\sum_{j=0}^{2n-2}c_{2n-1-j}(n)\lambda^j,\ n=2,\ \cdots,\ N+1 \tag{2-9}$$

值得注意的是 $U(n,\ \lambda)$ 的第一项和第二项的系数分别是

$$(-1)^{n-1}\hat{\rho}_1\hat{\rho}_2\cdots\hat{\rho}_{n-1} \tag{2-10}$$

和

$$i(-1)^{n-1}\hat{\rho}_1\hat{\rho}_2\cdots\hat{\rho}_{n-1}\sum_{j=1}^{n-1}\frac{\rho_j}{\hat{\rho}_j} \tag{2-11}$$

同样，$P_n(\lambda)$ 为满足方程

$$-P_{n+1}(\lambda)-P_{n-1}(\lambda)+2P_n(\lambda)=(i\lambda\gamma_n+\lambda^2\hat{\gamma}_n)P_n(\lambda) \tag{2-12}$$

满足初始条件

$$P_0(\lambda)=0,\ P_1(\lambda)=1 \tag{2-13}$$

的解，则

$$P_n(\lambda)=(-1)^{n-1}\prod_{j=1}^{n-1}\hat{\gamma}_j\lambda^{2n-2}+i(-1)^{n-1}\prod_{j=1}^{n-1}\hat{\gamma}_j\sum_{j=1}^{n-1}\frac{\gamma_j}{\hat{\gamma}_j}\lambda^{2n-3}+\cdots+n,\ n=2,\ \cdots M+1 \tag{2-14}$$

引理 2-1：多项式 $U(N,\ \lambda)$ 和 $U(N+1,\ \lambda)$ 是互素的. 特别的，多项式 $P_M(\lambda)$ 与 $P_{M+1}(\lambda)$ 也是互素的.

证明：用反证法证明，若 $U(N,\lambda)$ 和 $U(N+1,\lambda)$ 不是互素的，则存在某个 $\lambda_0\in\mathbb{C}$ 使得 $U(N,\lambda_0)=U(N+1,\lambda_0)=0$. 由于当 $\lambda=\lambda_0$ 时，$U(N,\lambda)$ 与 $U(N+1,\lambda)$ 满足式(2-4)，则 $U(N-1,\lambda_0)=0$，从而 $U(N,\lambda_0)=0$ 对于所有的 n 都成立，这与系统(2-2)中 $U(1,\lambda_0)=1$ 相矛盾. 类似可证多项式 $P_M(\lambda)$ 和 $P_{M+1}(\lambda)$ 互素.

引理得证.

考虑系统(2-3)~(2-4). 如果 $(\vec{\omega},\vec{v})$ 是系统的非平凡解，则式(2-3)隐含

$$\omega(n)=cU(n,\lambda),\ v(n)=c'P_n(\lambda)$$

其中 c，c' 为非零常数. 所以，式(2-4)可写为：

$$\frac{U(N+1,\lambda)}{P_{M+1}(\lambda)}=\frac{U(N,\lambda)}{P_M(\lambda)}$$

这就相当于：

$$P_M(\lambda)U(N+1,\lambda)-P_{M+1}(\lambda)U(N,\lambda)=0 \tag{2-15}$$

因此，若设

$$\Delta_{M,N}(\lambda)=\begin{vmatrix}P_M(\lambda) & U(N,\lambda)\\ P_{M+1}(\lambda) & U(N+1,\lambda)\end{vmatrix} \tag{2-16}$$

则多项式 $\Delta_{M,N}(\lambda)$ 的零点集合即为问题(2-3)~(2-4)的所有传输特征值. 应注意的是，$\Delta_{M,N}(\lambda)$ 的零点可能会有重根出现. 记 $\Delta_{M,N}(\lambda)$ 的零点 λ_j 的重数为传输特征值 λ_j 的重数，并称 $\Delta_{M,N}(\lambda)$ 为系统(2-3)~(2-4)的特征值方程.

将式(2-3)和式(2-10)代入式(2-12)可得到

$$\begin{aligned}\Delta_{M,N}(\lambda)=&(-1)^{M+N-1}(\hat{\rho}N-\hat{\gamma}M)\prod_{j=1}^{M-1}\hat{\gamma}_j\prod_{j=1}^{N-1}\hat{\rho}_j\lambda^{2M+2N-2}\\&+i(-1)^{M+N-1}\left[(\hat{\rho}N-\hat{\gamma}M)\left(\sum_{j=1}^{N-1}\frac{\rho_j}{\hat{\rho}_j}+\sum_{j=1}^{M-1}\frac{\gamma_j}{\hat{\gamma}_j}\right)+(\rho N-\gamma M)\right]\\&\times\prod_{j=1}^{M-1}\hat{\gamma}_j\prod_{j=1}^{N-1}\hat{\rho}_j\lambda^{2M+2N-3}+\cdots+(M-N)\end{aligned} \tag{2-17}$$

$\Delta_{M,N}(\lambda)$ 的次数最多为 $2M+2N-2$，并且，当 $\hat{\rho}_N=\hat{\gamma}_M$ 时，$\Delta_{M,N}(\lambda)$ 的首项系数为零. 此外，若同时有 $\rho_N=\gamma_M$，则 $\Delta_{M,N}(\lambda)=\Delta_{M-1,N-1}(\lambda)$. 因此，在本章中假定

$$\hat{\rho}_N\neq\hat{\gamma}_M,\ \rho_N\neq\gamma_M$$

注意到，当 $M=N$ 时，式(2-17)隐含 $\Delta_{N,N}(0)=0$，即 0 永远是 $M=N$ 情况下的一个特征值.

令 $\lambda_1,\cdots,\lambda_{2M+2N-2}$ 为 $\Delta_{M,N}(\lambda)$ 的零点(重根按重数计)，则

$$\Delta_{M,N}(\lambda)=\delta\prod_{j=1}^{2M+2N-2}(\lambda-\lambda_j)=:\delta\Delta(\lambda) \tag{2-18}$$

其中

$$\delta=(-1)^{M+N-1}(\hat{\rho}_N-\hat{\gamma}_M)\prod_{j=1}^{M-1}\hat{\gamma}_j\prod_{j=1}^{N-1}\hat{\rho}_j \tag{2-19}$$

特别当 $M\neq N$ 时，我们有

$$\delta=\frac{M-N}{\prod_{j=1}^{2M+2N-2}\lambda_j} \tag{2-20}$$

2.1.3　$M \geqslant N$ 的情形

在本节中，我们将考虑 $M \geqslant N$ 情况下的反问题：给定所有传输特征值，重构 ρ_1，ρ_2，…，ρ_n 和 $\hat{\rho}_1$，$\hat{\rho}_2$，…，$\hat{\rho}_n$. 注意，如果 $\gamma(n)$，$\hat{\gamma}(n)$（$n=1, 2, \cdots, M$）是已知的，那么 $P_M(\lambda)$ 和 $P_{M+1}(\lambda)$ 是已知的.

定理 2-1：当 $M=N$ 时，如果 $\gamma(n)$，$\hat{\gamma}(n)$（$n=1, 2, \cdots, M$）和由式(2-3)和式(2-4)定义的算子的所有传输特征值已知，且 $\rho(n)$，$\hat{\rho}(n)$ 是已知的，那么 ρ_1，ρ_2，…，ρ_n 和 $\hat{\rho}_1$，$\hat{\rho}_2$，…，$\hat{\rho}_n$ 是唯一确定的.

证明：由式(2-16)和式(2-18)，有

$$\begin{vmatrix} P_N(\lambda) & U(N, \lambda) \\ P_{N+1}(\lambda) & U(N+1, \lambda) \end{vmatrix} = \delta\Delta(\lambda) \tag{2-21}$$

首先，证明 $U(N, \lambda)$ 和 $U(N+1, \lambda)$ 是已知的，且由欧几里得多项式算法唯一确定. 由于 $P_M(\lambda)$ 和 $P_{M+1}(\lambda)$ 互素，则存在多项式 $A(\lambda)$，$B(\lambda) \in \mathbb{C}(X)$，使得

$$A(\lambda)P_M(\lambda) - B(\lambda)P_{M+1}(\lambda) = 1 \tag{2-22}$$

并且 $A(\lambda)$，$B(\lambda)$ 可以用多项式的扩展欧氏算法来计算. 用 $P_{M+1}(\lambda)$ 对多项式 $A(\lambda)\Delta(\lambda)$ 进行欧几里得除法，得

$$A(\lambda)\Delta(\lambda) = Q(\lambda)P_{M+1}(\lambda) + \widetilde{A}(\lambda) \tag{2-23}$$

其中 $\deg\widetilde{A}(\lambda) < 2M$. 分别给式(2-22)乘以 $\Delta(\lambda)$ 和式(2-23)乘以 $P_M(\lambda)$，并相加得

$$\widetilde{A}(\lambda)P_M(\lambda) - \widetilde{B}(\lambda)P_{M+1}(\lambda) = \Delta(\lambda) \tag{2-24}$$

这里 $\widetilde{B}(\lambda) = B(\lambda)\Delta(\lambda) - Q(\lambda)P_M(\lambda)$. 由 $\deg\widetilde{A}(\lambda) < 2M$，$\deg P_M(\lambda) = 2M-2$，$P_{M+1}(\lambda) = 2M$ 和 $\Delta(\lambda) = 2M + 2N - 2 \leqslant 4M - 2$ 知 $\widetilde{B}(\lambda) \leqslant 2M - 2$，所以我们有 $\delta\widetilde{A}(\lambda)P_M(\lambda) - \delta\widetilde{B}(\lambda)P_{M+1}(\lambda) = \Delta_{M,N}(\lambda)$，结合式(2-16)可得

$$(U(N+1, \lambda) - \delta\widetilde{A}(\lambda))P_M(\lambda) = (U(N, \lambda) - \delta\widetilde{B}(\lambda))P_{M+1}(\lambda) \tag{2-35}$$

因为 $P_M(\lambda)$ 和 $P_{M+1}(\lambda)$ 是互素的，所以 $P_M(\lambda) \mid U(N, \lambda) - \delta\widetilde{B}(\lambda)$ 和 $P_{M+1}(\lambda) \mid U(N+1, \lambda) - \delta\widetilde{B}(\lambda)$. 因此，$\deg(U(N+1, \lambda) - \delta\widetilde{A}(\lambda)) \leqslant 2M$ 和 $\deg(U(N, \lambda) - \delta\widetilde{B}(\lambda)) \leqslant 2M-2$，当 $M=N$ 时，有

$$U(N+1, \lambda) - \delta\widetilde{A}(\lambda) = aP_{N+1}(\lambda),\quad U(N, \lambda) - \delta\widetilde{B}(\lambda) = bP_N(\lambda),\quad a, b \in \mathbb{C}$$

由多项式在 0 处的值可得

$$a = 1 - \delta\frac{\widetilde{A}(0)}{N+1},\quad b = 1 - \delta\frac{\widetilde{B}(0)}{N}$$

所以 $U(N, \lambda)$，$U(N+1, \lambda)$ 已知，且分别由下面两个关系式唯一决定：

$$U(N, \lambda) = P_N(\lambda) + \delta\phi_N(\lambda) \tag{2-26}$$

与

$$U(N+1,\ \lambda)=P_{N+1}(\lambda)+\delta\phi_{N+1}(\lambda) \tag{2-27}$$

其中

$$\phi_N(\lambda)=\widetilde{B}(\lambda)-\frac{\widetilde{B}(0)}{N}P_N(\lambda)=\sum_{k=1}^{2N-2}a_{2N+1-k}(N+1)\lambda^k \tag{2-28}$$

和

$$\phi_{N+1}(\lambda)=\widetilde{A}(\lambda)-\frac{\widetilde{A}(0)}{N+1}P_{N+1}(\lambda)=\sum_{k=1}^{2N}a_{2N+1-k}(N+1)\lambda^k \tag{2-29}$$

均是已知多项式. 特别是，$\deg\phi_N(\lambda)=2N-2$、$\deg\phi_{N+1}(\lambda)=2N$ 和 $\phi_N(0)=0=\phi_{N+1}(0)$. 因此，等式(2-26)两边均是 $2N-2$ 次多项式. 比较 λ^{2N-2} 和 λ^{2N-3} 的系数，我们得到

$$(-1)^{N-1}\prod_{j=1}^{N-1}\hat{\rho}_j=(-1)^{N-1}\prod_{j=1}^{N-1}\hat{\gamma}_j+\delta a_1(N) \tag{2-30}$$

与

$$i(-1)^{N-1}\prod_{j=1}^{N-1}\hat{\rho}_j\sum_{j=1}^{N-1}\frac{\rho_j}{\hat{\rho}_j}=i(-1)^{N-1}\prod_{j=1}^{N-1}\hat{\gamma}_j\sum_{j=1}^{N-1}\frac{\gamma_j}{\hat{\gamma}_j}+\delta a_2(N) \tag{2-31}$$

同样，比较等式(2-27)两边 λ^{2N} 和 λ^{2N-1} 的系数，可得

$$(-1)^N\prod_{j=1}^{N}\hat{\rho}_j=(-1)^N\prod_{j=1}^{N}\hat{\gamma}_j+\delta a_1(N+1) \tag{2-32}$$

和

$$i(-1)^N\prod_{j=1}^{N}\hat{\rho}_j\sum_{j=1}^{N}\frac{\rho_j}{\hat{\rho}_j}=i(-1)^N\prod_{j=1}^{N}\hat{\gamma}_j\sum_{j=1}^{N}\frac{\gamma_j}{\hat{\gamma}_j}+\delta a_2(N+1) \tag{2-33}$$

为表示方便，设

$$x=\hat{\rho}_1\hat{\rho}_2\cdots\hat{\rho}_{N-1} \tag{2-34}$$

且

$$y=\sum_{j=1}^{N-1}\frac{\rho_j}{\hat{\rho}_j} \tag{2-35}$$

此外，定义

$$\hat{\gamma}_1\hat{\gamma}_2\cdots\hat{\gamma}_{N-1}=d_1,\quad \sum_{j=1}^{N-1}\frac{\gamma_j}{\hat{\gamma}_j}=d_2$$

注意到 d_1，d_2 已知，且未知的 δ 可表示为：

$$\delta=-x(\hat{\rho}_N-\hat{\gamma}_N)d_1 \tag{2-36}$$

应用新改进的定义，式(2-30)~式(2-33)可重新写为：

$$(-1)^{N-1}x=(-1)^{N-1}d_1-x(\hat{\rho}_N-\hat{\gamma}_N)d_1a_1(N) \tag{2-37}$$

$$i(-1)^{N-1}xy=i(-1)^{N-1}d_1d_2-x(\hat{\rho}_N-\hat{\gamma}_N)d_1a_2(N) \tag{2-38}$$

$$(-1)^Nx\hat{\rho}_N=(-1)^Nd_1\hat{\gamma}_N-x(\hat{\rho}_N-\hat{\gamma}_N)d_1a_1(N+1) \tag{2-39}$$

$$i(-1)^Nx(\hat{\rho}_Ny+\rho_N)=i(-1)^Nd_1(\hat{\gamma}_Nd_2+\gamma_N)-x(\hat{\rho}_N-\hat{\gamma}_N)d_1a_2(N+1) \tag{2-40}$$

若将式(2-37)乘以 $\hat{\gamma}_N$ 与式(2-39)相加，有

$$(-1)^{N-1}=(\hat{\gamma}_N a_1(N)+a_1(N+1))d_1 \tag{2-41}$$

式(2-41)永远成立隐含等式(2-37)和等式(2-39)是线性相关的. 下面舍弃式(2-39)保留式(2-37).

由式(2-37)得

$$x=\frac{d_1}{1+(-1)^{N-1}(\hat{\rho}_N-\hat{\gamma}_N)d_1a_1(N)} \tag{2-42}$$

等式(2-37)乘以 $i\rho_N$，等式(2-38)乘以 $\hat{\rho}_N$，相加可得

$$i(-1)^{N-1}x(\hat{\rho}_N y+\rho_N)=i(-1)^{N-1}d_1(d_2\hat{\rho}_N+\rho_N)-xd_1(\hat{\rho}_N-\hat{\gamma}_N)(\hat{\rho}_N a_2(N)+i\rho_N a_1(N)) \tag{2-43}$$

将式(2-43)和式(2-40)相加，则有

$$x=\frac{(-1)^{N-1}[\rho_N-\gamma_N+d_2(\hat{\rho}_N-\hat{\gamma}_N)]}{(\hat{\rho}_N-\hat{\gamma}_N)[\rho_N a_1(N)-i(\hat{\rho}_N a_2(N)+a_2(N+1))]} \tag{2-44}$$

由于式(2-42)和式(2-44)成立，则有

$$\frac{(-1)^{N-1}d_1(\hat{\rho}_N-\hat{\gamma}_N)}{1+(-1)^{N-1}(\hat{\rho}_N-\hat{\gamma}_N)d_1a_1(N)}=\frac{\rho_N-\gamma_N+d_2(\hat{\rho}_N-\hat{\gamma}_N)}{\rho_N a_1(N)-i(\hat{\rho}_N a_2(N)+a_2(N+1))} \tag{2-45}$$

若 $\hat{\rho}_N$ 或 ρ_N 之一是已知的，则可通过式(2-45)计算出另一个值. 从而，由式(2-42)可计算出 x 值，δ 可由式(2-36)计算得到. 故由式(2-26)和式(2-27)可得 $U(N,\lambda)$ 和 $U(N+1,\lambda)$ 是完全已知的. 进一步，可以写成

$$U(n-1,\lambda)=(2-i\lambda\rho_n-\lambda^2\hat{\rho}_n)U(n,\lambda)-U(n+1,\lambda) \tag{2-46}$$

则由前面的讨论可知，$U(N-1,\lambda)$ 是完全已知的. 进而利用式(2-10)和式(2-11)得

$$\hat{\rho}_{N-1}=-\frac{c_1(N)}{c_1(N-1)},\ \rho_{N-1}=i\frac{c_2(N)c_1/(N-1)-c_2(N-1)c_1(N)}{c_1^2(N-1)}$$

是已知的. 从而 $U(N-2,\lambda)$ 完全已知，以同样的方法，可得 $\hat{\rho}_{N-2}$，ρ_{N-2} 是已知的，以此类推，最终，所有的 $\hat{\rho}_k$，ρ_k，$k=1,\cdots,N$，可唯一确定.

定理得证.

定理 2-2　当 $M=N$ 时，如果 $\gamma(n)$，$\hat{\gamma}(n)$ $(n=1,\cdots,M)$ 和算子(2-3)~(2-4)的所有传输特征值已知，并且 δ 已知，则可唯一确定 ρ_1，ρ_2，$\cdots$，ρ_n 和 $\hat{\rho}_1$，$\hat{\rho}_2$，$\cdots$，$\hat{\rho}_n$.

下面再来考虑 $M>N$ 的情况. 由于 $\deg P_M(\lambda)>\deg U(N,\lambda)$ 且 $\deg P_{M+1}(\lambda)>\deg U(N+1,\lambda)$. 由式(2-25)，得

$$\begin{aligned}&P_{M+1}(\lambda)=a(\lambda)(U(N+1,\lambda)-\delta\widetilde{A}(\lambda)),\ a(\lambda)\in\mathbb{C}(X)\\&p_M(\lambda)=b(\lambda)(U(N,\lambda)-\delta\widetilde{B}(\lambda)),\ b(\lambda)\in\mathbb{C}(X)\end{aligned} \tag{2-47}$$

由式(2-25)知 $a(\lambda)=b(\lambda)$. 由于 $P_M(\lambda)$ 和 $P_{M+1}(\lambda)$ 互素，得

$$U(N+1,\lambda)=\delta\widetilde{A}(\lambda),\ U(N,\lambda)=\delta\widetilde{B}(\lambda)$$

因此，$U(N,\lambda)$ 和 $U(N+1,\lambda)$ 已知.

推论 2-1　当 $M>N$ 时，如果 $\gamma(n)$，$\hat{\gamma}(n)$ $(n=1,\cdots,M)$ 和算子(2-3)~(2-4)的所有传输特征值是已知的，则 ρ_1，ρ_2，$\cdots$，ρ_n 和 $\hat{\rho}_1$，$\hat{\rho}_2$，$\cdots$，$\hat{\rho}_n$ 被唯一确定.

2.1.4 M<N 的情形

在本小节中，我们考虑 $M<N$ 的情形. 首先，对于 $M=1, 2, \cdots, N$，定义多项式 $Q_{M+m}(\lambda)$ 为：

$$Q_{M+1}(\lambda)=-P_{M+1}(\lambda)+(2-i\lambda\rho_N-\lambda^2\hat{\rho}_N)Q_M(\lambda) \tag{2-48}$$

$$Q_{M+k}(\lambda)=-Q_{M+k-2}(\lambda)+(2-i\lambda\rho_{N-(k-1)}-\lambda^2\hat{\rho}_{N-(k-1)})Q_{M+k-1}(\lambda) \tag{2-49}$$

其中 $k=2, 3, \cdots, N$. 不难得到 $Q_{M+k}(\lambda)$ 是 $2(M+k-1)$ 次多项式.

引理 2-2 当 $1\leqslant m\leqslant N$ 时，多项式 $Q_{M+m}(\lambda)$ 和 $Q_{M+m-1}(\lambda)$ 是互素的.

这一点，可类似于引理 2-1 进行证明. 若存在 λ_0，满足 $Q_{M+m}(\lambda_0)=0=Q_{M+m-1}(\lambda_0)$，则 $P_M(\lambda_0)=0=P_{M+1}(\lambda_0)$，这与引理 2-1 矛盾.

由式(2-25)、式(2-48)和式(2-49)易得：

引理 2-3：若 $1\leqslant m<N$ 时，则

$$\Delta_{M,N}(\lambda)=\begin{vmatrix} Q_{M+m}(\lambda) & U(N-m,\lambda) \\ Q_{M+m-1}(\lambda) & U(N-m+1,\lambda) \end{vmatrix} \tag{2-50}$$

定理 2-3 当 $M<N$ 时，如果 $\gamma(n)$，$\hat{\gamma}(n)$ $(n=1, \cdots, M)$ 和算子(2-3)~(2-4)的所有传输特征值已知，且 $\rho_{N-\theta}, \cdots, \rho_n$ 和 $\hat{\rho}_{N-\theta}, \cdots, \hat{\rho}_n$ 已知，其中当 $M+N$ 为奇数时，$\theta=\frac{1}{2}(N-M-1)$，当 $M+N$ 为偶数时，$\theta=\frac{1}{2}(N-M)$. 则 $\rho_1, \rho_2, \cdots, \rho_n$ 和 $\hat{\rho}_1, \hat{\rho}_2, \cdots, \hat{\rho}_n$ 被唯一确定.

证明：由引理 2-3 可知，

$$\Delta_{M,N}(\lambda)=\delta\Delta(\lambda)=\begin{vmatrix} Q_{M+\theta+1}(\lambda) & U(N-\theta-1,\lambda) \\ Q_{M+\theta}(\lambda) & U(N-\theta,\lambda) \end{vmatrix} \tag{2-51}$$

若 $\rho_{N-\theta}, \cdots, \rho_n$ 和 $\hat{\rho}_{N-\theta}, \cdots, \hat{\rho}_n$ 是已知的，则多项式 $Q_{M+\theta+1}(\lambda)$ 和 $Q_{M+\theta}(\lambda)$ 是已知的.

由 $Q_{M+\theta+1}(\lambda)$ 和 $Q_{M+\theta}(\lambda)$ 互素可知，存在多项式 $G(\lambda)$，$H(\lambda)\in\mathbb{C}(X)$，使得

$$G(\lambda)Q_{M+\theta+1}(\lambda)-H(\lambda)Q_{M+\theta}(\lambda)=1 \tag{2-52}$$

其中，$G(\lambda)$，$H(\lambda)$ 可以用扩展的多项式的欧几里得算法来计算. δ 从式(2-36)中已知，故 $\Delta_{M,N}(\lambda)$ 已知. 利用 $Q_{M+\theta+1}(\lambda)$ 做多项式 $H(\lambda)\Delta_{M,N}(\lambda)$ 的欧几里得除法[100]，得

$$H(\lambda)\Delta_{M,N}(\lambda)=R(\lambda)Q_{M+\theta+1}(\lambda)+\widetilde{H}(\lambda) \tag{2-53}$$

其中 $\deg\widetilde{H}(\lambda)<2(M+\theta)$. 式 (2-52)和式(2-53)分别乘以 $\Delta_{M,N}(\lambda)$ 和 $Q_{M+\theta+1}(\lambda)$，两个结果相加，得

$$\widetilde{G}(\lambda)Q_{M+\theta+1}(\lambda)-\widetilde{H}(\lambda)Q_{M+\theta}(\lambda)=\Delta_{M,N}(\lambda) \tag{2-54}$$

这里 $\widetilde{G}(\lambda)=G(\lambda)\Delta_{M,N}(\lambda)-R(\lambda)Q_{M+\theta}(\lambda)$ 和 $\widetilde{G}(\lambda)\leqslant 2(N-\theta-1)$. 由式(2-51)得

$$(U(N-\theta,\lambda)-\widetilde{G}(\lambda))Q_{M+\theta+1}(\lambda)=(U(N-\theta-1,\lambda)-\widetilde{H}(\lambda))Q_{M+\theta}(\lambda) \tag{2-55}$$

因为 $Q_{M+\theta+1}(\lambda)$ 和 $Q_{M+\theta}(\lambda)$ 是互素的，由 $\deg U(N-\theta-1,\lambda)-\widetilde{H}(\lambda)<\deg Q_{M+\theta+1}(\lambda)$ 和

$\deg U(N-\theta,\lambda)-\widetilde{G}(\lambda)<\deg Q_{M+\theta}(\lambda)$ 得，$Q_{M+\theta}(\lambda)\mid U(N-\theta,\lambda)-\widetilde{G}(\lambda)$ 和 $Q_{M+\theta+1}(\lambda)\mid U(N-\theta-1,\lambda)-\widetilde{H}(\lambda)$．设

$$\begin{aligned}Q_{M+\theta}(\lambda)&=c(\lambda)(U(N-\theta,\lambda)-\widetilde{G}(\lambda)),\ c(\lambda)\in\mathbb{C}(X),\\ Q_{M+\theta+1}(\lambda)&=d(\lambda)(U(N-\theta-1,\lambda)-\widetilde{H}(\lambda)),\ d(\lambda)\in\mathbb{C}(X)\end{aligned}\tag{2-56}$$

结合式(2-55)得 $c(\lambda)=d(\lambda)$．因为 $Q_{M+\theta+1}(\lambda)$ 和 $Q_{M+\theta}(\lambda)$ 是互素的，得

$$U(N-\theta,\lambda)=\widetilde{G}(\lambda),\ U(N-\theta-1,\lambda)=\widetilde{H}(\lambda)\tag{2-57}$$

因此，$U(N-\theta,\lambda)$ 和 $U(N-\theta-1,\lambda)$ 已知，可以写成

$$U(N-\theta-1,\lambda)=\sum_{j=0}^{2(N-\theta)-4}c_{2(N-\theta)-3-j}(N-\theta-1)\lambda^j\tag{2-58}$$

和

$$U(N-\theta,\lambda)=\sum_{j=0}^{2(N-\theta)-2}b_{2(N-\theta)-1-j}(N-\theta)\lambda^j\tag{2-59}$$

其中系数 $c_{2(N-\theta)-3-j}$ 和 $b_{2(N-\theta)-3-j}$ 是已知的. 设

$$x=\hat{\rho}_1\hat{\rho}_2\cdots\hat{\rho}_{N-\theta-2}$$

并且

$$y=\sum_{j=1}^{N-\theta-2}\frac{\rho_j}{\hat{\rho}_j}\tag{2-60}$$

计算 $U(N-\theta-1,\lambda)$ 的项 $\lambda^{2(N-\theta)-4}$ 和 $\lambda^{2(N-\theta)-5}$ 的系数，结合式(2-57)，则有

$$(-1)^{N-\theta-2}x=c_1(N-\theta-1)\tag{2-61}$$

和

$$i(-1)^{N-\theta-2}xy=c_2(N-\theta-1)\tag{2-62}$$

成立. 同理，计算 $U(N-\theta,\lambda)$ 的项 $\lambda^{2(N-\theta)-2}$ 和 $\lambda^{2(N-\theta)-3}$ 的系数并应用式(4-11)，有

$$(-1)^{N-\theta-1}x\hat{\rho}_{N-\theta-1}=b_1(N-\theta)\tag{2-63}$$

和

$$i(-1)^{N-\theta-1}x\hat{\rho}_{N-\theta-1}\left(y+\frac{\rho_{N-\theta-1}}{\hat{\rho}_{N-\theta-1}}\right)=b_2(N-\theta)\tag{2-64}$$

成立. 由式(2-61)和式(2-63)，可得

$$\hat{\rho}_{N-\theta-1}=-\frac{b_1(N-\theta)}{c_1(N-\theta-1)}\tag{2-65}$$

然后，由式(2-61)和式(2-62)得

$$y=-i\frac{c_2(N-\theta-1)}{c_1(N-\theta-1)}\tag{2-66}$$

由式(2-63)和式(2-64)有

$$y+\frac{\rho_{N-\theta-1}}{\hat{\rho}_{N-\theta-1}}=-i\frac{b_2(N-\theta)}{b_1(N-\theta)}$$

即

$$\rho_{N-\theta-1}=i\frac{b_2(N-\theta)c_1(N-\theta-1)-b_1(N-\theta)c_2(N-\theta-1)}{c_1^2(N-\theta-1)}$$

应用式(2-47), $U(N-\theta-2,\ \lambda)$ 可以计算得到. 类似于定理2-1的计算方法，所有的 $\hat{\rho}_k$，ρ_k，$k=1,\ 2,\ \cdots,\ N$ 均可计算得到.

定理得证.

问题(2-3)满足如下传输条件

$$\omega(N)=\upsilon(M),\ \omega(N+1)=\upsilon(M+1)+a_0\upsilon(M) \tag{2-67}$$

的传输特征值表示为 $\hat{\lambda}_1$，$\cdots\hat{\lambda}_{2M+2N-2}$（重根仍然按重数计）. 则这些传输特征值与多项式

$$\hat{\Delta}_{M,\ N}(\lambda)=\begin{vmatrix} P_M(\lambda) & U(N,\ \lambda) \\ P_{M+1}(\lambda)+a_0P_M(\lambda) & U(N+1,\ \lambda)\end{vmatrix} \tag{2-68}$$

的零点重合. 由式(2-16)得

$$\hat{\Delta}_{M,\ N}(\lambda)=\delta\Delta(\lambda)-a_0P_M(\lambda)U(N,\ \lambda) \tag{2-69}$$

若 $P_M(\hat{\lambda}_j)\neq 0$，则由式(2-69)可知

$$U(N,\ \hat{\lambda}_j)=\frac{\delta\Delta(\hat{\lambda}_j)}{a_0P_M^2(\hat{\lambda}_j)}=:\ \delta H_0(N,\ \hat{\lambda}_j)$$

其中 $j=1,\ 2,\ \cdots,\ 2M+2N-2$. 此外，若 $\hat{\lambda}_j$ 是 $\hat{\Delta}_{M,\ N}(\lambda)$ 的 γ_j 重零点，则对于 $j=0$，$1,\ \cdots,\ r_j-1$，有 $\hat{\Delta}_{M,\ N}(\lambda)=0$，故

$$U'(N,\ \hat{\lambda}_j)=\frac{\delta\Delta'(\hat{\lambda}_j)P_M(\hat{\lambda}_j)-\delta\Delta(\hat{\lambda}_j)P'_M(\hat{\lambda}_j)}{a_0P_M^2(\hat{\lambda}_j)}=:\ \delta H_1(N,\ \hat{\lambda}_j)$$

对式(2-69)两边求导 k 次，有

$$U^{(k)}(N,\ \hat{\lambda}_j)=:\ \delta H_k(N,\ \hat{\lambda}_j) \tag{2-70}$$

其中 $k=1,\ 2,\ \cdots r_j$，且 $H_k(N,\ \hat{\lambda}_j)$ 是已知的. 我们有如下结论：

定理 2-4 当 $M<N$ 时，假设 $P_M(\hat{\lambda}_j)\neq 0$ 对 $j=1,\ 2,\ \cdots,\ m$ 成立，若算子(2-3)~(2-4)的所有传输特征值已知，而且 $\hat{\Delta}_{M,\ N}(\lambda)$ 的 m 个互异零点，记作 $\hat{\lambda}_1$，$\cdots$，$\hat{\lambda}_m$，它们相应的重数为 r_1，$\cdots r_m$，满足 $r_1+\cdots+r_m=2N-2M$，是已知的，则 ρ_1，ρ_2，$\cdots$，ρ_n 和 $\hat{\rho}_1$，$\hat{\rho}_2$，$\cdots$，$\hat{\rho}_n$ 能被唯一确定.

证明： 设

$$D(\lambda)=\prod_{j=1}^{2N-2M}(\lambda-\hat{\lambda}_j) \tag{2-71}$$

可知 $D^{(k)}(\hat{\lambda}_j)=0$，其中 $j=1,\ 2,\ \cdots,\ r$，$k=1,\ 2,\ \cdots,\ r_j-1$. 重复定理2-1的证明过程，可证明式(2-22)~式(2-25)成立. 设

$$U(N+1,\ \lambda)-\delta\widetilde{A}(\lambda)=M_1(\lambda)D(\lambda)+V_1(\lambda) \tag{2-72}$$

与

$$U(N,\ \lambda)-\delta\widetilde{B}(\lambda)=M_0(\lambda)D(\lambda)+V_0(\lambda) \tag{2-73}$$

其中 $\deg M_1(\lambda)=2M$，$\deg V_1(\lambda)\leqslant 2N-2M-1$ 和 $\deg M_0(\lambda)=2M-2$，$\deg V_0(\lambda)\leqslant 2N-$

$2M-1$. 因此，结合式(2-25)得

$$V_1(\lambda)=\frac{P_{M+1}(\lambda)(U(N,\ \lambda)-\delta\widetilde{B}(\lambda))}{P_M(\lambda)}-M_1(\lambda)D(\lambda) \tag{2-74}$$

然后得

$$V_1(\hat{\lambda}^j)=\frac{P_{M+1}(\hat{\lambda}^j)(U(N,\ \hat{\lambda}^j)-\delta\widetilde{B}(\hat{\lambda}^j))}{P_M(\hat{\lambda}^j)}=:\ \delta G_0(\hat{\lambda}^j),\ j=1,\ 2,\ \cdots,\ m \tag{2-75}$$

对式(2-75)进行 k 次求导和应用式(2-71)，得

$$V_1{}^{(k)}(\hat{\lambda}^j)=:\ \delta G_k(\hat{\lambda}^j),\ j=1,\ 2,\ \cdots,\ m \tag{2-76}$$

其中 $k=1,\ 2,\ \cdots,\ r-1$，且 $G_k(\hat{\lambda}^j)$ 已知. 故 $V_1(\lambda)$ 已知. 因此，式(2-25)结合式(2-72)和式(2-73)得

$$P_{M+1}(\lambda)(M_0(\lambda)D(\lambda)+V_0(\lambda))=P_M(\lambda)(M_1(\lambda)D(\lambda)+V_1(\lambda)) \tag{2-77}$$

则有

$$V_0(\hat{\lambda}^j)=\frac{P_M(\hat{\lambda}^j)V_1(\hat{\lambda}^j)}{P_{M+1}(\hat{\lambda}^j)}=:\ \delta F_0(\hat{\lambda}^j),\ j=1,\ 2,\ \cdots,\ m \tag{2-78}$$

对式(2-77)进行 k 次求导，得

$$V_0{}^{(k)}(\hat{\lambda}^j)=:\ \delta F_k(\hat{\lambda}^j),\ j=1,\ 2,\ \cdots,\ m \tag{2-79}$$

其中 $k=1,\ 2,\ \cdots,\ r_j-1$，且 $F_k(\hat{\lambda}^j)$ 是已知的. 因此，利用 Hermite 插值[102]得到多项式 $V_0(\lambda)$ 已知. 由式(2-77)得

$$P_{M+1}(\lambda)M_0(\lambda)-P_M(\lambda)M_1(\lambda)=S(\lambda) \tag{2-80}$$

其中 $S(\lambda)=(P_M(\lambda)V_1(\lambda)-P_{M+1}V_0(\lambda))/D(\lambda)$. 用 $P_{M+1}(\lambda)$ 对多项式 $A(\lambda)S(\lambda)$ 进行欧几里得除法，得

$$A(\lambda)S(\lambda)=P_{M+1}(\lambda)c(\lambda)+d(\lambda) \tag{2-81}$$

与式(2-22)结合得

$$(M_1(\lambda)+d(\lambda))P_M(\lambda)=(M_0(\lambda)+\widetilde{d}(\lambda))P_{M+1}(\lambda) \tag{2-82}$$

其中 $\widetilde{d}(\lambda)=B(\lambda)S(\lambda)-c(\lambda)P_M(\lambda)$.

由于 $P_M(\lambda)$ 和 $P_{M+1}(\lambda)$ 互素，类似于定理 2-2 的证明，由式(4-83)得

$$M_0(\lambda)=P_M(\lambda)-\widetilde{d}(\lambda),\ M_1(\lambda)=P_{M+1}(\lambda)-d(\lambda)$$

即有

$$U(N,\ \lambda)=(P_M(\lambda)-\widetilde{d}(\lambda))D(\lambda)+V_0(\lambda)+\delta\widetilde{B}(\lambda)=:\ \sum_{k=1}^{2N-2}c_{2N-1-k}(N)\lambda^k$$

与

$$U(N+1,\ \lambda)=(P_{M+1}(\lambda)-\widetilde{d}(\lambda))D(\lambda)+V_1(\lambda)+\delta\widetilde{A}(\lambda)=:\ \sum_{k=1}^{2N}c_{2N+1-k}(N+1)\lambda^k$$

成立，则上式所有的 $c_j(N)'s$ 和 $c_j(N+1)'s$ 已知. 从而多项式 $U(N,\ \lambda)$ 和 $U(N+1,\ \lambda)$ 可确定.

类似于定理 2-1 的证明，通过计算 $U(N,\ \lambda)$ 和 $U(N+1,\ \lambda)$ 第一项和第二项的系数，得知

$$\hat{\rho}_N = -\frac{c_1(N+1)}{c_1(N)},\quad \rho_N = i\frac{c_2(N+1)c_1(N) - (c_2(N)c_1(N+1))}{c_1^{\ 2}(N)}$$

从而 $U(N-1, \lambda)$ 可知，类似前面计算，则 $\hat{\rho}_{N-1}$，ρ_{N-1} 已知，以此类推，最终，所有的 $\hat{\rho}_k$，ρ_k，$k=1, 2, \cdots, N$，均可计算得到.

定理得证.

2.1.5 结论的应用

考虑截面 D 的非均匀无限圆柱对时间谐波电磁波散射的数学问题，使电场 E 平行于圆柱的轴时的内部传输特征值问题，这属于电磁波的边界值问题. 在这一小节中，我们将考虑 $M=N$ 的情况.

我们取 $M=N=3$，$\hat{\gamma}_3=\hat{\gamma}_2=\hat{\gamma}_1=1$，$\gamma_3=\gamma_2=\gamma_1=2$，并设传输特征值是已知的，满足
$\Delta(\lambda)=\lambda^{10}-2i\lambda^9-9.25\lambda^8-11.75\lambda^7+8.25\lambda^6-i\lambda^5+10.5\lambda^4+12.5i\lambda^3-7\lambda^2-3.25i\lambda$
由式(2-12)和式(2-13)得

$$P_2(\lambda)=-\lambda^2-2i\lambda+2,\quad P_3(\lambda)=\lambda^4+4i\lambda^3-8\lambda^2-8i\lambda+3$$

与

$$P_4(\lambda)=-\lambda^6-6i\lambda^5+18\lambda^4+32i\lambda^3-34\lambda^2-20i\lambda+4$$

由于 $P_3(\lambda)$ 和 $P_4(\lambda)$ 是互素的，得

$$P_3(\lambda)A(\lambda)-P_4(\lambda)B(\lambda)=1$$

利用对多项式的扩展欧氏算法，得

$$A(\lambda)=\lambda^4+4i\lambda^3-8\lambda^2-8i\lambda+3,\quad B(\lambda)=-\lambda^2-2i\lambda+2$$

然后做多项式 $A(\lambda)\Delta(\lambda)$ 由 $P_4(\lambda)$ 的欧几里得除法，得

$$A(\lambda)\Delta(\lambda)=Q(\lambda)P_4(\lambda)+\widetilde{A}(\lambda)$$

则有

$Q(\lambda)=-\lambda^8-2.00i\lambda^7+3.25\lambda^6+1.25i\lambda^5-0.25\lambda^4+4.00i\lambda^3-1.75\lambda^2-2.00i\lambda-1.75$

与

$$\widetilde{A}(\lambda)=-9.00i\lambda^5+28,\ 50\lambda^4+57.75i\lambda^3-61.50\lambda^2-37.50i\lambda+7.00$$

成立. 因此，有

$$\widetilde{B}(\lambda)=B(\lambda)\Delta(\lambda)-Q(\lambda)P_3(\lambda)=\lambda^4+7.00i\lambda^3-13.75\lambda^2-15.00i\lambda+5.25$$

故有

$$\phi_3(\lambda)=\widetilde{B}(\lambda)-\frac{\widetilde{B}(0)}{3}P_3(\lambda)=-0.75\lambda^4+0.25\lambda^2-i\lambda=:\sum_{k=1}^{4}a_{5-k}(3)\lambda^k$$

且有

$$\phi_4(\lambda)=\widetilde{A}(\lambda)-\frac{\widetilde{A}(0)}{4}P_4(\lambda)=1.75\lambda^6+1.50i\lambda^5-3.00\lambda^4+$$
$$1.75i\lambda^3-2.00\lambda^2-2.50i\lambda=:\sum_{k=1}^{6}a_{7-k}(4)\lambda^k$$

注意到 $\hat{\gamma}_3=\hat{\gamma}_2=\hat{\gamma}_1=1$，$\gamma_3=\gamma_2=\gamma_1=2$，可知 $d_1=\hat{\gamma}_1\hat{\gamma}_2=1$，$d_2=\gamma_1/\hat{\gamma}_1+\gamma_2/\hat{\gamma}_2=4$，若 $\hat{\rho}_3=2$ 已知，那么由等式(2-45)得

$$\frac{d_1(\hat{\rho}_3-\hat{\gamma}_3)}{1+(\hat{\rho}_3-\hat{\gamma}_3)a_1(3)}=\frac{\rho_3-\gamma_3+d_2(\hat{\rho}_3-\hat{\gamma}_3)}{\rho_3 a_1(3)-i(\hat{\rho}_3 a_2(3)+a_2(4))}$$

计算得

$$\rho_3=1.00$$

由式(2-42)得

$$x=\frac{d_1}{1+(\hat{\rho}_3-\hat{\gamma}_3)d_1 a_1(3)}=4.00$$

因此可得

$$\delta=-x(\hat{\rho}_3-\hat{\gamma}_3)d_1=-4.00$$

则有

$$U(3,\lambda)=P_3(\lambda)+\delta\varphi_3(\lambda)=4.00\lambda^4+4.00i\lambda^3-9.00\lambda^2-4.00i\lambda+3.00$$

与

$$U(4,\lambda)=P_4(\lambda)+\delta\varphi_4(\lambda)=-8.00\lambda^6-12.00i\lambda^5+30.00\lambda^4+25.00i\lambda^3-26.00\lambda^2-10.00i\lambda+4.00$$

成立．由式(2-46)得

$$U(2,\lambda)=(2-i\lambda-2\lambda^2)U(3,\lambda)-U(4,\lambda)=-2\lambda^2-i\lambda+2$$

即 $\hat{\rho}_1=2,\rho_1=1$．由式(2-47)，我们有 $\hat{\rho}_2=2,\rho_2=1$．

2.2　球面对称介质逆传输特征值问题

2.2.1　引言

内传输特征值问题是 $\mathbb{R}^n$ 内有界单连通区域内研究场 Ψ 和 Ψ_0 的非自伴边值问题，其中 Ω 的边界 $\partial\Omega$ 是光滑的．该问题在逆散射理论中起着重要的作用，特别是在声波和电磁波问题中有重要应用(见参考文献[82－87])．

设 $\Omega=\Omega_b$ 是 $\mathbb{R}^3$ 中半径为 b 的球，$\rho(x)=p(x)$ 是球面对称函数，在电磁理论中其物理意义为在 x 处介质折射率的平方，在声学中表示音速 $v(x)$[85]．那么所谓的内部传输特征值问题可以表述为[106, 108]：

$$\begin{cases}-\Delta\psi=k^2\rho(x)\psi, & x\in\Omega_b\\ -\Delta\psi_0=k^2\psi_0, & x\in\Omega_b\\ \psi(x)=\psi_0(x), & \partial\psi(x)/\partial n=\partial\psi_0(x)/\partial n,\ x\in\partial\Omega_b\end{cases}\tag{2-83}$$

其中，Δ 是拉普拉斯算子，n 表示垂直于 $\partial\Omega_b$ 方向向外的单位向量．使得问题具有非平凡解对 (ψ,ψ_0) 的复值 k^2 称为传输特征值．此外，如果式(2-83)的传输特征值 k^2 对应的本征函数是球面对称的，则称其为特殊传输特征值．在不丧失一般性的情况下，我们可以假设在 Ω_b 以外的区域，电磁波的折射率 1，或声波的速度为 1．

所有的特殊传输特征值是否可以唯一确定$\rho(x)$？这个问题的答案取决于$\rho(x)$[121]的大小，由以下积分来表示：

$$B=\int_0^b \sqrt{\rho(\zeta)}\,\mathrm{d}\zeta \tag{2-84}$$

其物理意义是波从$x=0$移动到$x=b$所需要的时间.

这个问题最近受到许多研究者的关注，包括 Aktosun，Cakoni，Colton，Mclaughlin 和其他人，研究结果见参考文献[104-108，120，121]. 特别是 Aktosun 教授等[104]考虑了式(2-83)中密度函数$\rho(x)$的唯一性问题. 他们证明了如果$B<b$，则ρ是由特殊传输特征值及他们的“重数”唯一确定的. 当$B=b$时，若再已知一个参数，即式(2-94)中出现的常数γ值时，即可唯一确定密度函数.

当$B>b$时，由文献[104]可知，仅由式(2-83)的所有特殊传输特征值无法确定密度函数ρ. 在这种情况下，Wei 和 Xu[126]证明特殊传输特征值(包括它们的重数)以及一部分规范常数，其对应于传输特征值的适当子集，可唯一确定ρ. 回想一下，对应于特征值λ_n^2的规范常数α_n定义为：

$$\alpha_n=\int_0^b \rho(t)\left[z(t,\ \lambda_n)\right]^2\mathrm{d}t \tag{2-85}$$

这里$z(t,\ \lambda_n)$是对应于特征值λ_n^2的特征函数，该特征值由条件$z(b,\ \lambda_n)=1$和$z'(b,\ \lambda_n)=\lambda_n\cot(\lambda_n b)$规范化后确定.

注意到上述结果都没有研究传输特征值问题的存在或重构性的方面，他们只分析了问题的唯一性. 在文献[104]的基础上，研究者建立了当$B\geqslant b$时密度函数的唯一性定理，在此基础上，考虑密度函数存在性和重构问题，应用相同的谱数据，给出了重构密度函数ρ的方法. 我们对ρ的假设是：ρ为正，$\rho\in w_2^2[0,\ b]$，$\rho(b)=1$，$\rho'(b)=0$.

设

$$\lambda^2=B^2K^2,\quad a=\frac{b}{B} \tag{2-86}$$

作变量代换：

$$x=x(t):=\int_0^T \sqrt{\rho(s)}\,\mathrm{d}s,\quad y(x)=\left[\rho(t)^{1/4}\right]z(t) \tag{2-87}$$

则我们可以将问题(2-83)转化为 Sturm-Liouville 问题：

$$\begin{cases}-y''+q(x)y=\lambda^2 y,\ 0\leqslant x\leqslant 1\\ y(0)=0=y(1)\cos(a\lambda)-y'(1)\sin(a\lambda)/\lambda\end{cases} \tag{2-88}$$

其中

$$q(x)=B^2\left(\frac{\rho''(r)}{4\left[\rho(r)\right]^2}-\frac{5\left[\rho'(r)\right]^2}{16\left[\rho(r)\right]^3}\right)\in L^2[0,\ 1]$$

由初值问题微分方程解的唯一性可知，$\rho(x)$唯一地确定$r(x)$. 因此，函数$\rho(r)$的唯一确定性问题等价的转化为函数$q(x)$的唯一确定性问题. 基于上述等价性，讨论问题(2-83)中$\rho(x)$的唯一重构问题，转化为问题(2-88)势函数$q(x)$的唯一重构问题.

在先前建立的关于问题(2-88)的重构结果[103,120]中，已经假设$B\leqslant b(a>1)$或$B\leqslant b/3(a\geqslant 3)$. 另一方面，在这些结果中，均假设存在性是成立的，则所有的特殊传输特征值以及他们的一个子集，即实的传输特征值(允许有有限个复值)可唯一重构密度函数. 在 $B \geqslant b(0 < a \leqslant 1)$ 的情况下，应用所有的传输特征值与上述子集对应的规范常数可唯一重构势函数 q.

受 Martinyuk 和 Pivovarchik[118]研究结果的启发，他们利用 Levin-Lyubarski 插值公式(见文献[114，115，112])，研究者给出了对应于 Hochstadt-Lieberman 半逆谱定理[113]的一种重建势 q 的方法. 然而，这种方法不能直接用于解决上述问题.

我们用来解决这个问题的方法是对亚纯函数采用 Mittag-Leffler 展开[110]，这种方法在文献[116]中已经使用过，它可以帮助我们将指数为 1 的全纯函数分解为两个 type 更小的指数型全纯函数. 在这里，全纯函数由[0，1]上具有未知势的 Sturm-Liouville 方程的解生成. 这种分解为我们利用 Levin-Lyubarski 插值公式解决问题提供了一个很好的方法，并且将我们的重构问题转化为 Hochstadt-Lieberman 定理的类似问题，即分别用一组谱和一组规范常数重构两个小的全纯函数.

值得一提的是，我们的方法是新的，我们的重构过程也给出了上述反谱问题解的存在性条件. 在第 2 小节中，我们首先给出了与 Sturm-Liouville 方程解有关的全纯函数的 Mittag-Leffler 分解式. 在第 3 小节中，我们从问题的谱和 $0 < a < 1$ 时对应于实特征值的规范常数集出发，得到了这个 Sturm-Liouville 问题势的唯一重构算法. 在第 4 小节中，当 $a = 1$ 时我们给出了由谱和一些常数重建势的方法. 在第 5 小节中，陈述了我们的结论. 在附录中，我们主要给出了一些定理和辅助引理.

在本章中，我们采用 $\mathbb{Z}_0=\mathbb{Z} \setminus \{0\}$ 的符号. 除非另有明确说明，否则 β_x，ζ_x 和 s_x 分别是附录中定义的函数.

2.2.2　Mittag-Leffler 分解

在本节中主要得到定义在 $x \in [0，1]$ 的 Sturm-Liouville 方程

$$-y'' + q(x)y = \lambda^2 y \tag{2-89}$$

的解的 Mittag-Leffler 分解.

设 $y_- = y_-(x, \lambda)$ 表示方程(2-89)满足初始条件 $y_-(0) = 0 = y'_-(0) - 1$ 的解. 由文献[124，123]可知，对于任给的 $x \in (0, 1)$，函数 $y_-(x, \lambda)$ 和 $y'_-(x, \lambda)$ 关于 λ 为全纯函数. 定义

$$K_-(x, x) = \frac{1}{2}\int_0^x q(s)\,\mathrm{d}s \tag{2-90}$$

对于所有 $x \in [0, 1]$，$y_-(x, \lambda)$ 与 $y'_-(x, \lambda)$ 满足如下渐近式[123]：

$$y_-(1, \lambda) = \frac{1}{\lambda}\sin\lambda - \frac{K}{\lambda^2}\cos\lambda + \frac{\alpha_{-,0}(\lambda)}{\lambda^2} \tag{2-91}$$

$$y'_-(1, \lambda) = \cos\lambda + \frac{K}{\lambda}\sin\lambda + \frac{\alpha_{-,1}(\lambda)}{\lambda^2} \tag{2-92}$$

其中，$K = K_-(1, 1)$ 由式(2-90)定义，$\alpha_{-,j} \in L_1 (j = 0, 1)$.

由文献[104]可知，$q \in L^2$ 与 $\lambda \in \mathbb{C}$ 时，函数

$$\Delta(\lambda) = \cos(a\lambda)y_-(1, \lambda)\sin(a\lambda)y'_-(1, \lambda)/\lambda \tag{2-93}$$

是 λ 的全纯函数且指数不超过$(a+1)$，则问题(2-83)所有的特殊传输特征值，即问题(2-88)的特征值和 $\Delta(\lambda)$ 的零点都是相同的(见文献[106，108，121])．设 $\sigma(L)=\{0_i\}_{i=1}^{2d}\cup\{\lambda_n^2\}_{n=1}^{\infty}$ 为问题(2-88)的谱，其中 d 表示零传输特征值的重数，d 的实际值由 ρ[10] 确定．因此，根据 Hadamard 分解定理[111]，$\Delta(\lambda)$ 可表示为：

$$\Delta(\lambda)=\gamma\cdot\lambda^{2d}\prod_{k\in\boldsymbol{N}}\left(1-\frac{\lambda^2}{\lambda_k^2}\right)\tag{2-94}$$

如果 $0<a<1$，由文献[126]可知，仅应用问题(2-88)的所有传输特征值无法重构势函数 q．Wei 和 Xu 证明了传输特征值的集合以及对应于传输特征值的适当子集的规范常数可以唯一确定势函数 q．

本节的目的是根据传输特征值集和对应于该子集的规范常数组成的数据重构势函数 q．由于有可能不存在复特征值[105]，在不失一般性的情况下，我们假设该子集中所有的传输特征值都是简单的、实的．记 $\{\mu_n^2\}$ 为(2-88)的实特征值，则当 $|n|\to\infty$ 时，有如下渐近式成立[120]：

$$\mu_n=\frac{n\pi}{1-a}+\frac{K}{n\pi}+\frac{\upsilon_n}{n}\tag{2 - 95}$$

式中 $\{\upsilon_n\}_{n\in\boldsymbol{Z}_0}\in l^2$，$K=K\_\ (1,\ 1)$．

我们首先研究以 $\{\mu_n\}_{n\in\boldsymbol{Z}}$ 为零点的函数的性质．令

$$\begin{aligned}h(\lambda)&=\prod_{m\in\boldsymbol{Z}_0}\frac{(1-a)\mu_m}{m\pi}\left(1-\frac{\lambda}{\mu_m}\right)\\&=\prod_{m=1}^{\infty}\frac{(1-a)^2\mu_m^2}{m^2\pi^2}\left(1-\frac{\lambda^2}{\mu_m^2}\right)\end{aligned}\tag{2-96}$$

式(2-96)用到 $\mu_m=-\mu_{-m}$，$m\in\mathbb{Z}_0$．

引理 2-4 由式(2-96)定义的全纯函数 $h(\lambda)$ 为指数型函数，其 type 为 $(1-a)$，并具有以下表示形式：

$$h(\lambda)=\frac{1}{\lambda}\sin((1-a)\lambda)-\frac{K}{\lambda^2}\cos((1-a)\lambda)+\frac{\varphi(\lambda)}{\lambda^2}\tag{2-97}$$

其中 $\varphi\in L_{(1-a)}$．

证明 注意实数序列 $\{\mu_k\}_{k\in\boldsymbol{Z}_0}$ 满足式(2-95)．我们选择另一个序列 $\{\zeta_k\}_{k\in\boldsymbol{Z}_0}$ 与 $\{\mu_k\}_{k\in\boldsymbol{Z}_0}$ 相互交错，并当 $|k|\to\infty$ 时，满足如下渐近式：

$$\zeta_k=\frac{(\mathrm{k}-1/2)\pi}{1-a}+\frac{K}{k\pi}+\frac{\hat{\alpha}_k}{k}\tag{2-98}$$

其中 $\{\hat{\alpha}_k\}_{k\in\boldsymbol{Z}_0}\in l^2$．根据 Borg 两组谱定理[38]，我们可以找到一个实势 $\hat{q}\in L^2(0,\ 1-a)$，使得 $\{\mu_k^2\}_{k\in\boldsymbol{N}}$ 和 $\{\zeta_k^2\}_{k\in\boldsymbol{N}}$ 是定义在 $[0,\ 1-a]$ 上具有势 $\hat{q}$ 的 Sturm-Liouville 问题的 Dirichlet-Dirichlet 和 Dirichlet-Neuman 谱，这意味着存在一个实数 C_0 使得

$$C_0\prod_{k=1}^{\infty}\left(1-\frac{\lambda^2}{\mu_k^2}\right)=y(1-a,\ \lambda)\lambda\tag{2-99}$$

式中 $y(x,\ \lambda)$ 是满足初始条件 $y(0)=0$ 和 $y'(0)=1$，定义在 $x\in[0,\ 1-a]$ 上的方程 $-y''+$

$\hat{q}(x)y=\lambda^2 y$ 的解. 由文献 [123] 可知, 函数 $y(1-a, \lambda)$ 是指数为 $(1-a)$ 的全纯函数. 与文献[2]中定理 1.1.4 的证明类似, 我们可以证明

$$C_0=\prod_{m=1}^{\infty}\frac{(1-a)^2(\mu_m)^2}{m^2\pi^2} \tag{2-100}$$

引理得证.

用 e'_{ks} 和 e'_{ks} 表示 $y_-(1, \lambda)/h(\lambda)$ 和 $(y'_-(1, \lambda)-\cos((1-2a)\lambda))/h(\lambda)$. 令

$$\begin{cases} b_0(\lambda)=h(\lambda)\sum_{k\in\mathbb{Z}_0}\left(\dfrac{e_k}{\lambda-\mu_k}, \dfrac{\lambda}{\mu_k}\right) \\ b_1(\lambda)=h(\lambda)\sum_{k\in\mathbb{Z}_0}\left(\dfrac{e'_k}{\lambda-\mu_k}, \dfrac{\lambda}{\mu_k}\right)+\cos((1-a)\lambda) \end{cases} \tag{2-101}$$

根据附录中的引理 A-1, 存在满足的全纯函数 $a_0(\lambda)$ 和 $a_1(\lambda)$, 使得

$$y_-(1, \lambda)=a_0(\lambda)h(\lambda)+b_0(\lambda) \tag{2-102}$$

$$y'_-(1, \lambda)=a_1(\lambda)h(\lambda)+b_1(\lambda) \tag{2-103}$$

显然, 当 $\lambda\in\mathbb{R}$ 为实时, $j=0, 1$, $a_j(\lambda)$ 和 $b_j(\lambda)$ 都是实值函数, 因为 $y_-(1, \lambda)$ 和 $y'_-(1, \lambda)$ 都是实值函数. 我们称式(2-102)和式(2-103)的右侧分别为 $y_-(1, \lambda)$ 和 $y'_-(1, \lambda)$ 的 Mittag-Leffler 分解.

我们将更详细地研究 $j=0, 1$ 时的全纯函数 $a_j(\lambda)$ 和 $b_j(\lambda)$ 的性质, 在本节中起着根本性的作用. 下面的引理研究了 $b_0(\lambda)$ 和 $b_1(\lambda)$ 的渐近行为.

引理 2-5　设 $b_0(\lambda)$ 和 $b_1(\lambda)$ 由式(2-101)定义, 则它们有如下渐近式:

$$b_0(\lambda)=-\frac{1}{\lambda}\sin((1-2a)\lambda)+\frac{K}{\lambda^2}\cos((1-2a)\lambda)+\frac{\psi_0(\lambda)}{\lambda^2} \tag{2-104}$$

$$b_1(\lambda)=\cos((1-2a)\lambda)+\frac{K}{\lambda}\sin((1-2a)\lambda)+\frac{\psi_1(\lambda)}{\lambda} \tag{2-105}$$

其中 $\psi_0(\lambda)$, $\psi_{,1}(\lambda)\in L_{(1-a)}$ 且是唯一的.

证明　我们通过以下两个步骤证明引理.

步骤 1　$\psi_0(\lambda)\in L_{(1-a)}$. 让我们先证明 $b_0(\lambda)\in L_{(1-a)}$. 注意, $\dot{s}(\mu_k)=\mu_k\dot{h}(\mu_k)$. 使用式(2-101)和附录中的(A-9), 则有:

$$b_0(\lambda)=s(\lambda)\sum_{k\in\mathbb{Z}_0}\frac{y_-(1, \mu_k)}{\dot{s}(\mu_k)(1-\mu_k)}$$

我们注意到 $s(\lambda)=\lambda h(\lambda)$ 是全纯函数并且是指数为 $(1-a)$ 的正弦型函数. 此外, 式(A-12)表明 $\{y_-(1, \mu_k)\}_{k\in\mathbb{Z}_0}\in l^2$. 应用附录中的定理 A-1, 我们得到 $b_0(\lambda)\in L^2(\mathbb{R})$, 因此 $b_0(\lambda)\in L_{(1-a)}$.

设

$$\psi_0(\lambda)=\lambda^2 b_0(\lambda)+\lambda\sin((1-2\mathrm{a})\lambda)-K\cos((1-2a)\lambda) \tag{2-106}$$

接下来我们证明 $\psi_0(\lambda)\in L_{(1-a)}$ 是唯一的. 由式(2-14)可知 $b_0(\mu_k)=y_-(1, \mu_k)$. 由于

$$\begin{cases}\sin((1-2a)\mu_n)=-\sin(n\pi/(1-a))+\dfrac{(1-a)K}{n\pi}\cos(n\pi/(1-a))+\dfrac{\xi_{n0}}{n}\\ \cos((1-2a)\mu_n)=\cos(n\pi/(1-a))+\dfrac{(1-a)K}{n\pi}\sin(n\pi/(1-a))+\dfrac{\xi_{n1}}{n}\end{cases}$$

其中 $\{\xi_{nj}\}_{n\in\mathbf{Z}_0}\in l^2$，结合式(A-10)，我们得到

$$\begin{aligned}\psi_0(\mu_k)&=\mu_k^2 y_-(1,\mu_k)+\mu_k\sin((1-2a)\mu_k)-K\cos((1-2a)\mu_k)\\&=\mu_k(\sin(\mu_k)+\sin((1-2a)\mu_k))-K(\cos(\mu_k)+\cos((1-2a)\mu_k))+\hat{\psi}(\mu_k)\\&=\frac{2aK^2}{k\pi}\sin\frac{k\pi}{(1-a)}+\frac{\tilde{\delta}_k}{k}\end{aligned}$$

其中 $\{\tilde{\delta}_k\}\in l^2$，故 $\{\psi_0(\mu_k)\}\in l^2$. 由定理 A-1 可得

$$\psi_0(\lambda)=\mathrm{s}(\lambda)\sum_{k\in\mathbf{Z}_0}\frac{\psi_0(\mu_k)}{\dot{s}(\mu_k)(1-\mu_k)}\tag{2-107}$$

且 $\psi_0(\lambda)\in L_{(1-a)}$. 因此，我们从式(2-106)中推断出式(2-104)成立. 唯一性利用 $\psi_0(\lambda)\in L_{(1-a)}$ 的性质可证.

步骤 2 $\psi_1(\lambda)\in L_{(1-a)}$. 我们首先证明 $b_1(\lambda)\in L_{(1-a)}$. 使用式(2-101)和式(A-9)，可以得到

$$\begin{aligned}b_1(\lambda)-\cos((1-2a)\lambda)&=s(\lambda)\sum_{k\in\mathbf{Z}_0}\frac{e'_k/\mu_k}{(\lambda-\mu_k)}\\&=s(\lambda)\sum_{k\in\mathbf{Z}_0}\frac{y'_-(1,\mu_k)-\cos((1-2a)\mu_k)}{\dot{s}(\mu_k)(\lambda-\mu_k)}\end{aligned}$$

此外，根据式(A-14)，我们推断 $y'_-(1,\mu_k)-\cos((1-2a)\mu_k)\in l^2$. 由定理 A-1 可知 $(b_1(\lambda)-\cos((1-2a)\lambda))\in L_{(1-a)}$，这意味着 $b_1(\lambda)\in L_{(1-a)}$. 设

$$\psi_1(\lambda)=\lambda(b_1(\lambda)-\cos((1-2a)\lambda)-K\sin((1-2a)\lambda)\tag{2-108}$$

由式(2-103)可知

$$\begin{aligned}\psi_1(\mu_k)&=\mu_k(y'_-(1,\mu_k)-\cos((1-2a)\mu_k))-K\sin((1-2a)\mu_k)\\&=:\xi_k\end{aligned}$$

结合式(2-107)、式(A-14)和式(2-96)可得 $\{\hat{\xi}_k\}_{k\in\mathbf{Z}_0}\in l^2$. 根据定理 A-1，我们有

$$\psi_1(\lambda)=s(\lambda)\sum_{k\in\mathbf{Z}_0}\frac{\psi_1(\mu_k)}{\dot{s}(\mu_k)(\lambda-\mu_k)}\tag{2-109}$$

则得到 $\psi_1(\lambda)\in L_{(1-a)}$，它是唯一的. 因此，我们从式(2-108)中推断出式(2-105)仍然成立. 引理得证.

从附录引理 A-1 中我们得到了全纯函数 $a_0(\lambda)$ 和 $a_1(\lambda)$ 是指数型的，下面进一步证明两个函数 $a_0(\lambda)$ 和 $a_1(\lambda)/\lambda$ 是正弦型的. 为此，我们有以下引理.

引理 2-6 如果我们设

$$a_0(\lambda)=2\cos(a\lambda)+\frac{\varphi_0(\lambda)}{\lambda}\tag{2-110}$$

$$a_1(\lambda) = -2\lambda\sin(a\lambda) + \varphi_1(\lambda) \tag{2-111}$$

其中 $a_0(\lambda)$，$a_1(\lambda)$ 由式(2-102)和式(2-103)定义，则当 $j=0$，1 时，$\varphi_j(\lambda) \in L_a$.

证明　让我们来证明 $\varphi_0(\lambda) \in L_a$. 对 $\varphi_1(\lambda) \in L_a$ 的证明是相似的. 通过附录中的引理 A-3，我们可知全纯函数 $a_0(\lambda) \in B_a$. 根据式(2-102)和式(2-110)，并且通过使用三角函数的乘积转化为和的公式，我们很容易得到

$$\varphi_0(\lambda) = \frac{\lambda^2(y_-(1, \lambda) - b_0(\lambda)) - 2\lambda\cos(a\lambda)h(\lambda)}{\lambda h(\lambda)}$$

$$=: \frac{\gamma_0(\lambda)}{s(\lambda)} \tag{2-112}$$

这里 $\gamma_0(\lambda) \in L_a$. 设 $v_k = k\pi/a$，$k \in \mathbb{Z}_0$，是函数 $\sin(a\lambda)$ 的零点. 从式(2-91)、式(2-97)和式(2-104)中，我们得到 $\{\psi_0(v_k)\}_{k\in \mathbb{Z}_0}$. 利用 Levin-Lyubarski 插值公式(见附录中的定理 A-1)，我们得到

$$\hat{\psi}_0(\lambda) = \sin(a\lambda)\sum_{k\in \mathbb{Z}_0}\frac{\psi_0(v_k)}{a(-1)^k(\lambda - v_k)} \in L_a \tag{2-113}$$

我们接下来证明对于所有 $\lambda \in \mathbb{C}$，$\psi_0(\lambda) = \hat{\psi}_0(\lambda)$. 设 $g(\lambda) = (\psi_0 - \hat{\psi}_0)/\sin(a\lambda)$. 然后利用式(2-112)和式(2-113)，我们推知 $g(\lambda)$ 是一个零指数型的全纯函数，即 $\lim\sup_{r\to\infty}\text{In}G(r)/r \leqslant 0$，其中 $G(r) = \max_\varphi|g(re^{i\varphi})|$. 此外，根据引理 A-3 证明中的类似方法，我们推知 $g(\lambda) \in B_0$ 在实轴上是有界的. 利用 Pólya 定理[126,P127]，我们得到全纯函数 $g(\lambda)$ 是常数，这意味着存在常数 C_0，使得 $y'_-(0, \mu_n) = 1$，$(\varphi - \hat{\varphi}_0)(\lambda) = C_0\sin(a\lambda)$. 注意，$(\varphi - \hat{\varphi}_0)(v_k) = 0$ 与 $\sin(av_k) = 0$. 这意味着 $C_0 = 0$，因此对于所有 $\lambda \in \mathbb{C}$，有 $\varphi_0(\lambda) = \hat{\varphi}_0(\lambda)$. 定理得证.

2.2.3　0<a<1 情况下的逆问题

在本节中，我们将给出区间 $[0, 1]$ 上利用一整组谱 $\sigma = \{0_i\}_{i=1}^{2d} \cup \{\lambda_k^2\}_{k\in \mathbb{N}}$ 和部分规范常数 $\theta = \{\alpha_n\}_{n\in \mathbb{N}}$ 重构势 q 的方法. 其中 α_n 是对应于特征值 μ_n^2 相对应的规范常数. 同时给出基于此谱数据的解的存在和唯一性定理.

基于已知谱 σ，我们将使用 θ 重构式(2-104)和式(2-105)定义的 $b_0(\lambda)$ 和 $b_1(\lambda)$. 此外，我们还使用 $\sin(a\lambda)/\lambda$ 和 $\cos(a\lambda)$ 的零点来重构式(2-110)和式(2-111)定义的 $a_0(\lambda)$ 和 $a_1(\lambda)$.

我们首先考虑 $\Delta(\lambda) = \cos(a\lambda)y_-(1) - \sin(a\lambda)y'_-(1)/\lambda$，其指数不超过 $(a+1)$. 众所周知，如果 $a \neq 1$，在给定假设下，则 $\Delta(\lambda)$ 的渐近展开式为[117]

$$\Delta(\lambda) = \frac{1}{\lambda}\sin((1-a)\lambda) - \frac{K}{\lambda}\cos((1-a)\lambda) + \frac{\psi(\lambda)}{\lambda^2} \tag{2-114}$$

其中 $\varphi(\lambda) \in L_{(1+a)}$. 根据 Hadamard 分解定理及渐近式(2-114)，可以看出如果已知 $0 < a < 1$ 且传输特征值已知(及其重数)，则 $\Delta(\lambda)$ 被唯一确定，即式(2-94)中的常数 γ 由关系式(2-114)唯一确定.

下面回顾两种与实传输特征值 μ_n^2 相对应的规范常数 α_n 和 k_n，分别定义为

$$\alpha_n = \int_0^1 [y_+(x, \mu_n)]^2 \mathrm{d}x, \quad y_-(x, \mu_n) = k_n y_+(x, \mu_n) \tag{2-115}$$

其中，$y_-(x, \mu_n)$ 与 $y_+(x, \mu_n)$ 为方程(2-82)满足初始值条件 $y_-(0, \mu_n)=0$，$y'_-(0, \mu_n)=1$ 的和

$$(y_+(1, \mu_n), y'_+(1, \mu_n)) = \begin{cases} (\sin(a\mu_n)/\mu_n, \cos(a\mu_n)), \sin(a\mu_n) \\ (0, 1), \sin(a\mu_n)=0 \end{cases} \tag{2-116}$$

的解. 为了区分 α_n 和 k_n，α_n 一般称为规范常数，k_n 称为比值 μ_n^2. 由式(2-85)得

$$\int_0^1 y_+(x, \mu_n)^2 \mathrm{d}x = \int_0^a [\rho(t)]^{1/2} [z(t, \mu_n)]^2 d(\int_0^T \sqrt{\rho(s)})$$

由此可知，这里的 α_n 与式(2-85)定义的 α_n 相同. 考虑式(2-115)和渐近式

$$y_+(x, \lambda) = -\frac{1}{\lambda}\sin(\lambda(1-x-a)) + \frac{K_+}{\lambda^2}\cos(\lambda(1-x-a)) + \frac{\beta_{+,0}(x, \lambda)}{\lambda^2}$$

其中 $\beta_{+,0}(x, \lambda) \in L_{(1-x-a)}$，则当 $n\to\infty$ 时，有

$$\alpha_n = \frac{(1-a)^2}{2n^2\pi^2} + \frac{\hat{\vartheta}_n}{n^2} \tag{2-117}$$

其中 $\{\hat{\vartheta}_n\}_{n\in \boldsymbol{N}} \in l^2$.

下面我们将通过以下两个步骤，将特征值 α_n 作为补充数据重构 $a_j(\lambda)$ 和 $b_j(\lambda)(j=0, 1)$.

步骤 1　重构函数 $b_0(\lambda)$ 与 $b_1(\lambda)$

我们将重构 $b_0(\lambda)$ 与 $b_1(\lambda)$ 的余项 $\psi_0(\lambda)$ 和 $\psi_1(\lambda)$. 与文献[2]中引理 1.1.1 的证明类似，对于所有 $x\in[0, 1]$和 $n \in \mathbb{Z}_0$，有

$$\Delta(\mu_n) = -k_n\alpha_n^* \tag{2-118}$$

其中 $\alpha_n^* = (\alpha_n + a/\mu_n - \sin(2a\mu_n)/(2\mu_n^2))$，结合式(2-94)一起意味着，若谱 $\sigma(L)$ 与规范常数 α_n 已知，则 $k_n = -\Delta(\mu_n)/\alpha_n^*$ 可知.

我们有 $y_-(1, \mu_n) = k_n y_+(1, \mu_n)$ 和 $y'_-(1, \mu_n) = k_n y'_+(1, \mu_n)$. 结合式(2-92)和式(2-93)可得

$$\begin{cases} b_0(\mu_n) = k_n y_+(1, \mu_n) \\ b_1(\mu_n) = k_n y'_+(1, \mu_n) \end{cases} \tag{2-119}$$

根据上述方程和结点处的值，选择 $\{\mu_k\}_{k\in\boldsymbol{Z}_0}$ 作为插值结点，以重构 $\psi_0(\lambda)$ 和 $\psi_1(\lambda)$. 根据式(2-104)、式(2-105)和式(2-94)，我们得

$$\begin{cases} \psi_0(\mu_k) = \mu_k^2 k_k y_+(1, \mu_k) + (\mu_k\sin((1-2a)\mu_k) - K\cos((1-2a)\mu_k)) \\ \psi_1(\mu_k) = \mu_k^2 k_k y'_+(1, \mu_k) - (\mu_k\cos((1-2a)\mu_k) + K\sin((1-2a)\mu_k)) \end{cases} \tag{2-120}$$

从引理 2-5 的证明出发，我们推出 $\cos(av_k) = (-1)^k$ 和 $\sin(a\theta_k) = (-1)^{k+1}$ 且 $\{\psi_0(\mu_k)\}_{k\in\boldsymbol{Z}_0}$ 和 $\{\psi_1(\mu_k)\}_{k\in\boldsymbol{Z}_0} \in l^2$. 应注意 $\lambda h(\lambda) = s(\lambda)$ 是指数为 $(1-a)$ 的 sine 类函数. 根据定理 A-1，我们得到

$$\psi_0(\lambda) = s(\lambda)\sum_{k\in\boldsymbol{Z}_0} \frac{\psi_0(\mu_k)}{\dot{s}(\mu_k)(\lambda-\mu_k)} \tag{2-121}$$

和

$$\psi_1(\lambda)=s(\lambda)\sum_{k\in\mathbb{Z}_0}\frac{\psi_1(\mu_k)}{\dot{s}(\mu_k)(\lambda-\mu_k)} \tag{2-122}$$

很容易检验式(2-121)和式(2-122)中的 $\psi_0(\lambda)$ 和 $\psi_1(\lambda)$ 分别为式(2-104)和式(2-105)中 $b_0(\lambda)$ 和 $b_1(\lambda)$ 的余项. 因此，我们得到了式(2-102)和式(2-103)定义的 $b_0(\lambda)$ 和 $b_1(\lambda)$.

步骤 2　重构函数　$a_0(\lambda)$ 和 $a_1(\lambda)$

让我们重构式(2-110)和式(2-111)中的 $\psi_0(\lambda)$ 和 $\psi_1(\lambda)$，进而重构式(2-102)和式(2-103)中定义的 $a_0(\lambda)$ 和 $a_1(\lambda)$. 由于

$$\Delta(\lambda)=\begin{vmatrix} y_-(1,\lambda) & \sin(a\lambda)/\lambda \\ y'_-(1,\lambda) & \cos(a\lambda)\end{vmatrix} \tag{2-123}$$

根据式(2-102)和式(2-103)可得

$$\Delta(\lambda)=\begin{vmatrix} b_0(\lambda) & \sin(a\lambda)/\lambda \\ b_1(\lambda) & \cos(a\lambda)\end{vmatrix}+h(\lambda)\begin{vmatrix} a_0(\lambda) & \sin(a\lambda)/\lambda \\ a_1(\lambda) & \cos(a\lambda)\end{vmatrix}$$

$$:=\delta_0(\lambda)+h(\lambda)\delta_1(\lambda) \tag{2-124}$$

考虑到式(2-104)和式(2-105)，我们有

$$\delta_0(\lambda)=\frac{1}{\lambda}\begin{vmatrix} -\sin((1-2a)\lambda)+\dfrac{K}{\lambda}\cos((1-2a)\lambda)+\dfrac{\psi_0(\lambda)}{\lambda} & \sin(a\lambda) \\ \cos((1-2a)\lambda)+\dfrac{K}{\lambda}\sin((1-2a)\lambda)+\dfrac{\psi_1(\lambda)}{\lambda} & \cos(a\lambda)\end{vmatrix}$$

$$=-\frac{1}{\lambda}\sin((1-a)\lambda)+\frac{K}{\lambda^2}\cos((1-a)\lambda)+\frac{\hat{\varphi}_0(\lambda)}{\lambda^2} \tag{2-125}$$

其中 $\hat{\phi}_0(\lambda)\in L_1$. 由于 $\lambda\sigma_0(\lambda)$ 是指数为 1 的 sine 类函数. 从式(2-124)我们有

$$\delta_1(\lambda)=\begin{vmatrix} a_0(\lambda) & \sin(a\lambda)/\lambda \\ a_1(\lambda) & \cos(a\lambda)\end{vmatrix}$$

$$=\frac{\Delta(\lambda)-\delta_0(\lambda)}{h(\lambda)}. \tag{2-126}$$

引理 2-7　下式成立

$$\delta_1(\lambda)=2+\frac{\hat{\varphi}_1(\lambda)}{\lambda^2} \tag{2-127}$$

式中 $\hat{\phi}_0(\lambda)\in L_{2a}$.

证　由 $h(\lambda)$，$\Delta(\lambda)$ 和 $\delta_0(\lambda)$ 的渐近式，我们得到

$$\Delta(\lambda)-h(\lambda)=\frac{\gamma(\lambda)}{\lambda^2}$$

$$\delta_0(\lambda)+h(\lambda)=\frac{\gamma_0(\lambda)}{\lambda^2}$$

其中 $\gamma(\lambda)\in L_{(1+a)}$，$\gamma_0(\lambda)\in L_1$. 即式(2-127)成立，且证明完成.

通过以上论证，我们得出结论：$\sigma_1(\lambda)$ 可以由已知的 $\Delta(\lambda)$，$h(\lambda)$ 及 $\sigma_0(\lambda)$ 得到. 由下面表达式重构 $a_0(\lambda)$ 和 $a_1(\lambda)$：

$$\begin{vmatrix} a_0(\lambda) & \sin(a\lambda)/\lambda \\ a_1(\lambda) & \cos(a\lambda) \end{vmatrix} = \delta_1(\lambda) \tag{2-128}$$

我们重构 $a_0(\lambda)$ 和 $a_1(\lambda)$ 的问题在某种意义上，类似于 Martinyuk 和 Pivovarchik[119,122] 对于 Sturm-Liouville 算子，针对 Hochstadt-Lieberman 唯一性定理[63]，对于势函数 q 的重构问题，即我们的问题可以看作 Sturm-Liouville 算子势函数在区间$[a, 2a]$上已知时，重构另一半区间$[0, a]$上势函数的问题，其中 $\sigma_1(\lambda)$ 的零点可以看作 Sturm-Liouville 算子在整个区间$[a, 2a]$上的特征值.

我们将选择 $\{v_k = k\pi/a\}_{k\in\mathbf{Z}_0}$ 与 $\{\theta_k = (\mathrm{k} - 1/2)\pi/a\}_{k\in\mathbf{Z}_0}$ 作为插值的结点用于求函数 $a_0(\lambda)$ 和 $a_1(\lambda)$，这些结点分别是 $\sin(a\lambda)/\lambda$ 和 $\cos(a\lambda)$ 的零点. 则有

$$\delta_1(v_k) = 2\left(1 + \frac{\beta_k}{k}\right) \tag{2-129}$$

$$\delta_1(\theta_k) = 2\left(1 + \frac{\hat{\beta}_k}{k}\right) \tag{2-130}$$

其中 $\{\beta_k\}_{k\in\mathbf{Z}_0}$ 和$\{\hat{\beta}_k\}_{k\in\mathbf{Z}_0}$ 都属于 l^2. 注意到 $\cos(av_k) = (-1)^k$ 和 $\sin(a\theta_k) = (-1)^{k+1}$. 由式(2-128)~式(2-130)可知

$$\begin{aligned}\varphi_0(v_k) &= v_k\left(\frac{\delta_1(v_k)}{\cos(av_k)} - 2\cos(av_k)\right)\\ &= \xi_k\end{aligned} \tag{2-131}$$

和

$$\begin{aligned}\varphi_1(\theta_k) &= -\theta_k\left(\frac{\delta_1(\theta_k)}{\sin(a\theta_k)} - 2\sin(a\theta_k)\right)\\ &= \hat{\xi}_k\end{aligned} \tag{2-132}$$

其中 $\{\xi_k\}_{k\in\mathbf{Z}_0} \in l^2$，$\{\hat{\xi}_k\}_{k\in\mathbf{Z}_0} \in l^2$.

我们还注意到 $\sin(a\lambda)$ 和 $\cos(a\lambda)$ 均为指数为 a 的 sine 类函数、根据式(2-131)和式(2-132)，我们得到

$$\varphi_0(\lambda) = \sin(a\lambda)\sum_{k\in\mathbf{Z}_0}\frac{\varphi_0(v_k)}{a(-1)^k(\lambda - v_k)} \tag{2-133}$$

和

$$\varphi_1(\lambda) = \cos(a\lambda)\sum_{k\in\mathbf{Z}_0}\frac{\varphi_0(\theta_k)}{a(-1)^k(\lambda - \theta_k)} \tag{2-134}$$

与引理 2-5 的证明类似，很容易验证当 $j=0$，1 时，式(2-133)和式(2-134)是 $a_0(\lambda)$ 和 $a_1(\lambda)$ 在式(2-110)和式(2-111)中的余式.

通过上述论证，采用混合谱数据我们得到了 $b_0(\lambda)$，$b_1(\lambda)$，然后得到了 $a_0(\lambda)$，$a_1(\lambda)$，这些混合谱数据由传输本征值的集合 σ 和对应于规范常数的子集 Θ 组成. 因此，我们可以通过式(2-102)和式(2-103)重建 $y_-(1, \lambda)$ 和 $y'(1, \lambda)$，从而通过 Gelfand-Levitan-Marchenko 方法重建 (0, 1) 上的势函数 q.

如前所述，q 的存在性和唯一重构方法可以概括如下：

定理 2-5　设实值函数 $q\_$ 属于 $L^2(0, 1)$. 集合 $\sigma = \{0_i\}_{2d} \cup \{\lambda_k^2\}_{k\in \boldsymbol{N}}$, 且 $\Theta = \{\alpha_n\}_{n\in\boldsymbol{N}}$ 为实传输特征值 $\{\alpha_n\}$ 对应的规范常数集合, 且他们满足以下渐近式:

$$\mu_n = \frac{n\pi}{1-a} + \frac{K}{n\pi} + \frac{\vartheta_n}{n}$$

$$\alpha_n = \frac{(1-a)^2}{2n^2\pi^2} + \frac{\hat{\vartheta}_n}{n^2}$$

其中 $K \in \mathbb{R}$ 和 $\{\vartheta_n\}_{n\in \boldsymbol{Z}_0}$, $\{\vartheta_n\}_{n\in\boldsymbol{N}} \in l^2$. 设 $y\_(\lambda)$ 和 $\hat{y}\_(\lambda)$ 可以表示为:

$$y\_(\lambda) = a_0(\lambda)h(\lambda) + b_0(\lambda) \tag{2-135}$$

$$\hat{y}\_(\lambda) = a_1(\lambda)h(\lambda) + b_1(\lambda) \tag{2-136}$$

其中 $h(\lambda)$ 由式(2-96)给出, $b_0(\lambda)$、$b_1(\lambda)$ 由式(2-102)和式(2-103)给出, $a_0(\lambda)$、$a_1(\lambda)$ 分别由式(2-110)和式(2-111)给出. 则存在一个唯一的实值函数 $q \in L^2(0, 1)$, 使得 σ 和 Θ 是式(2-88)定义的 Sturm-Liouville 问题的谱和实特征值对应的规范常数, 且在 $(0, 1)$ 上 $q = q\_$ (a. e.) 的充要条件为函数 $(y\_/\hat{y}\_)(\lambda)$ 属于 Nevanlinna 函数类, 即 $(y\_/\hat{y}\_)(\lambda)$: 为$\mathbb{C}_+$到 $\mathbb{C}_+$上的解析函数, 且把上半平面映射为上半平面.

证明　假设存在一个实值函数 $q \in L^2(0, 1)$, 使得 σ 和 Θ 是式(2-88)定义的 Sturm-Liouville 问题的谱和规范常数. 通过以上讨论知, $y\_(1, \lambda) = y\_(\lambda)$ 和 $y'\_(1, \lambda) = \hat{y}\_(\lambda)$. 在这种情况下, 我们知道 $(y\_/\hat{y}\_)(\lambda)$ 是 Sturm-Liouville 方程(2-89)的 Weyl m-function 函数[115], 它确保函数 $(y\_/\hat{y}\_)(\lambda)$ 属于 Nevanlinna 函数类.

如果 Θ 是已知的, 那么通过式(2-121)和式(2-122)以及引理 2-5, 我们得到 $b_0(\lambda)$ 和 $b_1(\lambda)$, 通过式(2-133)和式(2-134)以及引理 2-6, 我们得到 $a_0(\lambda)$ 和 $a_1(\lambda)$. 因此, 我们从式(2-102)和式(2-103)中得到 $y\_(\lambda)$ 和 $\hat{y}\_(\lambda)$. 此外, 通过式(2-104)、式(2-105)和式(2-110)、式(2-111)及式(2-97), 我们有

$$\begin{aligned} y\_(\lambda) &= \left(2\cos(a\lambda) + \frac{\varphi_0(\lambda)}{\lambda}\right)h(\lambda) - \frac{1}{\lambda}\sin((1-2a)\lambda) + \frac{K}{\lambda^2}\cos((1-2a)\lambda) + \frac{\psi_0(\lambda)}{\lambda^2} \\ &= \frac{1}{\lambda}\sin\lambda - \frac{K}{\lambda^2}\cos\lambda + \frac{\psi_{-,0}(\lambda)}{\lambda^2} \end{aligned} \tag{2-137}$$

和

$$\begin{aligned} \hat{y}\_(\lambda) &= (-2\lambda\sin(a\lambda) + \varphi_1(\lambda))h(\lambda) + \cos((1-2a)\lambda) + \frac{K}{\lambda}\cos((1-2a)\lambda) + \frac{\psi_1(\lambda)}{\lambda} \\ &= \cos\lambda + \frac{K}{\lambda}\sin\lambda + \frac{\psi_{-,1}(\lambda)}{\lambda} \end{aligned} \tag{2-138}$$

其中 $\{\alpha_{n,N}^2\}_{k\in\boldsymbol{N}}$, $\psi_{-j}(\lambda) \in L_1 (j=0, 1)$. 这意味着 $\lambda y\_(\lambda)$ 和 $\hat{y}\_(\lambda)$ 是 sine 类函数且其零点由 $\{\alpha_{n,D}\}_{k\in\boldsymbol{Z}_0}$ 和 $\{\alpha_{n,N}\}_{k\in\boldsymbol{Z}_0}$ 表示, 其零点满足下列条件

$$\alpha_{\mathrm{n,D}} = n\pi + \frac{K}{n\pi} + \frac{\beta_n}{n}$$

$$\alpha_{n,N} = \left(n - \frac{1}{2}\right)\pi + \frac{K}{n\pi} + \frac{\hat{\beta}_n}{n}$$

K 由式(2-90)定义，$\{\beta_n\}_{n\in\mathbf{Z}_0}$ 和$\{\hat{\beta}_n\}_{n\in\mathbf{Z}_0}$ 都属于 l^2. 此外，如果 $(y_-/\hat{y}_-)(\lambda)$ 属于 Nevanlinna 函数类，则其零点 $\{\alpha_{n,D}\}_{k\in\mathbf{Z}_0}$ 和极点 $\{\alpha_{n,N}\}_{k\in\mathbf{Z}_0}$ 是交错的：

$$-\infty < \alpha_{1,D}^2 < \alpha_{1,N}^2 < \alpha_{1,D}^2 < \alpha_{1,N}^2 < \cdots$$

因此，序列 $\{\alpha_{n,D}^2\}_{k\in\mathbf{N}}$ 和 $\{\alpha_{n,N}^2\}_{k\in\mathbf{N}}$ 满足文献[117]中定理 3.4.1 的条件. 根据 Borg 两组谱定理[114]，存在唯一的实值函数 $q\in L^2(0,1)$ 使得 $\{\alpha_{n,D}^2\}_{k\in\mathbf{N}}$ 和 $\{\alpha_{n,N}^2\}_{k\in\mathbf{N}}$ 恰好为定义在 (0, 1) 上的 Sturm-Liouville 问题的 DD 谱和 DN 谱，另一方面，已知的 σ 和 Ω 是由式(2-83)定义的 Sturm-Liouville 问题的 Diricklet-Dirichlet 谱和规范常数，且函数满足在 (0, 1) 上 $q=q_-$. 定理得证.

2.2.4 $a=1$ 情况下的逆问题

在本节中，我们将提供在 $a=1$ 的情况下重构势函数的方法，这与 Hochstadt-Lieberman 问题相同：给定常数 γ 和所有传输特征值，在 (0, 1) 上重构势函数 q，详细讨论类似于文献[119]中的情况.

当 $a=1$ 时，在本节的假设下，式(2-93)定义的 $\Delta(\lambda)$ 没有实零点[106]. 利用 γ 和 $\sigma(L)$，我们可以构造式(2-94)中表示的 $\Delta(\lambda)$. 根据式(2-91)、式(2-92)和式(2-115)，我们选择 $\cos(\lambda)$ 及 $\sin(\lambda)/\lambda$ 的零点分别作为插值结点，用于求式(2-91)和式(2-92)中的函数 $\alpha_{-,0}(\lambda)$ 和 $\alpha_{-,1}(\lambda)$，进而重构函数 $y_-(1,\lambda)$ 和 $y'_-(1,\lambda)$. 由式(2-91)和式(2-102)，有

$$\begin{cases}\alpha_{-,0}(v_k)=v_k^2\left(\dfrac{\Delta(v_k)}{\cos v_k}-\dfrac{1}{v_k}\sin v_k+\dfrac{K}{v_k^2}\cos v_k\right)\\ \alpha_{-,1}(\theta_k)=\theta_k\left(\dfrac{\theta_k\Delta(\theta_k)}{\sin\theta_k}-\cos\theta_k-\dfrac{K}{\theta_k}\sin\theta_k\right)\end{cases} \tag{2-139}$$

请注意

$$\cos v_k=(-1)^k \text{ 和 } \sin\theta_k=(-1)^{k+1} \tag{2-140}$$

根据引理 2-5 的类似证明可知，$\{\alpha_{-,0}(v_k)\}_{k\in\mathbf{Z}_0}$，$\{\alpha_{-,1}(\theta_k)\}_{k\in\mathbf{Z}_0}$ 属于 l^2. 根据定理 A-1，我们得到

$$\alpha_{-,0}(\lambda)=\sin\lambda\sum_{k\in\mathbf{Z}_0}\frac{\alpha_{-,0}(v_k)}{(-1)^k(\lambda-v_k)} \tag{2-141}$$

和

$$\alpha_{-,1}(\lambda)=\cos\lambda\sum_{k\in\mathbf{Z}_0}\frac{\alpha_{-,1}(\theta_k)}{(-1)^k(\lambda-\theta_k)} \tag{2-142}$$

因此，我们根据式(2-91)和式(2-92)得到 $y_-(1,\lambda)$ 和 $y'_-(1,\lambda)$. 如上所述，问题(2-88)的存在和重构性可以归纳为以下定理：

定理 2-6 设实值函数 q_- 属于 $L^2(0,1)$. 假设 $\sigma=\{0_i\}_{i=1}^{2d}\cup\{\lambda_k^2\}_{k\in\mathbf{N}}$ 和 γ 已知.

设 $y_-(1,\lambda)$ 和 $y'_-(1,\lambda)$ 为通过上述过程得到的函数. 则存在一个唯一的实值函数 $q\in L^2(0,1)$，使得 σ 是式(2-88)定义的 Sturm-Liouville 问题的谱上充要条件为 $(y_-/\hat{y}_-)(\lambda)$ 属于 Nevanlinna 函数类.

证明　如果给定$\sigma=\{0_i\}_{i=1}^{2d}\cup\{\lambda_k\}_{k\in\mathbf{N}_0}$和$\gamma$，则由式(2-94)表示的$\Delta(\lambda)$是已知的. 根据式(2-141)、式(2-142)和式(2-102)、式(2-103)，我们有

$$y_-(\lambda)=\frac{1}{\lambda}\sin\lambda+\frac{K}{\lambda^2}\cos\lambda+\frac{\alpha_{-,0}(\lambda)}{\lambda^2}$$

和

$$\hat{y}_-(\lambda)=\cos\lambda+\frac{K}{\lambda}\sin\lambda+\frac{\alpha_{-,1}(\lambda)}{\lambda}$$

式中，$\alpha_{-,j}(\lambda)\in L_1(j=0,1)$. 其余部分的证明与定理 2-5 相似. 定理得证.

2.2.5　结论

本节是文献[9]的直接续篇，作者在文中建立了势函数的唯一性定理. 利用相同的谱数据，研究了重构势的反谱问题解的存在唯一性.

这项工作的结果解决了 Aktosun 与 Papanicolaou 提出的一个悬而未决的问题[104]. 在文献[104]中给出了$a>1$时势函数的重构算法，作者解决了 Riemann-Hilbert 问题，并使用了与它们的唯一解有关的基本事实，但是他们利用相关 Riemann-Hilbert 的重建方法似乎不能解决情形$a<1$的非齐次性. 当$a<1$时，我们提出了一种用亚纯函数的 Mittag-Leffler 展开重构势函数的新算法，这与文献[104]中的方法不同. 这一结果与 Aktosun 和 Papanicolaou 的结果一起，提供了由球面对称介质传输特征值重构波速的完整方法.

2.2.6　附录

在这个附录中，我们提供了一些定理和辅助引理来证明主要结果.

首先，我们分别给出了函数类B_x，l_x和S_x的定义. 在本节中，我们用

(1) B_a表示定义在实轴上其指数 type$\leqslant a$的有界全纯函数类.

(2) L_a表示其指数 type$\leqslant a$，在$L^2(-\infty,+\infty)$上关于λ为实值的全纯函数类.

(3) S_a表示指数$\leqslant a$的全纯函数，满足$f(z)$的零点是分离的，且存在正常数A，B和H，使得

$$Ae^{a|y|}\leqslant|f(x+iy)|\leqslant Be^{a|y|}\tag{A-1}$$

当x和y为实且$|y|\geqslant H$时.

对于$f\in B_a$，我们定义$\|f\|=\sup_{x\in\mathbf{R}}|f(x)|$，那么$B_a=(B_a,\|\cdot\|)$属于 Banach 空间. 此外，根据伯恩斯坦不等式[123,p84]，我们得到

$$\|\dot{f}\|\leqslant a\|f\|\tag{A-2}$$

其中$\dot{f}=\mathrm{d}f/\mathrm{d}\lambda$. 此外，从文献[123]可知，如果$f\in S_a$且$\{z_k\}_{k\in\mathbf{Z}_0}$是它的零点，那么

$$\inf_{k\in\mathbf{Z}_0}|f(z_k)|>0\tag{A-3}$$

让我们注意，如果$f\in S_a$，我们称f为 sine 类函数. 正弦型函数在实轴上有界，因此必有无穷多个零点. 这些零点都是简单的，位于一条平行于实轴的带中.

下面的定理[113，定理 A]对应于正弦型函数，在本书中起着重要的作用.

定理 A-1　设f为 sine 类函数，其振幅宽度为$2a$，$\{z_k\}_{k\in\mathbf{Z}_0}$为其零点集. 对于任意序列

$\{c_k\}_{k\in\mathbf{Z}_0}\in l^p(1<p<\infty)$，插值级数

$$\phi(\lambda)=f(\lambda)\sum_{k=1}^{\infty}\frac{c_k}{f(z_k)(\lambda-z_k)} \tag{A-4}$$

一致收敛于 $\mathbb{C}$ 中的任意紧子集，也收敛于实轴上 $L^p(-\infty,\infty)$ 的范数，属于 L_a 函数类. 对于简单极点的情况，我们给出了亚函数的 Mittag-Leffler 展开定理（见文献[128，定理 3.6.2]），如下所示：

定理 A-2 假设 $F(z)$ 是一个亚纯函数，并且只有简单的极点 $\{z_j\}_{j\in\mathbf{Z}_0}$，$z_j$ 不同，当 $j\to\infty$ 时 $|z_j|\to\infty$. 设 c_j 是 $F(z)$ 在极点 z_j 上的留数. 当 $w\geqslant 0$ 为整数时，如果

$$\sum_{j\in\mathbf{Z}_0}\frac{|c_j|}{|z_j|^{w+1}}<\infty \tag{A-5}$$

则存在一个全纯函数 $F(z)$，使得

$$F(z)=f(z)+\sum_{j\in\mathbf{Z}_0}\frac{c_j}{z-z_j}\cdot\left(\frac{z}{z_j}\right)^w \tag{A-6}$$

设 $h(\lambda)$ 由式(2-96)定义. 很明显，函数 $y_-(1,\lambda)/h(\lambda)$ 和 $(y'_-(1,\lambda)-\cos(1-2a)\lambda)/h(\lambda)$ 都是亚纯的，在 μ_k 处只有简单的极点，因为 μ_k 都是 $h(\lambda)$ 的简单零点. 下面，我们主要研究亚纯函数的 Mittag-Leffler 展开式.

设 e_k 与 e'_k 表示 $y_-(1,\lambda)/h(\lambda)$ 和 $(y'_-(1,\lambda)-\cos(1-2a)\lambda)/h(\lambda)$ 在 μ_k 处的留数我们有以下 Mittag-Leffle 展开式.

引理 A-1 当 $j=0$，1 时，存在 λ 的全纯函数 a_j，使得

$$\frac{y_-(1,\lambda)}{h(\lambda)}=a_0(\lambda)+\sum_{k\in\mathbf{Z}_0}\frac{e_k}{\lambda-\mu_k}\cdot\frac{\lambda}{\mu_k} \tag{A-7}$$

$$\frac{y'_-(1,\lambda)-\cos((1-2a)\lambda)}{h(\lambda)}=a_1(\lambda)+\sum_{k\in\mathbf{Z}_0}\frac{e'_k}{\lambda-\mu_k}\cdot\frac{\lambda}{\mu_k} \tag{A-8}$$

证明 注意到

$$e_k=\frac{y_-(1,\mu_k)}{\dot{h}(\mu_k)},\quad e'_k=\frac{y'_-(1,\mu_k)-\cos((1-2a)\mu_k)}{\dot{h}(\mu_k)} \tag{A-9}$$

我们的下一个任务是证明，$\sum_{k\in\mathbf{Z}_0}|e_k|/|\mu_k|^2<\infty$ 与 $\sum_{k\in\mathbf{Z}_0}|e'_k|/|\mu_k|^2<\infty$. 通过简单的计算我们得到

$$\begin{cases}\sin(\mu_n)=\sin(n\pi/(1-a))+\dfrac{K}{n\pi}\cos(n\pi/(1-a))+\dfrac{\alpha_{n0}}{n}\\[2ex]\cos(\mu_n)=\cos(n\pi/(1-a))-\dfrac{K}{n\pi}\sin(n\pi/(1-a))+\dfrac{\alpha_{n1}}{n}\end{cases} \tag{A-10}$$

当 $j=0$，1，有 $\{\alpha_{nj}\}_{n\in\mathbf{Z}_0}\in l^2$ 且

$$\begin{cases}\sin((1-a)\mu_n)=(-1)^n\dfrac{(1-a)K}{n\pi}+\dfrac{\beta_{n0}}{n}\\[2ex]\cos((1-a)\mu_n)=(-1)^n+\dfrac{\beta_{n1}}{n}\end{cases} \tag{A-11}$$

当 $j=0$ 时，$\{\beta_{nj}\}_{n\in\mathbb{Z}_0}\in l^2$，因此当 $n\to\infty$ 时，有

$$y_-(1,\mu_n)=\frac{(1-a)}{n\pi}\sin(n\pi/(1-a))+\frac{a(1-a)K}{n^2\pi^2}\cos(n\pi/(1-a))+\frac{\alpha_n}{n} \tag{A-12}$$

$$y'_-(1,\mu_n)=\cos(n\pi/(1-a)\mu_n)-\frac{aK}{n\pi}\sin(n\pi/(1-a))+\frac{\alpha'_n}{n} \tag{A-13}$$

当 $|n|\to\infty$ 时，$\{\alpha_n\}_{n\in\mathbb{Z}_0}\in l^2$，$\{\alpha_n\}_{n\in\mathbb{Z}_0}\in l^2$，且

$$y'_-(1,\mu_n)-\cos(n\pi/(1-2a)\mu_n)=-\frac{(1-a)K}{n\pi}\sin(n\pi/(1-a))+\frac{\hat{\beta}_n}{n} \tag{A-14}$$

其中 $\{\hat{\beta}_n\}_{n\in\mathbb{Z}_0}\in l^2$. 如果设 $s(\lambda)=\lambda h(\lambda)$，则 $s(\lambda)$ 是 sine 类函数，且

$$\dot{s}(\mu_n)=\mu_n\dot{h}(\mu_n)=(-1)^n(1-a)+\frac{\beta_n}{n} \tag{A-15}$$

其中 $\{\hat{\beta}_n\}_{n\in\mathbb{Z}_0}\in l^2$. 利用式(2-7)、式(A-9)、式(A-12)和式(A-14)，我们得到 $\{e_n\}$ 和 $\{e'_n\}$ 有界. 因此

$$\sum_{n\in\mathbb{Z}_0}\frac{e_n}{|\mu_n|^2}<\infty,\ \sum_{n\in\mathbb{Z}_0}\frac{e'_n}{|\mu_n|^2}<\infty$$

利用定理 A-2，我们推断式(A-7)和式(A-8)成立.

引理 A-2　对于 $s(\lambda):=\lambda h(\lambda)$，存在 $E>0$，使得

$$|s(x)|\geqslant(1-a)/2 \tag{A-16}$$

对于所有 $x\in(\mu_k-E,\mu_k+E)$ 对于足够大的 $|k|$.

证明　根据引理 2-4 的证明，我们有

$$h(\lambda)=\frac{1-a}{\lambda}\cos((1-a)\lambda)+\frac{K(1-a)-1}{\lambda^2}\sin((1-a)\lambda)+\frac{\psi(\lambda)}{\lambda^2}$$

其中 $\psi(\lambda)\in L_{(1-a)}$. 由于 $\dot{s}(\lambda)=\lambda\dot{h}(\lambda)+h(\lambda)$，则当 $\lambda=\mu_k+x$ 时，对于足够大的 $|k|$ 有

$$\dot{s}(\mu_k+x)=(-1)^k(1-a)\cos((1-a)x)+O\left(\frac{1}{k}\right)$$

因此，式(A-16)适用于所有 $x\in(\mu_k-E,\mu_k+E)$ 和足够大的 $|k|$. 引理得证.

引理 A-3　设 $a_0(\lambda)$ 和 $a_1(\lambda)$ 由式(2-102)和式(2-103)定义. 则 $a_0(\lambda)$，$(a_1(\lambda)+2\lambda\sin(a\lambda))\in B_a$.

证明　首先我们证明存在一个正数 C_0，使得当 $\lambda\in\mathbb{R}$ 时 $|a_0(\lambda)|\leqslant C_0$. 从引理 A-1 我们有 $a_0(\lambda)$ 是一个全纯函数，从式(2-91)、式(2-102)和式(2-103)我们得到

$$\begin{aligned}a_0(\lambda)&=\frac{\lambda y_-(1,\lambda)-\lambda b_0(\lambda)}{s(\lambda)}\\&=\frac{\sin\lambda+\sin((1-2a)\lambda)-K/\lambda(\cos\lambda+\cos((1-2a)\lambda))+\widetilde{\psi}_0(\lambda)/\lambda}{s(\lambda)}\\&=:\frac{g(\lambda)}{s(\lambda)}\end{aligned} \tag{A-17}$$

这里 $s(\lambda)=\lambda h(\lambda)$. 由于 $s(\lambda)$ 是正弦型函数，从[文献127，引理2]可以看出，对于每个 $\varepsilon>0$，对应存在常数 $m>0$，使得

$$|s(x+iy)|\geqslant me^{(1-a)|y|}$$

在圆盘 $B(\mu_k,\ \varepsilon)$ 外，半径为 ε，中心位于 $s(\lambda)$ 的所有零点处成立. 此外，由式(A-17)，我们看到 $g(\lambda)\in B_1$，这表明存在一个正数 C_0，使得

$$|a_0(\lambda)|\leqslant C_0,\ \lambda\notin B(\mu_k,\ \varepsilon)\cap\mathbb{R} \tag{A-18}$$

另一方面，根据 Bernstein 不等式(A-2)和引理 A-4，存在 $\delta>0$，使得

$$0<C_1<|\dot{s}(\mu_k+x)|\leqslant C_2 \tag{A-19}$$

对于所有 $x\in(\mu_k-\delta,\ \mu_k+\delta)$ 成立，其中 C_1 和 C_2 是两个正数. 此外，由式(2-97)我们可以看出，$s(\lambda)\in B_{1-a}$.

如果 $a_0(\lambda)$ 在实轴上无界，则 $k\in\mathbb{Z}_0$ 及 $x_k\in I_k:=[(\mu_{k-1}+\mu_k)/2,\ (\mu_k+\mu_{k+1})/2]$，存在一个序列 $\lambda_k=\mu_k+x_k$，使得 $\lim_{k\to\infty}|a_0(\lambda_k)|=\infty$. 这使得 $\lim_{k\to\infty}|s(\lambda_k)|=0$，因为 $g(\lambda)$ 在实轴上有界. 由于所有区间 I_k 的最大长度值是有界的，则存在 x_0 和一个子序列 x_{ki}，使得对于某 k_0，有 $\lim_{j\to\infty}x_{kj}=x_0\in I_{k_0}$.

如果 $x_0=0$，那么我们有

$$\lim_{j\to\infty}a_0(x_{kj})=\lim_{k\to\infty}\frac{g(x_{kj})-g(\mu_{kj})}{s(x_{kj})-s(\mu_{kj})}=\lim_{j\to\infty}\frac{\dot{g}(\xi_j)}{\dot{s}(\xi_j)} \tag{A-20}$$

当 $\lambda_{kj}<\mu_{kj}$ 时 $\xi_j\in(\lambda_{kj},\ \mu_{kj})$. 由于 $\lim_{j\to\infty}x_{kj}=0$，我们可以找到 N_0，对于 $k_j>N_0$，使得 $x_{kj}<\gamma$，由式(A-19)我们可以看出式(A-20)的右侧有界，即 $k_j>N_0$. 这就导致了矛盾. 因此，当 $x_0=0$ 时，对于所有 $\lambda\in\mathbb{R}$ 有，$|a_0(\lambda)|\leqslant C_0$. 当 $x_0\neq0$ 时，存在 $\varepsilon_0>0$ 及 $N_0\in\mathbb{N}$ 使得对所有 $k>N_0$，有 $x_0\notin B(\mu_k,\ \varepsilon_0)\cap\mathbb{R}$. 这也与式(A-18)相矛盾. 上述讨论得出对于所有的 $\lambda\in\mathbb{R}$，有 $|a_0(\lambda)|\leqslant C_0$.

由式(2-97)，当 $\mathrm{Im}(\lambda)\neq0$ 我们得到 $|s(\lambda)|\geqslant e^{(1-a)|\lambda|}(1-o(1))$ 和 $|g(\lambda)|\leqslant C_0e^{|\lambda|}$ 成立. 根据 Phragmén-Lindecof 定理[113]，得

$$|a_0(\lambda)|\leqslant C_0e^{a|\mathrm{Im}\lambda|}$$

因此，我们得到 $a_0\in B_a$. 类似可证 $(a_1(\lambda)+2\lambda\sin(a\lambda))\in B_a$.

定理得证.

第3章 Sturm-Liouville微分算子的逆谱问题

Sturm-Liouville问题研究起源于19世纪初叶，Fourier对热传导问题的数学处理，其应用已涉足于数学、物理、工程技术等各类应用学科，特别是在量子力学中，它是用于描述微观粒子的基本数学手段. 长期以来，Sturm-Liouville问题受到了许多数学家的广泛关注和研究，如19世纪初Liouville和Sturm在研究弦振动方程的解时，利用Fourier方法进行了一般性的讨论，提出了谱理论，这一理论成为了解决许多数理方程定解问题的基础理论. 此后，Birkhoff，Hilber，Neumann，Steklov等许多数学家，对Sturm-Liouvill算子谱理论进行了推广和深入的研究.

对于逆问题的研究，经典的Sturm-Liouville问题通常以三种不同形式出现，即带有势函数的势方程，带有密度函数的非均匀张紧弦的横向振动方程(简称为弦方程)，以及带有截面面积的杆的纵向或扭转振动方程(简称为杆方程). 注意到，当密度函数或面积函数充分光滑时，应用Liouville变换，弦或杆方程均可划归到共谱的势方程. 基于此，势方程的谱问题与逆谱问题长期以来为大家所关注，始于Ambarzumian于1929年给出的势函数为零的充要条件. 此后，Borg在1946年开创了反问题研究的先河，他证明了两组特征值能唯一确定势函数的奠基性定理. 后来，Borg定理得到了深入和广泛的研究，并取得了大量的推广性研究成果，如通过谱函数来确定势函数，通过一组特征值和相应的规范常数可唯一确定势函数等. 特别地，在1951年，Gelfand和Levitan建立了求解势函数的积分方程. 此后，这一方程在逆谱问题的研究中，对微分算子的重构起到了非常重要的作用. 历史上，许多知名的数学家都进行过研究. 针对势方程的逆谱问题研究，在1978年Hochstadt等人，基于对地球的反问题的考虑，给出了半逆谱定理，也就是通过势函数在半区间已知和一组谱给定的情况下，能够唯一确定势方程. 后来此工作得到了深入的研究，并取得了令人瞩目的研究成果，许多问题得到了圆满解决.

3.1 边值条件含有谱参数的Sturm-Liouville微分算子的逆谱问题

3.1.1 引言

近年来，人们对以下Sturm-Liouville问题中唯一确定q的逆谱问题产生了相当大的兴趣：

$$-y'' + qy = \lambda y \tag{3-1}$$

定义在单位区间[0，1]上，满足边界条件：

$$y'(0)-h_0y(0)=0 \tag{3-2}$$

$$y'(1)+h_1y(1)=0 \tag{3-3'}$$

这里 $q\in L^1[0,1]$，h_0 和 h_1 都是实数. 众所周知，谱问题的研究分为两个阶段：完全谱数据和部分谱数据的研究. 自从 Borg 提出两组谱定理，即两个不同边值条件所生成的两组谱可以唯一确定算子后，Hochstadt 和 Lieberman[63] 在 1978 年首次为上述问题建立了所谓的半逆定理，即若左半区间[0，1/2]上的势函数 q 是已知的，则一组谱即可确定[0，1]区间上的整个势函数. Gesztesy 和 Simon[64] 在 1999 年给出了半逆谱定理的一个重要推广. 他们考虑这样的情况：q 在大区间$[0,a]$上已知，且 $a\in[1/2,1]$ 时证明了谱 σ 的某一部分完全决定了$[0,a]$上的 q，例如谱、谱的一半和 q 在[1/4，1]上已知也是如此. Gesztesy 和 Simon[66] 进一步研究了 a 为(0，1)上的任意数时的逆谱问题. 这些结果通过多种方式得到了推广和改进(见参考文献[129-131，144，145]). 特别是，Wei 和 Xu[67] 证明规范常数与特征值在势函数的唯一确定性问题上所起的作用是等价的.

设 $u_+(x,\lambda)$ 为方程(3-1)，满足初始条件 $u_+(1)=1$ 和 $u'_+(1)=h_1$ 的解. 我们观察到，如果势函数 q 在区间$[a,1]$上已知，那么函数 $u'_+(a,\lambda)/u_+(a,\lambda)=:f(\lambda)$ 也已知，然后，基于相同的谱数据，势函数的重构问题可以转化为新 Sturm-Liouville 问题：定义在区间$[0,a]$上由方程(3-1)和边界条件(3-2) 及

$$y'(a)-f(\lambda)y(a)=0 \tag{3-3}$$

的重构问题. 需要注意的是，这里的 $f(\lambda)$ 是 Herglotz 函数，问题(3-1)~(3-3′)和问题(3-1)~(3-3)是共谱的. 对于后者，端点 a 的边界条件涉及谱参数 λ.

根据上述观察，我们考虑问题(3-1)~(3-3)的逆谱问题. 当 $f(\lambda)$ 是亚纯 Herglotz 型函数，并且已知时，即 $f(\lambda)$ 可以表示为

$$f(\lambda):=C\cdot\frac{p_1(\lambda)}{p_2(\lambda)} \tag{3-4}$$

时，其中 C 是负常数，$p_1(\lambda)$ 和 $p_2(\lambda)$ 都是互素的且为 m 型函数(详见第 2 小节). 本节的目的主要是：若 $f(\lambda)$ 已知，我们将研究 L 所生成的一组谱的部分谱数据，包括特征值 $\{\lambda_n\}_{n=0}^{\infty}$，以及规范常数 $\{\alpha_n\}_{n=0}^{\infty}$ 的部分信息，来唯一确定势函数 q 的问题. 本章中，对应于特征值 λ_n 的规范常数 α_n 定义为

$$\alpha_n=\int_0^a\psi^2(x,\lambda_n)\,\mathrm{d}x \tag{3-5}$$

其中 $\psi(x,\lambda_n)$ 是算子对应于特征值 λ_n 的特征函数，则 $\psi(a,\lambda)=p_2(\lambda)$ 和 $\psi'(a,\lambda)=-p_1(\lambda)$. 序列 $\{\lambda_n,\alpha_n\}_{n=0}^{\infty}$ 称为问题(3-1)~(3-3)的 Marchenko 谱数据. 显然，当 $f(\lambda)$ 是一个常数时，由(3-5)定义的 α_n，简化为经典 Sturm-Liouville 问题的规范常数. 我们注意到 $f(\lambda)=h_1$ 时的 Marchenko 谱数据在(3-3′)中唯一确定了势函数 $q(x)$ 和 h_0

然而，当 $f(\lambda)\neq h_1$ 时，算子(3-1)~(3-3)的唯一性问题是超定的. 也就是说，可以省略部分 Marchenko 谱数据 $\{\lambda_n,\alpha_n\}_{n=0}^{\infty}$. 本节的研究结果表明，当 $f(\lambda)$ 已知时，需要多少 $\{\lambda_n,\alpha_n\}_{n=0}^{\infty}$ 的部分谱数据来唯一地确定 q 和 h_0. 这是一个新的唯一性定理，也给出了 Hochstadt-Lieberman 定理[63] 和 Gesztesy-Simon 定理[64] 的另一个求解方法.

本节的结构如下. 在下一小节中, 我们将回顾 Herglotz 函数的性质, 并且证明算子 L 的谱所具有的性质. 在第 3 小节, 我们将建立部分谱信息已知时的唯一性定理, 在第 4 小节给出了两个例子.

3.1.2　Herglotz 函数的性态及算子谱的性质

在这一小节中, 我们将回顾 Herglotz 函数的性质, 并且证明算子 L 的谱所具有的性质.

对于 $N \in \mathbb{N}_0 := \mathbb{N}_0 \cup \{\infty\}$, 首先考虑式(3-3)中的亚纯 Herglotz 函数 $f(\lambda)$, 极点 $\{\nu_k\}_{j=0}^{N}$ 和零点为 $\{\mu_j\}_{j=0}^{N'}$, 在ℝ上, 如果 N 是有限的, N' 取 $N-1$, N 或 $N+1$. 在本节中, 我们一直假设

$$0 < \nu_n < \mu_n < \nu_{n+1} \quad 或 \quad 0 < \mu_n < \nu_n < \mu_{n+1} \tag{3-6}$$

对于所有 $n = 0, \cdots N$ 成立, 存在 $0 < \rho_0 < 1$, 有

$$\sum_{j=0}^{N} \frac{1}{\nu_j^{\rho}} < \infty, \quad 对于所有的 \rho < \rho_0 \tag{3-7}$$

根据上面式(3-6)和式(3-7)的假设, 两个全纯函数 $p_1(\lambda)$ 和 $p_2(\lambda)$ 定义为

$$p_1(\lambda) =: C_1 \prod_{j=0}^{M}\left(1 - \frac{\lambda}{\mu_j}\right), \qquad p_2(\lambda) =: C_2 \prod_{k=0}^{N}\left(1 - \frac{\lambda}{\nu_k}\right)$$

且均是 m 型函数, 其中 C_1 和 C_2 是复常数. 因此, 我们定义 Herglotz 函数

$$f(\lambda) = C\frac{p_1(\lambda)}{p_2(\lambda)}$$

其中 $C = C_1 / C_2$ 是一个负常数.

根据 Herglotz 表示定理[47], 存在常数 $c > 0$, $b \in \mathbb{R}$, 且所有 $b_k > 0$, 使得

$$f(\lambda) = c\lambda + b + \sum_{k}^{N} b_k\left[\frac{1}{\nu_k - \lambda} - \frac{\nu_k}{1 + \nu_k^2}\right] \tag{3-8}$$

且 $\sum\limits_{j=0}^{\infty}(b_j/(1+\nu_j^2)) < \infty$. 注意式(3-8)中的和是绝对收敛的. 而且, 当 $N \in \mathbb{N}_0$ 时 N' 的取值取决于 c, b 的值, 分别取 $N-1$, N 或 $N+1$. 否则当 $N = \infty$ 时, $p_1(\lambda)$ 和 $p_2(\lambda)$ 满足

$$|\,p_1(\lambda)\,| \leqslant C_1 e^{C_2|\lambda|^{\frac{1}{2}}}, \quad p_2(\lambda)\,| \leqslant C_1 e^{C_2|\lambda|^{\frac{1}{2}}} \tag{3-9}$$

这里 $\lambda \in \mathbb{C}$, C_1 和 C_2 都是正的常数.

引理 3-1　设 $f(\lambda)$ 由式(3-8)定义. 那么对于所有 $\lambda \in \mathbb{R} \setminus \{\nu_j\}_{j=0}^{\infty}$, $f(\lambda) = \mathrm{d}f(\lambda)/\mathrm{d}\lambda$, 有 $\dot{f}(\lambda) > 0$.

证明　已知 (见文献[64]中的定理 2.1 和 2.2) $f(\lambda)$ 在子集 $\mathbb{R} \setminus \{\nu_j\}_{j=0}^{\infty}$ 上一致收敛. 根据式(3-8)有

$$\dot{f}(\lambda) = c + \sum_{k=0}^{\infty} \frac{b_k}{(\lambda - \nu_k)^2}$$

$\lambda \in \mathbb{R} \setminus \{\nu_j\}_{j=0}^{\infty}$, 得到 $\dot{f}(\lambda) > 0$. 引理得证.

我们现在回顾一些关于 Sturm-Liouville 问题的经典结果. 设 $\varphi(x, \lambda)$ 为方程(3-1)满足初始条件 $\varphi(0, \lambda) = 1$, $\varphi'(0, \lambda) = h_0$ 的解. 众所周知, 对于所有 $x \in [0, a]$, 有如下的渐

近式

$$\varphi(x, \lambda)=\cos\sqrt{\lambda}x+O\left(\frac{\exp|\tau|x}{|\sqrt{\lambda}|}\right)$$
$$\varphi'(x, \lambda)=-\sqrt{\lambda}\sin\sqrt{\lambda}x+O(\exp|\tau|x) \tag{3-10}$$

其中 $\tau=\mathrm{Im}\sqrt{\lambda}$.

设 $\psi(x, \lambda)$ 是方程(3-1)满足初值条件 $\psi(a, \lambda)=p_2(\lambda)$，$\psi'(a, \lambda)=-p_1(\lambda)$ 的解. 我们定义函数 $y(x)$，$z(x)$ 的朗斯基行列式为：

$$<y, z>:=(yz'-y'z)(x)$$

由 Liouville 公式[140]可知，$<\psi(x, \lambda), \varphi(x, \lambda)>$ 不依赖于 x. 定义

$$\Delta(\lambda)=<\psi(x, \lambda), \varphi(x, \lambda)> \tag{3-11}$$

将 $x=0$，$x=a$ 代入式(3-11)，有

$$\Delta(\lambda)=-\psi'(0, \lambda)+h_0\psi(0, \lambda)=\varphi'(a, \lambda)p_2(\lambda)+\varphi(a, \lambda)p_1(\lambda) \tag{3-12}$$

$\Delta(\lambda)$ 的零点集合即为问题(3-1)~(3-3)的特征值集合，记作 $\sigma(L)=\{\lambda_n\}_{n=0}^{\infty}$，$\Delta(\lambda)$ 函数称为 L 的特征值函数.

引理 3-2 问题(3-1)~(3-3)的特征值为实的，简单的，且为下半有界的.

证明 我们考虑两种不同的情况.

情况 1 如果对于所有 $\lambda_n\in\sigma(L)$，$p_2(\lambda)\neq 0$. 我们首先证明所有的特征值都是实数. 如果存在 λ_n 为非实的特征值，不失一般性，可以假定 $\mathrm{Im}\lambda_n>0$. 由式(3-1)可知

$$\varphi(a, \lambda_n)\bar{\varphi}'(a, \lambda_n)-\bar{\varphi}(a, \lambda_n)\varphi'(a, \lambda_n)=2i(\mathrm{Im}\lambda_n)\int_0^a|\varphi(x, \lambda_n)|^2\mathrm{d}x \tag{3-13}$$

因为 $p_2(\lambda)\neq 0$，则

$$\frac{\varphi'(a, \lambda_n)}{\varphi(a, \lambda_n)}=f(\lambda_n) \tag{3-14}$$

因为 $f(\lambda)$ 是 Herglotz 函数，故有

$$\frac{\bar{\varphi}'(a, \lambda_n)}{\bar{\varphi}(a, \lambda_n)}=\bar{f}(\lambda_n)=f(\bar{\lambda}_n) \tag{3-15}$$

将式(3-14)和式(3-15)代入式(3-13)中，有

$$|\varphi(a, \lambda_n)|^2(f(\bar{\lambda}_n)-f(\lambda_n))=(\lambda_n-\bar{\lambda}_n)\int_0^a|\varphi(x, \lambda_n)|^2\mathrm{d}x \tag{3-16}$$

式(3-16)的右边的虚部大于零，而左边的虚部小于零. 矛盾，因此 $\mathrm{Im}\lambda_n=0$.

其次再证明特征值都是简单的. 不失一般性，假设 $\varphi(x, \lambda_n)$ 是实值函数. 如果 λ_n 不是简单的，那么 $\Delta(\lambda_n)=\dot{\Delta}(\lambda_n)=0$. 由于 $p_2(\lambda_n)\neq 0$，则有 $\varphi'(a, \lambda_n)-f(\lambda_n)\varphi(a, \lambda_n)=0$. 对方程 $\Delta(\lambda)=p_2(\lambda)(\varphi'(a, \lambda)-f(\lambda)\varphi(a, \lambda))$ 两边求导，取 $\lambda=\lambda_n$，则有

$$\dot{\varphi}'(a, \lambda_n)=\dot{f}(\lambda)\varphi(a, \lambda_n)+f(\lambda_n)\dot{\varphi}(a, \lambda_n) \tag{3-17}$$

由于 $\varphi(x, \lambda)$ 是式(3-1)的解，故有

$$-\varphi''(x, \lambda)+q\varphi(x, \lambda)=\lambda\varphi(x, \lambda) \tag{3-18}$$

将方程(3-17)两边同时对 λ 求导时，可以得出

$$-\dot{\varphi}''(x, \lambda) + q\dot{\varphi}(x, \lambda) = \lambda\dot{\varphi}(x, \lambda) + \varphi(x, \lambda) \tag{3-19}$$

给式(3-17)两边同乘 $\dot{\varphi}(x, \lambda)$，式(3-18)两边同乘 $\varphi(x, \lambda)$，且结果相减得

$$\varphi''(x, \lambda)\dot{\varphi}(x, \lambda) - \dot{\varphi}''(x, \lambda)\varphi(x, \lambda) = \varphi^2(x, \lambda)$$

对上式在 $[0, a]$ 上积分，得到

$$< \dot{\varphi}(x, \lambda), \varphi(x, \lambda) >|_0^a = \int_0^a \varphi^2(x, \lambda)\mathrm{d}x \tag{3-20}$$

因为 $\dot{\varphi}(0, \lambda) = 0$，$\dot{\varphi}'(0, \lambda) = 0$，得 $< \dot{\varphi}(0, \lambda), \varphi(0, \lambda) > = 0$. 在式(3-20)中设 $\lambda = \lambda_n$，由式(3-17)和式(3-3)得到

$$\int_0^a \varphi^2(x, \lambda_n)\mathrm{d}x = -\dot{f}(\lambda_n)\varphi^2(a, \lambda_n)$$

由引理 3-1 知 $\dot{f}(\lambda_n) > 0$，得出矛盾. 因此，所有的特征值都是简单的.

最后，我们证明特征值是有界的. 假设 $\varphi'(a, \lambda)$，$\varphi(a, \lambda)$ 的零点分别是 $\{\lambda_n^N\}$，$\{\lambda_n^D\}$. 对于所有 n，存在常数 C，满足

$$\lambda_n^N > \mathrm{C}, \lambda_n^D > C \tag{3-21}$$

而且，我们知道[149]

$$\varphi'(a, \lambda) = (\lambda_0^N - \lambda)\prod_{i=1}^{\infty}\frac{\lambda_i^N - \lambda}{i^2}, \varphi(a, \lambda) = (\lambda_0^N - \lambda)\prod_{i=0}^{\infty}\frac{\lambda_i^D - \lambda}{(i + 1/2)^2} \tag{3-22}$$

根据式(3-12)，可以得到

$$\Delta(\lambda) = (\lambda_0^N - \lambda)\prod_{i=1}^{\infty}\frac{\lambda_i^N - \lambda}{i^2}\prod_{j=0}^{N}\left(1 - \frac{\lambda}{\nu_j}\right) + \prod_{i=0}^{\infty}\frac{\lambda_i^D - \lambda}{(i + 1/2)^2}\prod_{j=0}^{M}\left(1 - \frac{\lambda}{\mu_j}\right) \tag{3-23}$$

如果 $\lambda < \min\{C, \nu_0, \mu_0\}$，则式(3-23)使得 $\Delta(\lambda) > 0$，即 $\Delta(\lambda)$ 的零点不小于 $\min\{C, \nu_0, \mu_0\}$，因此特征值有下界.

情况 2　如果存在 $S_1 \subset \sigma(L)$，使得对于每个 $\lambda_n \in S_1$，$p_2(\lambda_n) = 0$. 在这种情况下，从式(3-6)可知，如果 $\lambda_n \in S_1$，则 $\lambda_n > 0$. 这意味着 S_1 中的 λ_n 都是实数，且有界. 下面，我们证明每个 S_1 中的 λ_n 简单的. 如果不是，那么 $\Delta(\lambda_n) = \dot{\Delta}(\lambda_n) = 0$. 从式(3-12)知，有 $\varphi(a, \lambda_n) = 0$. 与情况 1 的讨论类似，用 $f^{-1}(\lambda)$ 代替 $f(\lambda)$，我们有

$$\int_0^a \varphi^2(x, \lambda_n)\mathrm{d}x = \dot{f}^{-1}(\lambda_n)\ (\varphi'(a, \lambda_n))^2$$

由引理 3-1，我们得到 $\dot{f}^{-1}(\lambda) > 0$，这给出矛盾. 因此 S_1 中的所有特征值是简单的. 这就完成了引理的证明.

接下来，我们继续回顾对应于特征值 λ_n 的规范常数 α_n，它由下式定义

$$\alpha_n = \int_0^a \psi^2(x, \lambda_n)\mathrm{d}x \tag{3-24}$$

注意，$\psi(x, \lambda_n)$，$\varphi(x, \lambda_n)$ 是与特征值 λ_n 相关的特征函数. 由于所有特征值都是简单的，所以存在常数 k_n（对于 $n = 0, 1, 2, \cdots$），使得

$$\varphi(x, \lambda_n) = k_n\psi(x, \lambda_n) \tag{3-25}$$

这里 k_n 称为规范常数(或称为终端速度). 显然, $k_n=\varphi(a, \lambda_n)/p_2(\lambda_n)=1/\psi(0, \lambda_n)$ 是非零常数. 下面的引理给出了 λ_n, α_n, k_n 之间的关系:

引理 3-3 通过式(3-11)定义 $\Delta(\lambda)$. 那么下面的关系式成立

$$-\dot{\Delta}(\lambda_n)=k_n\alpha'_n \tag{3-26}$$

其中 $\alpha'_n=\alpha_n+p_1(\lambda_n)\dot{p}_2(\lambda_n)-\dot{p}_1(\lambda_n)p_2(\lambda_n)$.

证明 由于

$$-\psi''(x, \lambda)+q(x)\psi(x, \lambda)=\lambda\psi(x, \lambda), \quad -\varphi''(x, \lambda_n)+q(x)\varphi(x, \lambda_n)=\lambda\varphi(x, \lambda_n)$$

我们得到

$$\frac{\mathrm{d}}{\mathrm{d}x}<\psi(x, \lambda), \varphi(x, \lambda_n)>=(\lambda-\lambda_n)\psi(x, \lambda)\varphi(x, \lambda_n)$$

如果 $p_2(\lambda_n)\neq 0$, 上式在 $[0, a]$ 上积分并代入 $\psi(x, \lambda)$, $\varphi(x, \lambda)$ 所满足的初值条件可得

$$\begin{aligned}&(\lambda-\lambda_n)\int_0^a\psi(x, \lambda)\varphi(x, \lambda_n)\mathrm{d}x\\&=\psi(a, \lambda)\varphi(a, \lambda_n)\left[\frac{\varphi'(a, \lambda_n)}{\varphi(a, \lambda_n)}-f(\lambda)\right]+[\psi'(0, \lambda)-h\psi(0, \lambda)]\\&=\psi(a, \lambda)\varphi(a, \lambda_n)[f(\lambda_n)-f(\lambda)]-\Delta(\lambda)\end{aligned} \tag{3-27}$$

当 $\lambda\to\lambda_n$ 时, 由式(3-5)可得

$$\begin{aligned}-\dot{\Delta}(\lambda_n)&=k_n\left[\int_0^a\psi^2(x, \lambda_n)\mathrm{d}x+\dot{f}(\lambda_n)(a, \lambda_n)\right]\\&=k_n[\alpha_n+p_1(\lambda_n)\dot{p}_2(\lambda_n)-\dot{p}_1(\lambda_n)p_2(\lambda_n)]\end{aligned} \tag{3-28}$$

故结论成立. 当 $p_2(\lambda_n)=0$ 时, 则 $\psi(a, \lambda)=0$, 故

$$(\lambda-\lambda_n)\int_0^a\psi(x, \lambda)\varphi(x, \lambda_n)\mathrm{d}x=\psi(a, \lambda)\varphi'(a, \lambda_n)-\Delta(\lambda)$$

当 $\lambda\to\lambda_n$ 时, 由式(3-5)得到

$$-\dot{\Delta}(\lambda_n)=k_n(\alpha_n-\psi'(a, \lambda_n)\dot{\psi}(a, \lambda_n))=k_n(\alpha_n+p_1(\lambda_n)\dot{p}_2(\lambda_n))$$

结合式(3-28)一起得到式(3-26). 引理得证.

3.1.3 唯一性问题

在这一小节中, 我们给出在特征值 $\{\lambda_n\}_{n=0}^{\infty}$ 和规范常数 $\{\alpha_n\}_{n=0}^{\infty}$ 的部分信息已知情况下的唯一性结论问题.

对于问题(3-1)~(3-3)的 Weyl m 函数定义为

$$m(x, \lambda)=-\frac{\varphi'(x, \lambda)}{\varphi(x, \lambda)} \tag{3-29}$$

对于所有 $x\in[0, a]$, $m(x, \lambda)$ 是一个 Herglotz 函数, 并有以下渐近式[141]

$$m(x, \lambda)=i\sqrt{\lambda}+o(1) \tag{3-30}$$

上式当 $|\lambda|\to\infty$ 在任意扇形区域 $\varepsilon<\mathrm{Arg}(\lambda)<\pi-\varepsilon$ 时, 对于任意 $\varepsilon>0$ 是一致成立的. 类似于 Marchenko 逆问题的唯一性定理, 有

引理 3-4 $q(x)$ (a. e.)在区间 $[0, x]$ 上的值及参数 h_0 可由 $m(x, \lambda)$ 唯一确定.

出于我们解决问题(3-1)~(3-3)的目的，让我们考虑 $\widetilde{L}$ 是具有不同系数 $\widetilde{q}$，$\widetilde{h}_0$，$\widetilde{f}(\lambda)$，与 L 形式相同的另一算子，设 $\widetilde{\varphi}(x, \lambda)$，$\widetilde{\psi}(x, \lambda)$ 是 $\widetilde{L}$ 的解，$\widetilde{\Delta}(\lambda)$ 是特征函数，$\{\widetilde{\lambda}_n\}_{n=0}^{\infty}$ 是特征值，$\widetilde{\varphi}_n$，$\widetilde{k}_n$ 为问题 $\widetilde{L}$ 对应的规范常数. 设

$$Q(x, \lambda) = < \varphi(x, \lambda), \widetilde{\varphi}(x, \lambda) > \tag{3-31}$$

下面是证明我们主要结果的关键引理.

引理 3-5 设 $f(\lambda)=\widetilde{f}(\lambda)$. 若对于某个 $n \in N_0$ 有 $\lambda_n=\widetilde{\lambda}_n$，则 $Q(a, \lambda_n)=0$；若进一步满足 $\alpha_n=\widetilde{\alpha}_n$，那么

$$\dot{Q}(a, \lambda_n) = 0 \tag{3-32}$$

即在这种情况下，λ_n 为 $Q(a, \lambda)=0$ 的二重根.

证明 由于 $f(\lambda)=\widetilde{f}(\lambda)$，根据 $\{\nu_j\}_{j\in N_0}$，$\{\mu_k\}_{j\in N_0}$ 的交替性，我们知道 $p_1(\lambda)=\widetilde{p}_1(\lambda)$，$p_2(\lambda)=\widetilde{p}_2(\lambda)$ 对所有 $\lambda \in \mathbb{C}$ 成立，结合式(3-31)有

$$Q(a, \lambda) = \begin{vmatrix} \varphi(a, \lambda) & \widetilde{\varphi}(a, \lambda) \\ \varphi'(a, \lambda) & \widetilde{\varphi}'(a, \lambda) \end{vmatrix} = \begin{vmatrix} \varphi(a, \lambda) & \widetilde{\varphi}(a, \lambda) \\ \Delta(\lambda) & \widetilde{\Delta}(\lambda) \end{vmatrix} \tag{3-33}$$

故当 $\lambda_n=\widetilde{\lambda}_n$ 时，有 $Q(a, \lambda_n)=0$. 进而，由于

$$\dot{Q}(a, \lambda_n) = \begin{vmatrix} \varphi_\lambda(a, \lambda_n) & \widetilde{\varphi}_\lambda(a, \lambda_n) \\ \Delta(\lambda_n) & \widetilde{\Delta}(\lambda_n) \end{vmatrix} + \begin{vmatrix} \varphi(a, \lambda_n) & \widetilde{\varphi}(a, \lambda_n) \\ \dot{\Delta}(\lambda_n) & \dot{\widetilde{\Delta}}(\lambda_n) \end{vmatrix} = \begin{vmatrix} \varphi(a, \lambda_n) & \widetilde{\varphi}(a, \lambda_n) \\ \dot{\Delta}(\lambda_n) & \dot{\widetilde{\Delta}}(\lambda_n) \end{vmatrix}$$

根据引理 3-3 得出

$$\begin{aligned} \dot{Q}(a, \lambda_n) &= \dot{\widetilde{\Delta}}(\lambda_n)\varphi(a, \lambda_n) - \dot{\Delta}(\lambda_n)\widetilde{\varphi}(a, \lambda_n) \\ &= \alpha'_n k_n \widetilde{\varphi}(a, \lambda_n) - \widetilde{\alpha}_n \widetilde{k}_n \varphi(a, \lambda_n) \\ &= (\alpha'_n - \widetilde{\alpha}'_n) k_n p_2(\lambda_n) \end{aligned}$$

若同时有 $\alpha_n=\widetilde{\alpha}_n$，则 $\dot{Q}(a, \lambda_n)=0$，所以引理得证.

对任意 $\Lambda=\{a_i\}_{i\in N_0} \subset \mathbb{C}$，且 $|a_0| \leqslant |a_1| \leqslant \cdots$，设

$$n_\Lambda(t) = \{i \in N_0 : |a_i| \leqslant t\} \tag{3-34}$$

对于任意 $t \geqslant 0$，我们令

$$n_{S_p}(t) \geqslant A(t) n_{S_e}(t) + B(t) \tag{3-35}$$

定理 3-1 $L(q, h_0, f(\lambda))$ 是问题(3-1)~(3-3)所定义的算子，且 $h_0 \in \mathbb{R}$，若集合 $S_0 \subseteq S \subseteq \sigma(L)$，$\Gamma_0=\{\alpha_n : \lambda_n \in S_0\}$，对于所有充分大的 $t \in \mathbb{R}$，如果 S，S_0 两个集合满足

$$n_S(t) + n_{S_0}(t) \geqslant \frac{2a}{a + A(t)} n_{\sigma(L)}(t) - \frac{2a(1 + B(t))}{a + A(t)} \tag{3-36}$$

其中A，B满足式(3-35)，且序列$\{\nu_j\}$，$\{\mu_k\}$满足式(3-6)，则函数$f(\lambda)$，集合S，Γ_0唯一确定h_0及q在整个区间$[0, a]$上的值.

注 3-1 定理3-1对逆谱问题的谱数据缺失问题进行了较为一般的描述. 该技巧是将这类逆谱问题转化为问题(3-1)~(3-3)的逆谱问题. 关系式(3-35)，即$p_2(\lambda)$零点的个数与集合S_e的元素个数对比，对于缺失多少谱数据至关重要.

注 3-2 定理3-1解决了一种新的逆谱问题. 如果$f(\lambda) = u'_+(a, \lambda)/u_+(a, \lambda)$，其中$u_+(x, \lambda)$是方程(3-1)满足初始条件$u_+(1) = 1$，$u'_+(1) = -h_1$的解，定理3-1包含了Hochstadt和Lieberman的结论，Gesztesy和Simon的结论，Wei和Xu的结论(具体见第4小节).

特别地，如果集合$\Gamma_0 = \varnothing$，根据定理3-1，有

推论 3-1 $L(q, h_0, f(\lambda))$是由问题(3-1)~(3-3)所定义的算子，且$h_0 \in \mathbb{R}$，若集合$S \subseteq \sigma(L)$，对于所有充分大的$t \in \mathbb{R}$，如果集合S满足

$$n_{S_0}(t) \geqslant \frac{2a}{a + A(t)} n_{\sigma(L)}(t) - \frac{2a(1 + B(t))}{a + A(t)} \tag{3-37}$$

其中A，B满足式(3-35)，且序列$\{\nu_j\}$，$\{\mu_k\}$满足式(3-9)，则函数$f(\lambda)$，集合S唯一地确定h_0，q在整个区间$[0, a]$上的值.

定理 3-1 的证明 令$\{\lambda_n, \alpha_n\}_{n=0}^{+\infty}$，$\{\widetilde{\lambda}_n, \widetilde{\alpha}_n\}_{n=0}^{+\infty}$分别为算子$L$，$\widetilde{L}$. θ的谱数据. 定义

$$G_{\sigma(L)}(\lambda) = \prod_{\lambda_j \in \sigma(L)} \left(1 - \frac{\lambda}{\lambda_j}\right), \quad G_S(\lambda) = \prod_{\lambda_n \in S} \left(1 - \frac{\lambda}{\lambda_n}\right) \tag{3-38}$$

则$G_{\sigma(L)}(\lambda)$，$G_S(\lambda)$均为全纯函数，且零点分别为$\{\lambda_n \in \sigma(L)\}$和$\{\lambda_n \in S\}$.

根据定义(3-38)，对于$\lambda = x + iy$，我们有

$$\begin{aligned} \text{In} \mid G_S(\lambda) \mid &= \sum_{\lambda_n \in S} \frac{1}{2} \text{In} \left[(1 -)^2 + \frac{y^2}{\lambda^2{}_n} \right] \\ &= \sum_{\lambda_n \in S} \frac{1}{2} \text{In} (1 - \frac{2x}{\lambda_n} + \frac{\mid \lambda \mid^2}{\lambda_n^2}) \\ &= \frac{1}{2} \int_0^{+\infty} \text{In} \left(1 - \frac{2x}{t} + \frac{\mid \lambda \mid^2}{t^2}\right) \mathrm{d} n_S(t) \end{aligned} \tag{3-39}$$

对式(3-39)进行分部积分，我们得到

$$\begin{aligned} \text{In} \mid G_S(\lambda) \mid &= \int_0^{+\infty} n_S(t) \frac{\dfrac{\mid \lambda \mid^2}{t^3} - \dfrac{x}{t^2}}{1 - \dfrac{2x}{t} + \dfrac{\mid \lambda \mid^2}{t^2}} \mathrm{d}t \\ &= \int_0^{+\infty} \frac{n_S(t)}{t} \frac{y^2 - x(t - x)}{y^2 + (t - x)^2} \mathrm{d}t \end{aligned} \tag{3-40}$$

因为对于$t \in [0, 1)$，有$n_S(t) = 0$，则

$$\ln|G_S(iy)|=\int_1^{+\infty}n_S(t)\frac{y^2}{t(y^2+t^2)}\mathrm{d}t$$

同样，我们有

$$\ln|G_{S_0}(iy)|=\int_1^{+\infty}n_{S_0}(t)\frac{y^2}{t(y^2+t^2)}\mathrm{d}t$$

由式(3-11)可得

$$|G_{\sigma(L)}(\lambda)|=|\varphi(a,\lambda)p_2(\lambda)||m(a,\lambda)+f(\lambda)| \tag{3-41}$$

此外，与文献[133]中的定理3.1和3.2的证明类似，有

$$n_{\sigma(L)}(t)\geqslant n_{S_{\varphi(a,\lambda)}}(t)+n_{S_p}(t) \tag{3-42}$$

其中 $S_{\varphi(a,\lambda)}(t)=\{\lambda\in\mathbb{C}:\varphi(a,\lambda)=0\}$，由于

$$n_{S_{\varphi(a,\lambda)}}(t)=an_{S_e}(t),\ n_{S_{\varphi(a,\lambda)}}(t)=an_{S_e}(t)+1 \tag{3-43}$$

由式(3-36)、式(3-42)、式(3-43)可知

$$\begin{aligned}\ln|G_{S_0}(iy)G_S(iy)|&\geqslant\int_1^{+\infty}\left[\frac{2a}{a+A(t)}n_{\sigma(L)}(t)\mathrm{d}t-\frac{2a(1+B(t))}{a+A(t)}\right]\frac{y^2}{t(y^2+t^2)}\mathrm{d}t\\&\geqslant 2a\int_1^{+\infty}n_{S_e}(t)\frac{y^2}{t(y^2+t^2)}\mathrm{d}t\\&=2a\ln\sin|\sqrt{iy}|\end{aligned} \tag{3-44}$$

设

$$W(\lambda)=\frac{Q(a,\lambda)}{\prod_{\lambda_n\in S/S_0}\left(1-\frac{\lambda}{\lambda_n}\right)\prod_{\lambda_n\in S_0}\left(1-\frac{\lambda}{\lambda_n}\right)^2}$$

由于 $\lambda_n\in S/S_0$ 是 $Q(a,\lambda)$ 的二重根，由引理3-2可知 $W(\lambda)$ 是全纯函数. 由式(3-12)、式(3-9)和式(3-44)可知，当 $y\to\infty$ 时，有

$$\begin{aligned}|W(iy)|&=\frac{|\varphi(a,iy)\tilde{\varphi}(a,iy)||\tilde{m}(a,iy)+m(a,iy)|}{|G_S(iy)G_{S_0}(iy)|}\\&\leqslant\frac{e^{2a\mathrm{Im}\sqrt{i}|y|^{\frac12}}\left(1+O\left(\frac{1}{\sqrt{y}}\right)\right)o(1)}{e^{2a\mathrm{Im}\sqrt{i}|y|^{\frac12}}}\\&=o(1)\end{aligned} \tag{3-45}$$

则由文献[66]中的命题B-6可知 $W(\lambda)\equiv0$. 给 W 乘以 $G_S(\lambda)G_{S_0}(\lambda)$，得出对于所有 $\lambda\in\mathbb{C}$，$Q(a,\lambda)=0$，因此对于所有的 $\lambda\in\mathbb{C}$，$m(a,\lambda)=\tilde{m}(a,\lambda)$. 从而由定理3-1可得 $h_0=\tilde{h}_0$，$q(x)=\tilde{q}(x)$ 在整个区间 $[0,a]$ 上成立.

定理得证.

下面的推论处理已知特征值和规范常数成对的情况.

推论3-2　$L(q,h_0,f(\lambda))$ 是由问题(3-1)~(3-3)所定义的算子，且 $h_0\in\mathbb{R}$，若集合 $S\subseteq\sigma(L)$，$\Gamma=\{\alpha_n:\lambda_n\in S\}$，对于所有充分大的 $t\in\mathbb{R}$，如果集合 S 满足

$$n_S(t) \geqslant \frac{a}{a+A(t)} n_{\sigma(L)}(t) - \frac{a(1+B(t))}{a+A(t)} \tag{3-46}$$

其中 A, B 满足关系式(3-35)，且序列 $\{\nu_j\}$，$\{\mu_k\}$ 满足式(3-6)，则函数 $f(\lambda)$，集合 S，Γ 唯一地确定 h_0 及 q 在整个区间$[0, a]$上的值.

证明 设

$$F(\lambda) = \frac{Q(a, \lambda)}{\prod_{\lambda_n \in S}\left(1 - \frac{\lambda}{\lambda_n}\right)^2} \tag{3-47}$$

由于 $\lambda_n \in S$ 是引理 3-2 中 $Q(a, \lambda)$ 的重根，因此 $F(\lambda)$ 是全纯函数. 与定理 3-1 的证明类似，因此对于所有的 $\lambda \in \mathbb{C}$，$m(a, \lambda) = \widetilde{m}(a, \lambda)$. 从而由定理 3-1 可得 $h_0 = \widetilde{h}_0$，$q(x) = \widetilde{q}(x)$ 在整个区间 $[0, a]$ 上成立.

定理得证.

3.1.4 结论的应用

在本小节中，我们利用三个例子来说明定理 3-1 的应用.

例 3-1 考虑问题(3-1)~(3-3′)在混合给定数据下的唯一性问题，该问题已知数据包含势函数 q、特征值和规范常数的部分信息.

设 $u_+(x, \lambda)$ 是方程(3-1)满足初始条件 $u_+(1) = 1$，$u'_+(1) = -h_1$ 的解. 对于任意给定的 $a \in (0, 1)$，如果势 q 在区间$[a, 1]$上已知，则可得函数 $u'_+(a, \lambda)/u_+(a, \lambda)$ 已知. 设

$$\frac{u'_+(a, \lambda)}{u_+(a, \lambda)} = f(\lambda) := -\frac{p_1(\lambda)}{p_2(\lambda)} \tag{3-48}$$

则问题(3-1)~(3-3′)和式(3-1)~式(3-3)是共谱的. 它们的谱，用 $\sigma(L) := \{\lambda_n\}_{n=0}^{\infty}$ 表示，是实的，简单的且有界. 对于问题(3-1)~(3-3′)，我们使用符号：

$$\alpha_n^* = \int_0^1 u_+^2(x, \lambda_n)\,\mathrm{d}x \tag{3-49}$$

作为 Morchenko 规范常数. 可得出以下结论：

推论 3-3 假定 $S_0 \subseteq S \subseteq \sigma(L)$，$\Gamma_0 = \{\alpha_n^*, \lambda_n \in S_0\}$. 如果对于充分大的 $t \in \mathbb{R}$，两个集合 S、S_0 满足条件

$$n_S(t) + n_{S_0}(t) \geqslant 2a n_{\sigma(L)}(t) - 2a \tag{3-50}$$

则集合 S、Γ_0 唯一地确定 h_0、q 在整个区间$[0, 1]$上的值.

注 3-3 将推论 3-3 的结果与参考文献[74]中的定理 1.4 的结果进行比较，可以看到一些未知的特征值被等价数目的已知规范常数所代替. 当已知特征值和规范常数是成对时，上述推论平行于参考文献[149]中的定理 4.2. 这与新的想法是一致的. 例如，如果 $a = 1/2$，一组谱的一半和相应的规范常数唯一地确定 q 和 h_0；如果 $a = 3/8$，则需要 1/2 组的谱和 1/4 组规范常数.

证明 通过 $q(x) = \widetilde{q}(x)$ (a. e.)在$[a, 1]$的假设，可以很容易地看出 $u_+(x, \lambda)/\widetilde{u}_+$

$(x,\ \lambda)$ 对于 $x\in[a,\ 1]$是已知的. 注意到,

$$\alpha_n^* = \int_0^a u_+^2(x,\ \lambda_n)\mathrm{d}x + \int_a^1 u_+^2(x,\ \lambda_n)\mathrm{d}x := \alpha_n + \int_a^1 u_+^2(x,\ \lambda_n)\mathrm{d}x \qquad (3-51)$$

其中 α_n 由式(3-5)定义. 如果 $\alpha_n^* = \widetilde{\alpha}_n^*$, 那么我们就得到 $\alpha_n = \widetilde{\alpha}_n$.

如果我们设 $S_{u_+}(t) = \{\lambda \in \mathbb{C} : u_+(a,\ \lambda) = 0\}$, 则根据式(3-48)得

$$n_{S_p}(t) = n_{S_{u_+}}(t) = (1-a)n_{S_e}(t),\ n_{S_p}(t) = n_{S_{u_+}}(t) = (1-a)n_{S_e}(t) + 1$$

即在式(3-35)中取 $A(t) = (1-a)$, $B(t) = 0$ 或者取 $A(t) = (1-a)$, $B(t) = 1$. 则根据定理 3-1, 推论 3-3 是正确的.

推论 3-4 如果集合 $S\subseteq\sigma(L)$ 且满足条件

$$n_S(t) \geqslant 2an_{\sigma(L)}(t) - 2a \qquad (3-52)$$

对于所有充分大的 $t\in\mathbb{R}$成立, 则 $q(x)$ 在$[a,\ 1]$上, h_1 和集合 S 唯一地确定 h, $q(x)$ 在整个区间$[0,\ 1]$上的值.

注 3-4 作为典型的例子, 当 $a=1/2$ 时, 结论即为著名的 Hochstadt-Lieberman 定理同类型的推广, 当 $1/2<a<1$ 时, 它是文献[64]中定理 1. 3 同类型的推广

例 3-2 我们考虑一类复合振动系统的逆谱问题, 该系统由一个非平凡的连续部分连接到一个自由度 $N<\infty$ 的离散部分组成(见参考文献[132~138]).

本节给出了一根长度为 l 的细杆的简化力学模型, 该细杆的左端与壁弹性耦合, 右端与由弹簧连接的 N 个粒子组成的系统刚性耦合. 因此, 连续部分的振荡将由 Sturm-Liouville 算子 L 控制, 其势函数 q 是一个实值函数, 而离散部分的振荡将由$\mathbb{C}^N$中的雅可比矩阵 J 控制, 它是一个对称的三对角 $N\times N$ 矩阵. 设

$$-\frac{\det(J-\lambda I)}{\det(J_{(1)}-\lambda I)} = f(\lambda) := -\frac{p_1(\lambda)}{p_2(\lambda)} \qquad (3-53)$$

其中 $J_{(1)}$ 为去除 J 的第 1 行和第 1 列得到的雅可比矩阵. 则上述耦合振动系统和问题(3-1)~(3-3)共谱. 注意到$f(\lambda)$ 是雅可比矩阵 $\boldsymbol{J}$ 的 m 函数.

推论 3-5 如果 $\Lambda_l = \{i_1,\ i_2,\ \cdots.\ i_l\}\subset N$, $\Lambda_k = \{j_1,\ j_2,\ \cdots.\ j_k\}\subset\Lambda_l$, $k+l=2N$, 则雅可比矩阵 J, 特征值 $\{\lambda_n\}_{n=0}^{\infty}$ 除了 n 个未知($n\in\Lambda_l$), 规范常数 $\{\alpha_n\}_{n=0}^{\infty}$ 除了 n 个未知($n\notin\Lambda_k$), 可唯一确定 $q(x)$ 和 h_0.

注 3-5 值得一提的是, 在这种情况下, $f(\lambda)$ 是有理 Herglotz 函数, 其零点和极点用相等数量的特征值和规范常数代替.

证明 因为 $p_1(\lambda)$, $p_2(\lambda)$ 为雅可比矩阵 J 和 $J_{(1)}$ 的特征值, 分别用 $\{\nu_j\}_{j=1}^N$, $\{\mu_j\}_{j=1}^{N-1}$ 表示, 满足

$$\nu_1 < \mu_1 < \nu_2 < \mu_2 < \nu_3 < \cdots < \mu_{N-1} < \nu_N$$

由于 $J=\widetilde{J}$, 因此, $\nu_j = \widetilde{\nu}_j$ 对于 j = 1, 2, …, N 和 $\mu_j = \widetilde{\mu}_j$ 对于 $j=1,\ 2,\ \cdots,\ N$ 成立. 此外,

$$n_p(t) = N - 1$$

由于 $p_2(\lambda)$ 是 $N-1$ 次多项式, 即在式(3-35)中 $A(t)=0$, $B(t)=N-1$, 由此有式(3-8)成立. 因此, 从定理 3. 1 可知, 可以缺失 $2N$ 个谱数据, 因此结论成立.

同样的我们有

推论 3-6 如果 $\Lambda_e=\{i_1, i_2, \cdots, i_l\}\subset N$，则矩阵 J、特征值 $\{\lambda_n\}_{n=0}^{\infty}$ 以及所有的规范常数 $\{\alpha_n\}_{n=0}^{\infty}$，除了 $n\in\Lambda_e$ 之外，唯一确定 $q(x)$ 和 h_0.

例 3-3 考虑一类复合振动系统的逆谱问题，其左部由 Sturm-Liouville 算子 L 控制，势 q 是一个实值函数，右部由谱为 $\{u_n\}_{n=1}^{\infty}$ 的弦算子控制，其中

$$\mu_n=\frac{\pi^4 n^4}{b^4}+O(n^{\beta}) \tag{3-54}$$

这里 $b\in(0, \infty)$, $\beta\in[0, 3)$.

令 $\psi(x, \lambda)$ 为方程

$$y''+p(x, \lambda)y=0, \ x\in[0, 1] \tag{3-55}$$

满足初始条件 $\psi(1, \lambda)=0$, $\psi'(1, \lambda)=1$ 的解，其中

$$p(x, \lambda)=\begin{cases} q-\lambda, & x\in[0, a) \\ \lambda^2 p, & x\in[a, 1] \end{cases} \tag{3-56}$$

对于任意 $a\in(0, 1)$，如果函数 p 在区间 $[a, 1]$ 上已知，则 $\psi'(a, \lambda)/\psi(a, \lambda)$ 也已知. 注意到 $\psi(a, \lambda)$ 的零点与 $\{\mu_n\}$ 序列的增长大致相同. 设

$$\frac{\psi'(a, \lambda)}{\psi(a, \lambda)}=f(\lambda):=-\frac{p_1(\lambda)}{p_2(\lambda)} \tag{3-57}$$

那么问题(3-1)~(3-3′)和上述复合振动系统都是共谱的. 其谱表示为 $\sigma(A)=\{\lambda_n\}_{n=0}^{\infty}$. 对于问题(3-1)-(3-3)，我们使用符号：

$$\alpha_n^*=\int_0^1\psi^2(x, \lambda_n)\mathrm{d}x \tag{3-58}$$

作为 Marchenko 规范常数. 得出以下结论：

推论 3-7 假定 $S_0\subseteq S\subseteq\sigma(A)$, $\Gamma_0=\{\alpha_n^*: \lambda_n\in S_0\}$. 如果两个集合 S, S_0 满足条件

$$n_S(t)+n_{S_0}(t)\geqslant\frac{2at^2}{at^2+1}n_{\sigma(A)}(t)-\frac{2at^2}{at^2+1} \tag{3-59}$$

对于所有足够大的 $t\in\mathbb{R}$ 成立，则 $q(x)$ 在 $[a, 1]$ 上的值, h_1 及两个集合 S, Γ_0 唯一地确定 h_0，及 $q(x)$ 在整个区间 $[0, 1]$ 上的值.

证明 由于在 $[a, 1]$ 上，在 $p(x)=\tilde{p}(x)$，则在 $[a, 1]$ 上 $\psi(x, \lambda)=\tilde{\psi}(x, \lambda)$，我们可以证明 $\alpha_n=\tilde{\alpha}_n$，由式(3-55)可得

$$n_{S_p}(t)=n_{S_{\psi(a, \lambda)}}(t)=\frac{1}{t^2}n_{S_e}(t)$$

也就是在式(3-35)中取 $A(t)=1/t^2$, $B(t)=0$. 这就意味着根据定理 3.1，推论 3-6 是正确的

推论 3-8 如果集合 $S\subseteq\sigma(A)$ 且满足条件

$$n_S(t)\geqslant\frac{2at^2}{at^2+1}n_{\sigma(A)}(t)-\frac{2at^2}{at^2+1} \tag{3-60}$$

对于所有充分大的 $t\in\mathbb{R}$ 成立，则 $p(x)$ 在 $[a, 1]$ 上的值, h_1 和集合 S 唯一地确定 h, $q(x)$ 在整个区间 $[0, a]$ 上的值.

3.2　部分信息已知的 Sturm-Liouville 微分算子的逆谱问题

3.2.1　引言

本节考虑定义在[0, 1]上的 Sturm-Liouville 算子 $L:=L(q, h_0, h_1)$：

$$Lu=-u''+qu \tag{3-61}$$

满足如下边界条件

$$u'(0)-h_0u(0)=0 \tag{3-62}$$

$$u'(1)-h_1u(1)=0 \tag{3-63}$$

这里势函数 $q\in L^1[0, 1]$ 为实值函数且 $h_0\in \mathbb{R}\cup\{\infty\}$， $h_1\in\mathbb{R}$， 其中 $h_0=\infty$ 对应 Dirichlet 边界条件 $u(0)=0$. L 的谱 $\sigma(L)$ 包含简单的、实的特征值：

$$\lambda_0<\lambda_1<\lambda_2<\cdots<\lambda_n<\cdots$$

给定复值 z，$v(x, z)$ 表示方程 $Lv=zv$ 的解，设 $v_n(x)=v(x, \lambda_n)$ 为算子 L 对应于特征值 λ_n 的特征函数. 则对应于特征值 λ_n， 存在两组规范常数 k_n 和 α_n， 分别定义为：

$$k_n=\frac{v_n(0)}{v_n(1)},\ \alpha_n=\frac{\int v_n{}^2(x)\,\mathrm{d}x}{|v_n(1)|^2} \tag{3-64}$$

为了区分 α_n 和 k_n， 通常我们把 k_n 称作比率，把 α_n 称为规范实数. 事实上，k_n 和 α_n 满足如下关系式：

$$\alpha_nk_n=\dot{\omega}(\lambda_n) \tag{3-65}$$

其中 $\dot{\omega}(\lambda_n)$ 为 L 的特征值函数，由式(3-76)定义且满足 $\dot{\omega}(\lambda_n)=\mathrm{d}\omega(\lambda)/\mathrm{d}\lambda$， 则序列 $\Gamma_1:=\{\lambda_n, \alpha_n; n\in\mathbb{N}_0\}$ 与序列 $\Gamma_2:=\{\lambda_n, k_n; n\in\mathbb{N}_0\}$ 是等价的. $\{\lambda_n\}_{n\in\mathbf{N}_0}$ 和规范常数 $\{\alpha_n\}_{n\in\mathbf{N}_0}$ 对于问题(3-61)~(3-63)势函数的唯一确定性问题上是等价的；且规范常数 $\{\alpha_n\}_{n\in\mathbf{N}_0}$ 可以由两组特征值 $\Gamma_3:=\{\lambda_n, \widetilde{\lambda}_n\}_{n\in\mathbf{N}_0}$ 重构，其中 $\{\widetilde{\lambda}_n\}_{n\in\mathbf{N}_0}$ 为另一个算子 $L(q, \widetilde{h}_0, h_1)$ $(h_0\neq\widetilde{h}_0)$ 的特征值集合.

众所周知，势函数 q 可由以上三组数据 $\Gamma_j(j=1, 2, 3)$ 中的任意一组唯一确定[150,151]. 文献[62]中证明了势函数 q 及边值条件参数 h_1 可由部分区间上的势函数 q 以及一整组谱和一部分比率 k_n 或成对出现的特征值和比率 k_n 唯一确定. 本章考虑类似的唯一性问题，但是比率 $\{k_n\}$ 换成规范常数 $\{\alpha_n\}$. 换句话说，我们研究部分区间上势函数 q，部分特征值 $\{\lambda_n\}_{n\in\mathbf{N}}$， 以及部分规范常数 $\{\alpha_n\}_{n\in\mathbf{N}}$ 已知情形下整个区间上势函数的唯一确定性问题.

受 Hochstadt - Lieberman 定理和 Gesztesy - Simon 定理的启发，特别是在 1978 年，Hochstadt 与 Lieberman[63]证明了当一半区间[0, 1/2]上的势函数已知时，则一整组谱可唯一确定势函数 q. 在 2000 年，Gesztesy 与 Simon 又给出了 Hochstadt-Lie berman 定理几个重要的推论(见参考文献[64-66])，作者证明了当属于 $L^1[0, 1]$ 上的势函数 q 在更大的区间 $[0, a](a\in[1/2, 1))$ 已知时，则部分特征值可唯一确定势函数. 结论同时证明了当势函

数 q 属于 $C^{2k}(k \in \mathbb{N}_0)$ 时，即在 1/2 附近 C^{2k} -光滑时，可以替换掉$(k+1)$个特征值，即此时，可以缺失$(k+1)$个特征值. 这些结果又被进行了推广. 本章的目的是为了证明，对于 Sturm-Liouville 问题的唯一确定性问题，规范常数和特征值所起的作用是相同的. 换句话说，相同个数的特征值可以用相同个数的规范常数替换掉.

定理 3-2 设 L 为由式(3-61)与边界条件(3-62)~(3-63)定义的微分算子，且 $h_0 \in \mathbb{R} \cup \{\infty\}$ 和 $h_1 \in \mathbb{R}$. 若当 $h_0 \in \mathbb{R}$ 时，q 属于 $C^{2k-1}[0, \varepsilon)$，或对于某 $k \in \mathbb{N}_0$ 及 $\varepsilon > 0$，当 $h_0 = \infty$ 时，q 属于 $C^{2k}[0, \varepsilon)$. 令 $\Lambda_e = \{i_1, i_2, \cdots, i_l\} \subset \mathbb{N}_0$ 及 $\Lambda_n = \{j_1, j_2, \cdots, j_m\} \subset \mathbb{N}_0$ 满足

$$\Lambda_e \subseteq \Lambda_n,\ l + m = k + 1 \tag{3-66}$$

则 h_0，$q^{(n)}(0)$，其中当 $h_0 \in \mathbb{R}$ 时，$n=0, 1, \cdots, (2k-1)$，当 $h_0 = \infty$ 时，$n = 0, 1, \cdots, 2k$，除了 $n \in \Lambda_e$ 个特征值外，其余所有的特征值 $\{\lambda_n\}_{n\in \boldsymbol{N}}$ 及除了 $n \in \Lambda_n$ 个规范常数之外，其对应的其余的规范常数 $\{\alpha_n\}_{n\in \boldsymbol{N}}$ 可唯一确定 h_1 及整个区间$[0, 1]$上的势函数 q.

注 3-6 若$\sigma(L)$已知，由式(3-66)可知，定理 3-2 中缺失的规范常数 $\{\alpha_{ji}\}_{i=1}^{k+1}$ 用比率 $\{\kappa_{ji}\}_{i=1}^{k+1}$ 替换掉，则定理 3-2 依然成立，此时结论相同. 但定理 3-2 也说明了特征值和规范常数均可缺失.

对于任给的 $\alpha = \{\alpha_j\}_{j\in \boldsymbol{N}_0} \subset \mathbb{C}$，其中 $|\alpha_0| \leqslant |\alpha_1| \leqslant |\alpha_2| \leqslant \cdots$，设

$$n_\alpha(t) = \{j \in \mathbb{N}_0:\ |\alpha_j| \leqslant t\} \quad \text{for } t \geqslant 0 \tag{3-67}$$

下面的定理针对部分谱数据 $\Gamma_1 = \{\lambda_m, \alpha_n:\ m, n \in \mathbb{N}_0\}$ 及势函数 q 在区间$[0, a]$($a \in [0, 1)$)上已知的情形.

定理 3-3 设 L 是由式(3-61)及其边界条件(3-62)~(3-63)定义的微分算子，且 $h_0 \in \mathbb{R} \cup \{\infty\}$ 和 $h_1 \in \mathbb{R}$. 令

$$S_n \subseteq S_e \subseteq \delta(L),\ \Pi_n = \{\alpha_j:\ \lambda_j \in S_n\}$$

则对于 $a \in [0, 1]$，$[0, a]$ 区间上的势函数 q 与 h_0，两个子集 S_e 与 Π_n，其满足对于充分大的 $t \in \mathbb{R}$，有

$$n_{S_n}(t) + n_{S_e}(t) \geqslant 2(1-a)n_{\delta(L)}(t) + (a-1) \quad \text{if } h_0 \in \mathbb{R} \tag{3-68}$$

$$n_{S_n}(t) + n_{S_e}(t) \geqslant 2(1-a)n_{\delta(L)}(t) \quad \text{if } h_0 = \infty \tag{3-69}$$

可唯一确定 h_1 及整个区间 $[0, 1]$ 上的势函数 q..

注 3-7 当 $a = 0$ 时，可得与定理 3-2 类似的推论. 准确地说，若 $h_0 \in \mathbb{R}$ 且 q 在 $x=a$ 附近属于 C^{2k-1}，则条件(3-68)可以替换为

$$n_{S_n \cup S_e}(t) \geqslant 2(1-a)n_{\delta(L)}(t) + a - (k+2) \tag{3-70}$$

注 3-8 与参考文献[66]中的定理 3-3 比较可知，规范常数在某种程度上和特征值所起的作用是相同的.

推论 3-9 在定理 3-3 的条件下，设 $S_n = S_e$. 则对于 $a \in [0, 1)$，$[0, a]$区间上的势函数 q, h_0，及两个子集 S_e 与 Π_n，其对于充分大的 $t \in \mathbb{R}$，满足条件

$$n_{S_e}(t) \geqslant (1-a)n_{\delta(L)}(t) + (a-1)/2 \quad \text{if } h_0 \in \mathbb{R} \tag{3-71}$$

$$n_{S_e}(t) \geqslant (1-a)n_{\delta(L)}(t) \quad \text{if } h_0 = \infty \tag{3-72}$$

可唯一确定 h_1 及$[0, 1]$区间上的 q.

上述所有结论均在 $h_0 \in \mathbb{R} \cup \{\infty\}$ 固定的情况下，与问题的一组特征值有关. 此外，在第四小节，我们会将这些结论推广到更一般的情形，即当 $h_{0,n}$ 为不同值时，与算子 $L(q, h_{0,n}, h_1)$ 的特征值相关.

此外提醒读者注意在 $a=1$ 点为 Dirichlet 边值条件的情形被分开讨论.

本节主要基于由 Marchenko 所提出的 Weyl m-函数方法和 Gesztesy 与 Simon 等的处理部分信息已知时唯一确定势函数的方法.

在下一小节，回顾 Marchenko 唯一性定理并给出定理 3-2 的证明，第 3 节给出定理 3-3 的证明. 在第 4 小节，将定理 3-3 推广到更一般的情形，使得在 $x=0$ 处具有不同的边值条件，进而建立新的唯一性定理.

3.2.2　预备知识及定理 3-2 的证明

在这一小节中，我们首先回顾 Marchenko 唯一性定理及 m-函数及方程(3-73)解的渐进式.

本章中，表述区间$[0, a]$上的势函数 q，特征值 λ_n，及规范常数 α_n 可唯一确定势函数 q 和 h_1，表示在区间$[0, 1]$上不存在两个势函数 q_1 和 q_2 满足以下两种性质：①在区间$[0, a]$上 $q_1=q_2$(a. e.)；②λ_n 和 α_n 为对应于以 q_1 和 q_2 为势函数的 Sturm-Liouville 问题的特征值和规范常数.

除非另有明确说明，否则 h_0 是已知的，且所有的势函数 q，q_1，q_2 均为 $L^1[0, 1]$上的实值函数.

对于实值势函数 $q \in L^1[0, 1]$，考虑$[0, 1]$区间上的初值问题：

$$-u'' + qu = zu \tag{3-73}$$

其初始条件为：

$$u_-(0) = 1,\ u'_-(0) = h_0 \tag{3-74}$$

$$u_+(1) = 1,\ u'_+(1) = h_1 \tag{3-75}$$

设 $u_- := u_-(x, z)$ 和 $u_+ := u_+(x, z)$ 分别是问题(3-73)~(3-74)和问题(3-73)与(3-75)的解. 如果 $z=\lambda_n \in \sigma(L)$，其中算子 L 由问题(3-61)~(3-63)定义，那么 $u_-(x, \lambda_n) =: u_{-,n}$，$u_+(x, \lambda_n) =: u_{+,n}$ 均为算子 L 对应于特征值 λ_n 的特征函数，且满足

$$u_{+,n} = k_n u_{-,n} \tag{3-76}$$

其中 $k_n = u_{+,n}(0) = u_{-,n}^{-1}$，是对应于特征值 λ_n 的比率，因此，$\kappa_n \neq 0,\ \infty$. 定义

$$\omega(z) = [u_+(x, z),\ u_-(x, z)] := \begin{vmatrix} u_+(x, z) & u_-(x, z) \\ u'_+(x, z) & u'_-(x, z) \end{vmatrix} \tag{3-77}$$

其中 $[u_+(x, z), u_-(x, z)]$ 是 $u_+(x, z)$，$u_-(x, z)$ 的 Wronskian 行列式. 通过格林公式可知 $[u_+, u_-]$不依赖于 x . 函数 $\omega(z)$ 称为算子 L 的特征函数. 显然从式(3-76)中得到

$$\alpha_n := \int_0^1 |u_-(x, \lambda_n)|^2 \mathrm{d}x = \frac{1}{k_n^2}\int_0^1 |u_+(x, \lambda_n)|^2 \mathrm{d}x \tag{3-78}$$

其中 α_n 是对应于特征值 λ_n 的规范常数. 则 λ_n，α_n 和 k_n 之间满足如下关系：

引理 3-6　对于所有的 $n \in N_0$，有下式成立：

$$k_n\alpha_n = -\dot{\omega}(\lambda_n) \tag{3-79}$$

其中 $\dot{\omega}(z) = \mathrm{d}\omega/\mathrm{d}z$，$k_n$ 由式(3-64)定义.

下面介绍 Marchenko 唯一性定理. 对于方程(3-73)的解 $u_+(x, z)$ 和 $a \in [0, 1)$，Weyl m_+-函数定义为

$$m_+(a, z) = \frac{u'_+(a, z)}{u_+(a, z)} \tag{3-80}$$

则 Marchenko 唯一性定理叙述如下：

定理 3-4　$m_+(a, z)$ 唯一确定 h_1 及 $[a, 1]$ 区间上的 q(a. e.).

考虑在 $x = 1$ 处方程(3-73)满足边界条件(3-63)时的问题. 对于 $x \in [0, 1)$ 我们需要知道 m_+-函数的高能渐近式. 若 $q \in L^1[0, 1]$，对于 $\delta>0$，当 $|z|\to\infty$ 在区域 $\varepsilon<\mathrm{Arg}(z)<\pi-\varepsilon$ 上时，对于 $\varepsilon>0$ 有

$$m_+(a, z) = i\sqrt{z} + o(1) \tag{3-81}$$

在 $\alpha \in [0, 1-\delta]$上是一致成立的. 其中 $\mathrm{Im}(\sqrt{z}) \geqslant 0$. 对于 $n \in N_0$，q 在 $a \in [0, 1)$ 附近属于 C^n，则对于 $\varepsilon>0$ 当在区域 $\varepsilon< Arg(z) <\pi-\varepsilon$ 上，$|z| \to\infty$ 时，$m_+(a, z)$ 有如下渐近式.

$$m_+(a, z) = i\sqrt{z} + \sum_{l=1}^{n+1} c_l(a)\frac{1}{z^{(l+1)/2}} + o\left(\frac{1}{z^{(l+1)/2}}\right) \tag{3-82}$$

其中 $c_l(a)$是 $q(a)$，$q'(a)\cdots q^{(l-2)}$ 的函数，可以递归计算：

$$c_0(a) = 1,\ c_1(a) = 0,\ c_2(a) = -\frac{1}{2}q(a)$$

$$c_j(a) = \frac{i}{2}c'_{j-1}(a) - \frac{1}{2}\sum_{l=1}^{j-1} c_l(a)c_{j-1}(a),\ j \geqslant 3$$

设对于 $a \in [0, 1)$，q 在$[0, a]$ 上是已知的. 假定 q^1 和 q^2 均为 q 在整个区间$[0, 1]$上的延拓. $u_{1,x}(x, z)$和 $u_{2,x}(x, z)$为对应于方程(3-73)分别以 q^1 和 q^2 为势函数，且满足初始条件

$$u_{j,+}(1, z) = 1,\ u'_{j,+}(1, z) = h_j,\ j = 1, 2 \tag{3-83}$$

的解，其中 h_1，$h_2 \in \mathbb{R}$. 对于任意的 $x \in [0, 1]$，$u_{j,x}(x, z)$和 $u_{j,x}(x, z)$都是 z 的全纯函数，且对于所有的 $x \in [0, 1]$，当 $|z| \to\infty$ 时，有如下的渐近式

$$u_{j,+}(x, z) = \cos(\sqrt{z}(1-x)) + O(\mathrm{e}^{\mathrm{Im}(\sqrt{z})(1-x)}\sqrt{z}) \tag{3-84}$$

$$u'_{j,+}(x, z) = \sqrt{z}\sin(\sqrt{z}(1-x)) + O(\mathrm{e}^{\mathrm{Im}(\sqrt{z})(1-x)}) \tag{3-85}$$

对于 $j=1, 2$，设

$$\omega_j(z) = \begin{cases} u'_{j,+}(0, z) - h_0 u_{j,+}(0, z),\ h_0 \in \mathbb{R} \\ u_{j,+}(0, z),\ h_0 = \infty \end{cases} \tag{3-86}$$

是算子 $L(q_j, h_0, h_j) =: L_j$ 的特征函数. 则 $\sigma([j]) = \{\lambda_{j,n}\}_{n=0}^{\infty}$恰好是 $w_j(z)$的零点.

由于 $u_{j,+}(a, \cdot)$，$u'_{j,+}(a, \cdot)$ 的零点都是实数且一致有下界，通过给 q_1 和 q_2 上加上一个足够大的正数(如果有必要的话)，使得其零点均大于 1 故可假设 $u_{j,+}(a, \cdot)$，$u'_{j,+}(a, \cdot)$，$\omega_j(\cdot)$ 的零点属于 $[1, \infty)$. 因此以上六种函数均为 m-类函数[66]. 所以

$u_{j,+}(a,\cdot)$，$u'_{j,+}(a,\cdot)$，$\omega_j(\cdot)$ 是有界的，即对于 C_1，$C_2>0$，$C_1\exp(C_2|z|^{1/2})$ 为 $w_j(\cdot)$ 的界且对于合适的 $\{x_n\}_{n=0}^{\infty}\subset[1,\infty)$，$w_j(\cdot)$ 可以有如下形式的表示式：

$$c\prod_{n=0}^{\infty}\left(1-\frac{z}{x_n}\right)$$

对于 $a\in[0,1]$，令

$$U_+(a,z)=[u_{1,+}(a,z),u_{2,+}(a,z)]:=\begin{vmatrix}u_{1,+}(a,z) & u_{2,+}(a,z)\\ u'_{1,+}(a,z) & u'_{2,+}(a,z)\end{vmatrix}\tag{3-87}$$

则有以下引理.

引理 3-7 对于 $a\in[0,1]$，设在 $[0,a]$ 上有 $q_1=q_2$(a. e.). 若当 $n\in\mathbb{N}_0$ 时有 $\lambda_{1,n}=\lambda_{2,n}$，则 $U_+(a,\lambda_{1,n})=0$；若同时满足 $\alpha_{1,n}=\alpha_{2,n}$，那么

$$\dot{U}_+(a,\lambda_{1,n})=0\tag{3-88}$$

即 $\lambda_{1,n}$ 是 $U_+(a,z)=0$ 的二重根.

证明 因为在 $[0,a]$ 上，$q_1=q_2$(a. e.). 如果 $h_0\in\mathbb{R}$，那么很容易看出

$$\begin{aligned}U_+(a,z)&=U_+(0,z)+\int_0^a\frac{\partial}{\partial t}[u_{1,+}(t,z),u_{2,+}(t,z)]\mathrm{d}t\\&=U_+(0,z)-\int_0^a(q_1-q_2)(t)(u_{1,+},u_{2,+})(t,z)\mathrm{d}t\\&=U_+(0,z)\\&=\begin{vmatrix}u_{1,+}(t,z) & u_{2,+}(t,z)\\ \omega_1(z) & \omega_2(z)\end{vmatrix}\end{aligned}\tag{3-89}$$

由式(3-76)及上式可知，如果 $\lambda_{1,n}=\lambda_{2,n}$，则对于 j=1，2，有 $\omega_j(\lambda_{1,n})=0$，因此 $U_+(a,\lambda_{1,n})=0$. 此外，由于

$$\dot{U}_+(0,z)=\begin{vmatrix}\dot{u}_{1,+}(0,z) & \dot{u}_{2,+}(0,z)\\ \omega_1(z) & \omega_2(z)\end{vmatrix}+\begin{vmatrix}u_{1,+}(0,z) & u_{2,+}(0,z)\\ \dot{\omega}_1(z) & \dot{\omega}_2(z)\end{vmatrix}$$

把 $z=\lambda_{1,n}$ 代入上式，我们得到

$$\dot{U}_+(0,\lambda_{1,n})=u_{1,+}(0,\lambda_{1,n})\dot{\omega}_2(\lambda_{1,n})-u_{2,+}(0,\lambda_{1,n})\dot{\omega}_1(\lambda_{1,n})$$

由于 $k_{j,n}\alpha_{j,n}=-\dot{\omega}_j(\lambda_{1,n})$，则由引理 3-6 和式(3-76)，可得 $k_{j,n}=u_{j,+}(0,\lambda_{1,n})$. 若又有 $\alpha_{1,n}=\alpha_{2,n}$，则有 $\dot{U}_+(0,\lambda_{1,n})=(\alpha_{2,n}-\alpha_{1,n})k_{1,n}k_{2,n}=0$. 因此，由(3-89)式我们得到 $\dot{U}_+(a,\lambda_{1,n})=0$. 此外，同样的方法也可以用于处理 $h_0=\infty$ 的情况. 引理得证.

下证定理 3-2 成立.

定理 3-2 的证明 仅证 $h_0\in\mathbb{R}$ 的情形. $h_0=\infty$ 的情形类似得证. 对于 $j=1,2$，设 $\{\lambda_{j,n},\alpha_{j,n}\}_{n\in\mathbb{N}}$ 为算子 $L(q_j,h_0,h_j)$ 对应的谱数据. 在不失一般性的前提下，我们假设 对于所有 $n\geqslant l$，$\lambda_{1,n}=\lambda_{2,n}$，对于所有 $n\geqslant m$，$\alpha_{1,n}=\alpha_{2,n}$.

考虑函数 $H(z)$，其定义为

$$H(z)=\frac{\mathrm{U}_+(0,\ z)}{\omega_1(z)^2}\prod_{t=0}^{m-1}(z-\lambda_{1,\ t})^2\prod_{s=m}^{l-1}(z-\lambda_{1,\ s}) \tag{3-90}$$

由引理 3-7 得，$\omega_1(z)^2$ 的零点均为 $\mathrm{U}_+(0,\ z)\prod_{t=1}^{m-1}(z-\lambda_{1,\ t})^2\prod_{s=1}^{l-1}(z-\lambda_{1,\ s})$ 的二重零点. 且由于 $L(q_1,\ h_0,\ h_1)$ 的特征值均为简单的，故 $\omega_1(z)^2$ 必然有二重零点. 因此 H 是全纯函数. 此外，对于足够大的 n，有 $\inf_{\theta\in[0,\ 2\pi]}\left|\omega_j\left(\left(\pi\left(n+\frac{1}{2}\right)\right)^2 e^{i\theta}\right)\right|\geqslant \pi n+O(1)$，且由于 $u_{j,\ +}(0,\ z)$ 是 m-类函数，故 $H(z)$ 满足

$$|H(z)|\leqslant C_1 e^{C_2|z|^{1/2}}$$

事实上，由于对于充分大的 n，及 $|z|=(\pi(n+1/2))^2$，上式均成立，结合式(3.89)，利用极大模原理，上式可推广到对于任意 z 成立. 此外，对于$j=0$，1 . . .，$2k-1$，有 $q_1^{(j)}(0)=q_2^{(j)}(0)$，由式(3-82)和式(3-84)可知当 y (real)→∞ 时，对于$j=1$，2，由于下面渐近表达成立：

$$|m_{1,\ +}(0,\ iy)-m_{2,\ +}(0,\ iy)|=o(|y|^{-k})$$

$$|u_{j,\ +}(0,\ iy)|=\frac{1}{2}e^{\mathrm{Im}(\sqrt{i})|y|^{1/2}}(1+o(1))$$

$$|\omega_j(iy)|=\frac{1}{2}|y|^{1/2}e^{\exp\mathrm{Im}(\sqrt{i})|y|^{1/2}}(1+o(1))$$

结合式(3-90)可得

$$\begin{aligned}|H(iy)|\leqslant&\left|\frac{(u_{1,\ +},\ u_{2,\ +})(0,\ iy)(m_{1,\ +}(0,\ iy)-m_{2,\ +}(0,\ iy))}{\omega_1(iy)^2}\right|\\&\times\left|\prod_{t=0}^{m-1}(iy-\lambda_{1,\ t})^2\prod_{s=m}^{l-1}(iy-\lambda_{1,\ s})\right|\\=&\frac{e^{\mathrm{Im}(\sqrt{i})2|y|^{1/2}}(1+o(1))o(|y|^{(k+1)})}{|y|\ e^{\mathrm{Im}(\sqrt{i})2|y|^{1/2}}(1+o(1))}o(|y|^{(k+1)})\\=&o(1)(y(\mathrm{real})\to\infty)\end{aligned}$$

故当 y (real)→∞ 时，有 $|H(iy)|\to 0$. 故有 $H\equiv 0$. 给 H 乘以

$$\frac{\omega_1(z)^2}{\prod_{t=0}^{m-1}(z-\lambda_{1,\ t})\prod_{s=0}^{l-1}(z-\lambda_{1,\ s})}$$

可得，对于所有的 $z\in\mathbb{C}$，有 $U_+(z)=0$. 结合式(3-80)和式(3-87)可得 $m_{1,\ +}(0,\ z)-m_{2,\ +}(0,\ z)$. 根据定理 3-4，在区间[0，1 上，有 $q_1=q_2$(a. e.)，且 $h_1=h_2$. 定理得证.

3.2.3 定理 3-3 的证明

本小节的目标是证明定理 3-3. 我们首先证明一个引理，为定理证明做准备.

给定一个正实数的序列 $S:=\{x_n\}_{n=0}^{\infty}$，满足 $1\leqslant x_0\leqslant x_1\leqslant\cdots$ 且

$$\sum_{n=0}^{\infty}\frac{1}{x_n^{\rho}}<\infty，对于所有\ \rho>\rho_0 \tag{3-91}$$

当固定 $\rho_0 \in (0, 1)$，定义 G_S 函数为

$$G_S(z)=\prod_{x_n\in S}\left(1-\frac{z}{x_n}\right) \tag{3-92}$$

可知 $G_S(z)$ 是全纯函数[35]且满足

$$|G_S(z)|\leqslant C_1\mathrm{e}^{C_2|z|^\rho}\ \text{对于所有}\ \rho>\rho_0 \tag{3-93}$$

其中 C_1，C_2 都是正常数. 注意到式(3-91)成立的条件是对于所有 $\rho>\rho_0$ 有 $n_S(t)\leqslant C_0|t|^\rho$. 其中 C_0 是一个正常数. 反之，如果 G_S 是全纯函数且满足式(3-93)，其所有零点 $\{x_n\}_{n=0}^{\infty}$ 在 $[1, \infty]$ 上，零点满足式(3-91)且 G_S 可以写作乘积展开式(3-92). 广义函数 $G_S(z)$ 也被称为 m-类函数. 对于 $n\in\mathbb{N}_0$，以上讨论包含了 $x_n=x_{n+1}$ 的情况.

引理 3-8　令 $\sigma(L)=:\{\lambda_j\}_{j=0}^{\infty}$ 是问题(3-61)~(3-63)的谱，令 $S:=\{x_n\}_{n=0}^{\infty}$ 满足 $1\leqslant x_0\leqslant x_1\leqslant\cdots$ 及式(3-91)，且 G_S 由式(3-93)定义. 若对于充分大的 $t\in\mathbb{R}$，有

$$n_S(t)\geqslant An_{\sigma(L)}(t)+B \tag{3-94}$$

其中 A 和 B 都是实数且 $A>0$. 则

$$|G_S(iy)|\geqslant C_1|y|^{(B+A/2)}\mathrm{e}^{\mathrm{Im}(\sqrt{i})A|y|^{1/2}},\ h_0\in\mathbb{R} \tag{3-95}$$

或者

$$|G_S(iy)|\geqslant C_1|y|^{B}\mathrm{e}^{\mathrm{Im}(\sqrt{i})A|y|^{1/2}},\ h_0=\infty \tag{3-96}$$

证明　定义

$$G_{\sigma(L)}(z)=\prod_{\lambda_j\in\sigma(L)}\left(1-\frac{z}{\lambda_j}\right)$$

由式(3-92)关于 G_S 的定义，分部积分可得

$$\begin{aligned}\mathrm{In}|G_S(iy)| &= \sum_{x_j\in S}\frac{1}{2}\mathrm{In}\left(1+\frac{y^2}{x_j^2}\right)\\ &=\frac{1}{2}\int_0^\infty \mathrm{In}\left(1+\frac{y^2}{t^2}\right)\mathrm{d}n_S(t)\\ &=\int_0^\infty\frac{y^2}{t^3+ty^2}n_S(t)\mathrm{d}t(\text{因为}\ n_S(0)=0)\\ &=\int_1^\infty\frac{y^2}{t^3+ty^2}n_S(t)\mathrm{d}t(\text{如果}\ t\in[0,1]n_S(0)=0)\end{aligned} \tag{3-97}$$

继而，由式(3-94)可知，存在常数 $t_0>1$ 和 $C>0$ 使得以下不等式成立

$$n_S(t)\geqslant\begin{cases}An_{\sigma(L)}(t)+B,\ t>\mathrm{t}_0\\ An_{\sigma(L)}(t)-C,\ t\leqslant t_0\end{cases}$$

故由式(3-97)和式(3-94)及关系式

$$\frac{y^2}{t^3+ty^2}=-\frac{\mathrm{d}}{\mathrm{d}t}\left(\frac{1}{2}\mathrm{In}\left(1+\frac{y^2}{t^2}\right)\right)$$

我们推出

$$\begin{aligned}\mathrm{In}|G_S(iy)| &=\int_1^{t_0}\frac{y^2}{t^3+ty^2}n_S(t)\mathrm{d}t+\int_{t_0}^\infty\frac{y^2}{t^3+ty^2}n_S(t)\mathrm{d}t\\ &\geqslant A\int_1^\infty\frac{y^2}{t^3+ty^2}n_{\sigma(L)}(t)\mathrm{d}t+B\int_1^\infty\frac{y^2}{t^3+ty^2}\mathrm{d}t+C_0\end{aligned}$$

$$= A\ln|G_{\sigma(L)}(iy)| + \frac{B}{2}\ln(1+y^2) + C_0 \tag{3-98}$$

其中 $C_0 = -|B - C|\ln t_0$.

因为 $\sigma(L)$ 为定义在 $[0,1]$ 上的自伴算子 L 的一整组谱，则当 $y(\text{real}) \to \infty$ 时，有如下渐近式

$$|G_{\sigma(L)}(iy)| = \frac{1}{2}|y|^{1/2}e^{\text{Im}(\sqrt{i})|y|^{1/2}}(1+o(1)),\ h_0 \in \mathbb{R}$$

和

$$|G_{\sigma(L)}(iy)| = \frac{1}{2}e^{\text{Im}(\sqrt{i})|y|^{1/2}}(1+o(1)),\ h_0 = \infty$$

成立. 因此由式(3-98)可知，存在一个正数 C_1，使式(3-95)和式(3-96)成立. 引理得证.

下证定理 3-3.

定理 3-3 证明：对应 $j=1,2$，设 $\{\lambda_{j,n}, \alpha_{j,n}\}_{n\in\mathbb{N}_0}$ 为算子 $L(q_j, h_0, h_j)$ 的谱数据. 下面仅证 $h_0 \in \mathbb{R}$ 的情形. 类似可证 $h_0 = \infty$ 的情形. 由 S_n，S_e 的假设，定义

$$G_{S_e}(z) = \prod_{\lambda_{1,n}\in S_e}\left(1 - \frac{z}{\lambda_{1,n}}\right),\quad G_{S_n}(z) = \prod_{\lambda_{1,n}\in S_n}\left(1 - \frac{z}{\lambda_{1,n}}\right)$$

由于 $\lambda_{1,n} = n^2\pi^2 + O(1)$，且函数 G_{S_e}，G_{S_n} 是 m-类函数，因此

$$(G_{S_e}G_{S_n})(z) = \prod_{\lambda_{1,n}\in S_e}\left(1 - \frac{z}{\lambda_{1,n}}\right)^{k(n)} \tag{3-99}$$

也是 m-类函数，其中当 $\lambda_{1,n} \in S_e \setminus S_n$ 时 $k(n)=1$，当 $\lambda_{1,n} \in S_n$ 时 $k(n)=2$. 考虑函数

$$H(z) = \frac{U_+(a,z)}{(G_{S_e}G_{S_n})(z)} \tag{3-100}$$

其中 $U_+(a,z)$ 由式(3-87)定义. 则由于 $S_n \subseteq S_e$，且在 $[0,a]$ 上，$q_1 = q_2$，由引理 3-7 知.

如果 $\lambda_{1,j} \in S_e$，$U_+(a,\lambda_{1,j}) = 0$ 如果 $\lambda_{1,j} \in S_n$，$U_+(a,\lambda_{1,j}) = \dot{U}_+(a,\lambda_{1,j}) = 0$
故 $H(z)$ 是全纯函数. 由于

$$|u_{j,+}(a,iy)| = \frac{1}{2}e^{\text{Im}(\sqrt{i})(1-a)|y|^{1/2}}(1+o(1)),\ j=1,2 \tag{3-101}$$

且当 $y(\text{real}) \to \infty$ 时，$m_+(a,iy) = i\sqrt{iy} + o(1)$. 则由引理 3-8，式(3-100)和式(3-68)可得 $A=2(1-a)$，$B=a-1$，且

$$\begin{aligned}|H(iy)| &\leqslant \left|\frac{u_{1,+}(a,iy)u_{2,+}(a,iy)(m_{1,+}(a,iy) - m_{2,+}(a,iy))}{G_{S_e}(z)G_{S_n}(z)}\right| \\ &\leqslant \frac{e^{\text{Im}(\sqrt{i})2(1-a)|y|^{1/2}}(1+o(1))}{e^{\text{Im}(\sqrt{i})2(1-a)|y|^{1/2}}}o(1) \\ &= o(1)\end{aligned} \tag{3-102}$$

则 $H(z)=0$，因此对于所有 $z \in \mathbb{C}$，由定理 3-2 证明可得 $U_+(z)=0$，即 $m_{1,+}(a,y) = m_{2,+}(a,y)$，根据定理 3-4，在 $[0,1]$ 上有 $q_1 = q_2$ (a. e.) 和 $h_1 = h_2$. 定理得证.

3.2.4 更一般情况下的唯一性结果定理

在本小节对于定理 3-3 进行推广，考虑谱数据 $\{\lambda_m, \alpha_m\}_{m\in \mathbf{N}_0}$ 可选择来自不同的 Sturm-Liouville 算子 $L(q, h_0, h_1)=: L(h_0)$，其中式(3-62)中的 h_0 为不同的数.

根据 Borg 著名的两组谱定理，即常型 Sturm-Liouville 算子的两组不同边界条件下的谱可以唯一确定势函数 q. 证明不同边界条件下的特征值也可以唯一确定势函数 q. 特别是，McLaughlin 和 Rundell[73] 应用在 $x=0$ 点可数个边值条件所生成的谱中的第 j 个特征值 $\lambda_j(q, h_{0,l}, h_1)$，$l\in N_0$ 来唯一确定势函数 q. 此外，Horvath[144-145] 考虑了在 $x=0$ 时，来自有限多组边值条件所形成的有限多组谱的情形下，类似的势函数的唯一确定性问题.

我们的结论是对于在 $x=0$ 处，谱数据包括特征值和规范常数，它们来自问题(3-61)~(3-63)的可数个边值条件生成的算子. 该结论不但推广了以前的结论(见参考文献[71, 145, 152])，而且给出了逆 Sturm-Liouville 问题用规范常数代替特征值的新结论. 本质上，大致来说，在唯一确定势函数 q 和边值条件参数 h_1 的问题上，所需规范常数的数量在某种程度上等于所需特征值的数量.

给定一个序列 $\{h_{0,l}\}_{l=0}^{\infty}\subset \mathbb{R}\cup\{\infty\}$，对于任意的 $h_{0,l}$，考虑算子 $L(q, h_{0,l}, h_1)=: L(h_{0,l})$，并用 $\sigma(L(h_{0,l}))=: \{\lambda_m(h_{0,l})\}_{m=0}^{\infty}$ 表示算子 $L(h_{0,l})$ 的谱. 在这一小节中，假定

$$\{\lambda_{ml}(h_{0,l})\}_{l=0}^{\infty}=: \{\lambda(h_{0,l})\}_{l=0}^{\infty} \tag{3-103}$$

是单调递增序列且满足条件

$$\sum \frac{1}{|\lambda(h_{0,l})|^{\rho}},\ \rho>\rho_0 \tag{3-104}$$

其中 $\rho_0\in(0, 1)$ 是固定的. 在这种情况下，用 $\alpha(h_{0,l})$ 表示算子 $L(h_{0,l})$ 的特征值 $\lambda(h_{0,l})$ 对应的规范常数，且用 $\alpha_m(h_{0,l})$ 表示第$(m+1)$个特征值 $\lambda_m(h_{0,l})$ 对应的规范常数.

下面研究特征值的性质.

引理 3-9　(i)如果 $h_{0,l_1}\neq h_{0,l_2}$，则 $\lambda(h_{0,l_1})\neq\lambda(h_{0,l_2})$，其中 $\lambda(h_{0,l_j})$ 为算子 $L(h_{0,l_j})(j=1, 2.)$ 的任意特征值；

(ii)设 $m\in N_0$. 则对于确定的 q 和 h_1，$\lambda_m(h_0)$ 关于 $h_0\in\mathbb{R}$ 是严格单调递减的，进而，对于 $m\geqslant 1$，有

$$\lim_{h_0\to\infty}\lambda_m(h_0)=\lambda_{m-1}(\infty),\quad \lim_{h_0\to-\infty}\lambda_m(h_0)=\lambda_m(\infty)$$

其中 $h_0=\infty$ 时，$\{\lambda_m(\infty)\}_{m=0}^{\infty}=\sigma(L(\infty))$.

下面定理是本小节的主要结论.

定理 3-5　令 $L(q, h_{0,l}, h_1)$ 是由式(3-61)及边值条件(3-62)~(3-63)所定义的算子，且 h_0 换为 $h_{0,l}$，对于 $l\in N_0$，$h_1\in\mathbb{R}$，得 $h_{0,l}\in\mathbb{R}\cup\{\infty\}$. 若 $S_n\subseteq S_e\subseteq\cup_{l=0}^{\infty}\sigma(L(h_{0,l}))$，且

$$S_e\ \{\lambda(h_{0,l})\}_{l=0}^{\infty},\quad \prod\nolimits_n=\{\alpha_l(h_{0,l}): \lambda(h_{0,l})\in S_n\}$$

其中 $\{\lambda(h_{0,l})\}_{l=0}^{\infty}$ 单调递增且满足式(3-102).

则当 $a\in[0, 1)$ 时，$[0, a]$ 区间上的势函数 q，$\{h_{0,l}\}_{l=0}^{\infty}$ 及两个集合 $\prod_n$，S_e，它们对于给定的 $h_0\in\mathbb{R}$，使得对于充分大的 $t\in\mathbb{R}$，满足

$$n_{S_n\cup S_e}(t) \geqslant 2(1-a)n_{\sigma(L(h_0))}(t)-(1-a) \tag{3-105}$$

可唯一确定 h_1 及[0, 1]区间上的势函数 q.

证明 对于所有的 $l\in\mathbb{N}_0$，令 $\{\lambda_j(h_{0,l}), \alpha_j(h_{0,l})\}$ 为算子 $L(q_j, h_{0,l}, h_j)$ $(j=1, 2)$ 的特征值和规范常数对. 对于 $j=1, 2$，由于 $S_{e,j}=\{\lambda_j(h_{0,l})\}_{l=0}^{\infty}$ 为单调递增序列，故其为下半有界的. 当给 q_1，q_2 加上充分大的常数(若必要)，则可假定所有的特征值 $\lambda_j(h_{0,l})$ 属于[1, ∞). 在这种情形下，定义

$$G_{S_e}(z)=\prod_{\lambda_1(h_{0,l})\in S_e}\left(1-\frac{z}{\lambda_1(h_{0,l})}\right),\quad G_{S_n}(z)=\prod_{\lambda_1(h_{0,l})\in S_n}\left(1-\frac{z}{\lambda_1(h_{0,l})}\right)$$

并考虑函数

$$H(z)=\frac{U_+(a, z)}{G_{S_e}G_{S_n}(z)} \tag{3-106}$$

其中 $U_+(a, z)$ 由式(3-85)定义，则根据对于 S_n，S_e 的假设条件及引理 3-7 可得

$$2U_+(a, \lambda(h_n))=0，\text{如果 }\lambda(h_n)\in S_e$$

$$U_+(a, \lambda(h_n))=\dot{U}_+(a, \lambda(h_n))=0，\text{如果 }\lambda(h_n)\in S_n$$

由于在[0, a]上，$q_1=q_2$，那么 $H(z)$ 是全纯函数. 由于

$$|u_{j,+}(a, iy)|=\frac{1}{2}e^{\mathrm{Im}(\sqrt{i})(1-a)|y|^{1/2}}(1+o(1)),\ j=1, 2$$

因此，由引理 3-8，式(3-81)和式(3-105)可知，A=2(1−a)，B=a−1，且

$$|H(iy)|\leqslant\left|\frac{u_{1,+}(a, iy)u_{2,+}(a, iy)(m_{1,+}(a, iy)-m_{2,+}(a, iy))}{G_{S_e}(iy)G_{S_n}(iy)}\right| \tag{3-107}$$

因此 $H(z)=0$，则由定理 3-2 的证明，对于所有 $z\in\mathbb{C}$，有 $m_{1,+}(a, z)=m_{2,+}(a, z)$. 根据定理 3-4，在[0, 1]区间上，有 $q_1=q_2$(a. e.)和 $h_1=h_2$. 定理得证.

注 3-9 由以上的讨论可知，在式(3-105)中，若 $\sigma(L(h_0))$ 替换为 $\sigma:=\{m^2\}_{m=0}^{\infty}$，则定理 3-5 的结论依然成立，事实上，注意到

$$\left|z\prod_{m-1}^{\infty}\left(1-\frac{z}{m^2}\right)\right|_{z=iy}=|\sqrt{iy}\sin\sqrt{iy}|=\frac{1}{2}|y|^{1/2}e^{\mathrm{Im}(\sqrt{i})|y|^{1/2}}$$

根据引理 3-8，则有 $|G_{S_e}(iy)G_{S_n}(iy)|\geqslant e^{\mathrm{Im}(\sqrt{i})(1-2a)|y|^{1/2}}$. 故式(3-107)成立.

作为定理 3-5 的一个特例，我们有以下推论，其由可数个不同边值条件下的特征值和规范常数唯一确定势函数 q 和边值条件参数 h_1.

推论 3-10 假设定理 3-5 的条件成立，如果 $a=0$，且

$$\lambda(h_{0,l})=\lambda_l(h_{0,l}),\ \inf\{h_{0,l}\}_{l=0}^{\infty}>-\infty \tag{3-108}$$

则 $\{h_{0,l}\}_{l=0}^{\infty}$，$\{\lambda_l(h_{0,l})\}_{l=0}^{\infty}$ 及缺失一个元素的集合 $\{\alpha_l(h_{0,l})\}_{l=0}^{\infty}$ 唯一确定 h_1 及[0, 1]区间上的势函数 q.

证明 在定理 3-5 中，取 $a=0$，$h_0:=\inf\{h_{0,l}\}_{l=0}^{\infty}$，由引理 3-9，对于 $l\in\mathbb{N}_0$，可得

$$\lambda_l(h_{0,l})\leqslant\lambda_l(h_0) \tag{3-109}$$

在这种情况下，设 $S_e=\{\lambda_l(h_{0,l})\}_{l=0}^{\infty}$，$S_n=\{\lambda_l(h_{0,l})\}_{l=1}^{\infty}$(不失一般性)，由引理 3-9 易得 $\{\lambda_l(h_{0,l})\}$ 互异且

$$\sum_{l=0}^{\infty}\frac{1}{\lambda_l(h_{0,l})^\rho}\leqslant\frac{1}{\lambda_0(h_{0,0})^\rho}+\sum_{l=0}^{\infty}\frac{1}{\lambda_l(\infty)^\rho}<\infty,\ \rho>\frac{1}{2}$$

由式(3-102)知对于所有 $t>\lambda_0(h_{0,0})$，有 $n_{S_n\cup S_e}(t)\geqslant 2n_{\sigma(L(h_0))}(t)-1$. 因此，由定理 3-5 我们很容易得到推论 3-9 的结果.

作为定理 3-5 的另一个特例，我们也有以下推论，其仅用可数个边值条件下的特征值唯一确定势函数和边值条件参数.

推论 3-11　设定理 3-5 的条件成立，给定 $\{h_{0,l}, h'_{0,l}\}_{l=0}^{\infty}$ 满足

$$h_{0,l}\neq h'_{0,l}，对于所有\ l\in\mathbb{N}_0,\ \inf\{h_{0,l}, h'_{0,l}\}_{n=0}^{\infty}>-\infty \tag{3-110}$$

如果 $a=0$，那么 $\{h_{0,l}, h'_{0,l}\}_{l=0}^{\infty}$ 及缺失一个元素的特征值集合 $\{\lambda_l(h_{0,l}), \lambda_l(h'_{0,l})\}_{l=0}^{\infty}$ 唯一确定 h_1 及在$[0, 1]$上的 q.

证明　不失一般性，假设对所有 $l\in\mathbb{N}_0$ 有 $h_{0,l}<h'_{0,l}$. 在定理 3-5 中，取 $a=0$ 和 $h_0:=\inf\{h_{0,l}, h'_{0,l}\}_{l=0}^{\infty}$，令 $S_n=\varnothing$ 且

$$S_e=\{\lambda_0(h_{0,0}), \lambda_1(h'_{0,1}), \lambda_1(h_{0,1}), \lambda_2(h'_{0,2}), \cdots\}$$

其中缺失 $\lambda_0(h'_{0,0})$，由引理 3-9 可知序列 S_e 是严格递增的且对于所有 $\rho>1/2$，满足

$$\sum_{l=0}^{\infty}\left(\frac{1}{\lambda_l(h_{0,l})^\rho}+\frac{1}{\lambda_l(h'_{0,l})^\rho}\right)\leqslant\frac{1}{\lambda_0(h_{0,0})^\rho}+2\sum_{l=0}^{\infty}\frac{1}{\lambda_l(\infty)^\rho}<\infty$$

进而易知对于所有 $t>\lambda_0(h'_{0,0})$，有 $n_{S_e}(t)\geqslant 2n_{\sigma(L(h_0))}(t)-1$. 故由定理 3-5 知结论成立.

以上推论是 Borg 两组谱定理的推广. 事实上，如果 $h_{0,l}=h_0$ 且对于所有 $l\in\mathbb{N}_0$ 有 $h'_{0,l}=h'_0$，$\{\lambda_l(h_0)\}_{l=0}^{\infty}$，及缺失某一元素的集合 $\lambda_l(h'_0)$ 已知，则在$[0, 1]$区间上的 q 和 h_1 可被唯一确定. 此外，此结论也可看作是 del Rio，Gesztesy 和 Simon[152] 所得的三分之二组谱定理的推广. 但推论 3-10 中的特征值是来自于不同边值条件下的特征值集合.

最后，我们给出 Hochstadt 与 Lieberman 半逆谱定理的推广，其应用来自不同边值条件下的特征值.

推论 3-12　设定理 3-5 的条件成立，若 $a=1/2$，则 $\{h_{0,l}\}_{l=0}^{\infty}$ 及特征值 $\{\lambda_l(\mathrm{h}_{0,l})\}_{l=0}^{\infty}$ 唯一确定 h_1 及$[0, 1]$区间上的 q.

证明　由引理 3-9 知，序列 $S_e=\{\lambda_l(\mathrm{h}_{0,l})\}_{l=0}^{\infty}$ 是严格单调递增的且对于所有的 $l\in\mathbb{N}$，满足

$$\lambda_{l-1}(\infty)<\lambda_l(\mathrm{h}_{0,l})<\lambda_l(\infty)$$

在此情况下，当 $t>0$ 时，易证式(3-103)对于 $\lambda(h_{0,l})=\lambda_l(h_{0,l})$，$n_{S_e}(t)\geqslant n_{\sigma(L(h_0))}(t)$ 成立，则由定理 3-5 可知，h_1 及$[0, 1]$区间上的 q 可被唯一确定.

注意到若所有的 $h_{0,l}=h_0$，其中 $h_0\in\mathbb{R}$ 或 $h_0=\infty$，则 h_1 及$[0, 1]$区间上的 q 可唯一确定. 这即为 Hochstadt 与 Lieberman 的半逆谱定理.

3.3　Hochstadt-Lieberman 定理的重构问题

3.3.1　引言

1978 年，Hochstadt 与 Lieberman 在文献[63]中证明了如下著名的 Hochstadt- Lieberman

唯一性定理：

定理 3-6 对于定义在[0, 1]区间上的 Sturm-Liouville 算子 L_{DD}：

$$-u''+qu=\lambda^2u \tag{3-111}$$

满足 Dirichlet-Dirichlet (DD) 边值条件：

$$u(0)=0=u(1) \tag{3-112}$$

其中 $q\in L^2[0, 1]$ 为实值函数，若 q 在子区间 [0, 1/2] 上已知，则一组 Dirichlet-Dirichlet 特征值 $\sigma^{DD}=\{\lambda^2_{n, D}\}^{\infty}_{n=1}$ 唯一确定 [0, 1] 区间上的势函数 q .

Martinyuk 及 Pivoarchik 在文献[118]中曾对以上唯一性定理给出了重构势函数的方法. 本节的目的是对 Hochstadt-Lieberman 唯一性定理提供一种新的重构势函数的方法. 通过应用 Mittag-Leffler 展开定理，将"较大的"全纯函数分解为两个"较小的"全纯函数，此分解为我们更好地使用 Levin-Lyubarski 插值公式重构全纯函数 $u_-(1/2, \lambda)$ 及 $u'_-(1/2, \lambda)$ 提供了环境. 此外，该重构方法亦给出了该问题的解存在且唯一的充要条件.

本节将用 L_a 表示定义在 $L^2(-\infty, \infty)$ 上的 type 为 a 的指数类全纯函数.

3.3.2 势函数的重构

设 $u_-(x, \lambda)$ 为方程(3-111)满足初始条件 $u_-(0)=0$ 及 $u'_-(0)=1$ 的解. 由文献[2]可得：

$$\begin{aligned}u_-(x, \lambda)&=\frac{\sin\lambda x}{\lambda}+\int_0^x K(x, t)\frac{\sin\lambda t}{\lambda}\mathrm{d}t\\&=\frac{\sin\lambda x}{\lambda}-K(x, x)\frac{\cos\lambda x}{\lambda^2}+\int_0^x K_t(x, t)\frac{\cos\lambda x}{\lambda^2}\mathrm{d}t\end{aligned} \tag{3-113}$$

其中

$$K(x, t)=\widetilde{K}(x, t)-\widetilde{K}(x, -t),\quad K_t(x, t)=\frac{\partial K(x, t)}{\partial t}$$

$\widetilde{K}(x, t)$ 满足以下积分方程：

$$\widetilde{K}(x, t)=\frac{1}{2}\int_0^{\frac{x+t}{2}}q(s)\mathrm{d}s+\int_0^{\frac{x+t}{2}}\mathrm{d}\alpha\int_0^{\frac{x-t}{2}}q(\alpha+\beta)\widetilde{K}(\alpha+\beta, \alpha-\beta)\mathrm{d}\beta$$

且对于两个变量分别存在一阶偏导数. 此外，

$$K(x, x)=\frac{1}{2}\int_0^x q(t)\mathrm{d}t,\quad K(x, 0)=0 \tag{3-114}$$

由式(3-113)可得

$$\begin{aligned}u_-\left(\frac{1}{2}, \lambda\right)&=\frac{1}{\lambda}\sin\left(\frac{\lambda}{2}\right)-\frac{K_-}{\lambda^2}\cos\left(\frac{\lambda}{2}\right)+\frac{\psi_{-,0}(\lambda)}{\lambda^2}\\u'_-\left(\frac{1}{2}, \lambda\right)&=\cos+\frac{K_-}{\lambda}\sin\left(\frac{\lambda}{2}\right)+\frac{\psi_{-,1}(\lambda)}{\lambda^2}\end{aligned} \tag{3-115}$$

其中 $K_-=K(1/2, 1/2)$，且对于 $j=0, 1$，$\psi_{-,j}\in L_{1/2}$.

定义 $u_+(x, \lambda)$ 为方程(3-111)满足初始条件 $u_+(1, \lambda)=0$，$u'_+(1, \lambda)=1$ 的解. 则 $u_+(x, \lambda)$ 具有类似于式(3-113)的表达式：

$$u_{+}(x,\lambda)=-\frac{\sin\lambda(1-x)}{\lambda}-\int_{x}^{1}K(x,t)\frac{\sin\lambda(1-t)}{\lambda}\mathrm{d}t \tag{3-116}$$

故 $u_{+}(1/2,\lambda)$，$u'_{+}(1/2,\lambda)$ 有如下渐近式：

$$\begin{aligned}u_{+}\left(\frac{1}{2},\lambda\right)&=-\frac{1}{\lambda}\sin\left(\frac{\lambda}{2}\right)-\frac{K_{+}}{\lambda^{2}}\cos\left(\frac{\lambda}{2}\right)+\frac{\psi_{+,0}(\lambda)}{\lambda^{2}}\\ u'_{+}\left(\frac{1}{2},\lambda\right)&=\cos\left(\frac{\lambda}{2}\right)+\frac{K_{+}}{\lambda}\sin\left(\frac{\lambda}{2}\right)+\frac{\psi_{+,1}(\lambda)}{\lambda^{2}}\end{aligned} \tag{3-117}$$

其中 $K_{+}=\int_{1/2}^{1}q(t)\mathrm{d}t$，且对于 $j=0,1$，$\psi_{+,j}\in L_{1/2}$.

由于算子(3-111)~(3-112)的 DD 特征值 $\{\lambda_n\}_{n\in\boldsymbol{Z}_0}$ 为特征值方程

$$\Delta(\lambda)=u_{-}(1,\lambda) \tag{3-118}$$

的零点. 由式(3-113)可得，特征值函数的渐近式为：

$$\Delta(\lambda)=\frac{1}{\lambda}\sin\lambda-\frac{K_{-}+K_{+}}{\lambda^{2}}\cos\lambda+\frac{\hat{\psi}(\lambda)}{\lambda^{2}} \tag{3-119}$$

其中 $\hat{\psi}\in L_1$. 则当 $n\to\infty$ 时，DD 特征值 $\{\lambda_n\}_{n\in\boldsymbol{Z}_0}$ 的渐近式为：

$$\lambda_n=n\pi+\frac{K_{-}+K_{+}}{n\pi}+\frac{\alpha_n}{n} \tag{3-120}$$

其中 $\{\alpha_n\}_{n\in\boldsymbol{Z}_0}\in l^2$.

下面给出在 $[1/2,1]$ 上重构 q 的方法及解存在的充要条件. 定义 $v_{-}(x,\lambda)$ 为方程(3-111)满足初始条件 $v_{-}(0,\lambda)=1$，$v'_{-}(0,\lambda)=0$ 的解. 类似可得

$$\begin{aligned}v_{-}\left(\frac{1}{2},\lambda\right)&=\cos\left(\frac{\lambda}{2}\right)+\frac{K_{-}}{\lambda}\sin\left(\frac{\lambda}{2}\right)+\frac{\varphi_{-,0}(\lambda)}{\lambda}\\ v'_{-}\left(\frac{1}{2},\lambda\right)&=-\lambda\sin\left(\frac{\lambda}{2}\right)+K_{-}\cos\left(\frac{\lambda}{2}\right)+\varphi_{-,1}(\lambda)\end{aligned} \tag{3-121}$$

其中，对于 $j=0,1$，$\varphi_{-,j}\in L_{1/2}$. 记 $\{\mu_n\}_{n\in\boldsymbol{Z}_0}$ 为 $u_{-}(1/2,\lambda)$ 的零点，则

$$\mu_n=2n\pi+\frac{K_{-}}{n\pi}+\frac{\kappa_n}{n} \tag{3-122}$$

其中 $\{\kappa_n\}_{n\in\boldsymbol{Z}}\in l^2$. 显然 $[(v_{-}(1/2,\lambda)\Delta(\lambda)]/u_{-}(1/2,\lambda)$ 为亚纯函数且具有单重极点 $\{\mu_n\}_{n\in\boldsymbol{Z}_0}$. 设 e_n 为函数 $\dfrac{v_{-}(1/2,\lambda)\Delta(\lambda)}{u_{-}(1/2,\lambda)}$ 在 μ_n 处的留数，则有

$$e_n=\frac{v_{-}(1/2,\mu_n)\Delta(\mu_n)}{\dot{u}_{-}(1/2,\mu_n)} \tag{3-123}$$

其中 $\dot{u}_{-}=\partial u_{-}/\partial\lambda$. 由式(3-115)、式(3-118)及式(3-120)可得

$$e_n=\frac{4(K_{-}+K_{+})}{n\pi}+\frac{\zeta_n}{n} \tag{3-124}$$

其中 $\zeta_n\in l^2$，结合式(3-122)，可得 $\{e_n/\mu_n\}_{n\in\boldsymbol{Z}_0}\in l^2$. 由第二章引理 A-2，可知存在全纯函数 $a_0(\lambda)$，满足

$$\frac{v_-(1/2,\ \lambda)\Delta(\lambda)}{u_-(1/2,\ \lambda)}=a_0(\lambda)+\sum_{n\in\mathbf{Z}_0}\frac{e_n}{\lambda-\mu_n} \tag{3-125}$$

定义

$$b_0(\lambda)=u_-(1/2,\ \lambda)\sum_{n\in\mathbf{Z}_0}\frac{e_n}{\lambda-\mu_n} \tag{3-126}$$

则可得

$$v_-(1/2,\ \lambda)\Delta(\lambda)=a_0(\lambda)u_-(1/2,\ \lambda)+b_0(\lambda) \tag{3-127}$$

显然 $\lambda\in\mathbb{R}$ 时, $a_0(\lambda)$, $b_0(\lambda)$ 为全纯函数.

引理 3-10 若记 $a_0(\lambda)$ 与 $b_0(\lambda)$ 为

$$\begin{aligned} a_0(\lambda)&=1+\cos\lambda+\frac{K_--K_+}{\lambda}\sin\lambda+\frac{\varphi_0(\lambda)}{\lambda}\\ b_0(\lambda)&=\frac{K_--K_+}{\lambda^2}\cos(\lambda/2)+\frac{\varphi_1(\lambda)}{\lambda^2}\end{aligned} \tag{3-128}$$

则 $\varphi_0(\lambda)\in L_1$, $\varphi_1(\lambda)\in L_{1/2}$, 且 $a_0(\lambda)$ 及 $b_0(\lambda)$ 在展开式(3-126)中为唯一的.

证明 注意到 $\{\mu_n\}_{n\in\mathbf{N}_0}$ 为 $u_-(1/2,\ \lambda)$ 的零点, 则由式(3-127)可得

$$\begin{aligned}\varphi_1(\mu_n)&=\mu_n^2\left[v_-\left(\frac{1}{2},\ \mu_n\right)\Delta(\mu_n)-\frac{K_--K_+}{\mu_n^2}\cos\left(\frac{\mu_n}{2}\right)\right]\\ &=\mu_n^2\left[\frac{1}{2\mu_n}\sin\left(\frac{3\mu_n}{2}\right)+\frac{1}{2\mu_n}\sin\left(\frac{\mu_n}{2}\right)-\frac{2K_-+K_+}{2\mu_n^2}\cos\left(\frac{3\mu_n}{2}\right)\right.\\ &\quad\left.-\frac{K_+}{2\mu_n^2}\cos\left(\frac{\mu_n}{2}\right)-\frac{K_--K_+}{\mu_n^2}\cos\left(\frac{\mu_n}{2}\right)\right]\end{aligned} \tag{3-129}$$

将式(3-120)代入计算, 可得

$$\begin{aligned}\sin(3\mu_n/2)&=(-1)^n\frac{3K_-}{2n\pi}+\frac{\alpha_n}{n}\\ \sin(\mu_n/2)&=(-1)^n\frac{K_-}{2n\pi}+\frac{\xi_n}{n}\\ \cos(3\mu_n/2)&=(-1)^n+\vartheta_n\\ \cos(\mu_n/2)&=(-1)^n+\delta_n\end{aligned} \tag{3-130}$$

其中 $\{\alpha_n\}_{n\in\mathbf{Z}_0}$, $\{\xi_n\}_{n\in\mathbf{Z}_0}$, $\{\delta_n\}_{n\in\mathbf{Z}_0}$ 均属于 l^2. 进而将式(3-130)代入式(3-129)得到

$$\{\varphi_1(\mu_n)\}_{n\in\mathbf{Z}_0}\in l^2 \tag{3-131}$$

由于函数 $\lambda u_-(1/2,\ \lambda)$ 为 sine 类函数, 且存在正整数 m, M 及 p 使得当 $|\mathrm{Im}\lambda|>p$ 时,

$$m\mathrm{e}^{\frac{1}{2}|\mathrm{Im}\lambda|}\leqslant|\lambda u_-(1/2,\ \lambda)|\leqslant M\mathrm{e}^{\frac{1}{2}|\mathrm{Im}\lambda|}$$

则结合式(3-131), 应用 Levin-Lyubarski 插值定理, 即第 2 章定理 A-1, 选取 $\{\mu_n\}_{n\in\mathbf{Z}_0}$ 为重构函数 $\varphi_1(\lambda)$ 的插值结点, 若记 $g(\lambda)=\lambda u_-\left(\frac{1}{2},\ \lambda\right)$, 则有:

$$\varphi_1(\lambda)=g(\lambda)\sum_{n\in\mathbf{Z}_0}\frac{\varphi_1(\mu_n)}{\dot{g}(\mu_n)(\lambda-\mu_n)} \tag{3-132}$$

其中 $\dot{g}(\lambda)=\mathrm{d}g(\lambda)/\mathrm{d}\lambda$，$\varphi_1(\lambda)\in L_{1/2}$.

此外，Levin-Lyubarki 插值定理保证了所重构函数的唯一性. 故定理得证.

引理 3-11　设 $a_0(\lambda)$ 与 $b_0(\lambda)$ 由式(3-128)定义. 若

$$b_1(\lambda)=v'_-(1/2,\lambda)\Delta(\lambda)-a_0(\lambda)u'_-(1/2,\lambda)\tag{3-133}$$

则

$$b_0(\lambda)u'_-(1/2,\lambda)-b_1(\lambda)u_-(1/2,\lambda)=\Delta(\lambda)\tag{3-134}$$

进而有

$$\begin{aligned}u_+(1/2,\lambda)&=-u_-(1/2,\lambda)+b_0(\lambda)\\ u'_+(1/2,\lambda)&=-u'_-(1/2,\lambda)+b_1(\lambda)\end{aligned}\tag{3-135}$$

证明　由于

$$v_-\left(\frac{1}{2},\lambda\right)u'_-\left(\frac{1}{2},\lambda\right)-v'_-\left(\frac{1}{2},\lambda\right)u_-\left(\frac{1}{2},\lambda\right)=1\tag{3-136}$$

计算易得式(3-134)成立. 又由于

$$\Delta(\lambda)=u'_-\left(\frac{1}{2},\lambda\right)u'_+\left(\frac{1}{2},\lambda\right)-u_-\left(\frac{1}{2},\lambda\right)u'_+\left(\frac{1}{2},\lambda\right)\tag{3-137}$$

且 $|b_0(\lambda)|<u_-(1/2,\lambda)$，式(3-137)结合式(3-134)，可知存在 $h(\lambda)$ 满足

$$\frac{u_+\left(\frac{1}{2},\lambda\right)-b_0(\lambda)}{u_-\left(\frac{1}{2},\lambda\right)}=\frac{u'_+\left(\frac{1}{2},\lambda\right)-b_1(\lambda)}{u'_-\left(\frac{1}{2},\lambda\right)}=h(\lambda)\tag{3-138}$$

由式(3-115)及式(3-117)可知，当 $|\lambda-\mu_n|>0$ 时，有

$$\lim_{\lambda\to\infty}\frac{u_+(1/2,\lambda)-b_0(\lambda)}{u_-(1/2,\lambda)}=-1$$

故 $h(\lambda)=-1$，从而可得式(3-135)成立. 定理得证.

注 3-10　由引理 3-10 可知 $b_0(\lambda)$ 是唯一的. 由引理 3-11 可得 $b_1(\lambda)$ 的表达式，进而可得 $u_+(1/2,\lambda)$ 与 $u'_+(1/2,\lambda)$，故有如下结论：

定理 3-7　设函数 $q_-\in L^2[0,1/2]$，数列 $\{\lambda_n\}_{n\in\mathbf{Z}_0}$ 已知，且满足如下渐近式：

$$\lambda_n=n\pi+\frac{A}{n\pi}+\frac{\alpha_n}{n}\tag{3-139}$$

其中 $A,\ \alpha_n\in\mathbb{R}$，$\{\alpha_n\}_{n\in\mathbf{Z}_0}\in l^2$. 若

$$\begin{aligned}u_+(\lambda)&=-u_-(1/2,\lambda)+b_0(\lambda)\\ \hat{u}_+(\lambda)&=-u'_-(1/2,\lambda)+b_1(\lambda)\end{aligned}\tag{3-140}$$

其中 $b_0(\lambda)$，$b_1(\lambda)$ 分别由式(3-128)与式(3-133)定义，且 $u_-(1/2,\lambda)$，$u'_-(1/2,\lambda)$ 由式(3-113)定义.

则存在唯一的实值函数 $q_+\in L^2[1/2,1]$，使得势函数 q 在 $[0,1/2]$ 上满足 $q=q_-$，在 $[1/2,1]$ 上，$q=q_+$，且其对应的算子以 $\{\lambda_n\}_{n\in\mathbf{Z}_0}$ 为特征值的充要条件是 $u_+/\hat{u}_+(\lambda)$ 属于 Nevanlinna 类函数.

证明 必要性：假定存在实值函数 $q \in L^2(0, 1)$，使得 σ_{DD} 为 Sturm-Liouville 算子的 DD 特征值. 则由以上讨论可知，

$$u_+(1/2, \lambda) = u_+(\lambda), \quad u'_+(1/2, \lambda) = \hat{u}_+(1/2, \lambda) = \hat{u}+(\lambda)$$

故由[1，2]知，$(u_+/\hat{u}_+)(\lambda)$ 是 Sturm-Liouville 问题(3-111)~(3-112)的 Weyl m-函数，故 $(u_+/\hat{u}_+)(\lambda)$ 属于 Nevanlinna 类函数.

充分性：若实值函数 $q_- \in L^2(0, 1/2)$ 已知，则函数 $u_-(1/2, \lambda)$、$u'_-(1/2, \lambda)$ 及 $v_-(1/2, \lambda)$，$v'_-(1/2, \lambda)$ 为已知函数. 则由式(3-115)、式(3-121)及引理 3-10 得，$a_0(\lambda)$ 及 $b_0(\lambda)$ 可知，又由于 DD 特征值已知，进而由(3-133)可得 $b_1(\lambda)$，从而由式(3-135)计算可得 $u_+(\lambda)$ 及 $\hat{u}_+(\lambda)$：

$$u_+(\lambda) = -\frac{1}{\lambda}\sin\left(\frac{\lambda}{2}\right) - \frac{K_+}{\lambda^2}\cos\left(\frac{\lambda}{2}\right) + \frac{\psi_{+,0}(\lambda)}{\lambda^2}$$

$$\hat{u}_+(\lambda) = \cos\left(\frac{\lambda}{2}\right) + \frac{K_+}{\lambda}\sin\left(\frac{\lambda}{2}\right) + \frac{\psi_{+,1}(\lambda)}{\lambda^2}$$

其中 $\psi_{+,j}(\lambda) \in L_{1/2}\ (j = 0, 1)$，故 q_+ 可知.

定理得证.

第4章 Dirac 算子的逆谱问题

Dirac 在 1929 年首次推导出了描述自由电子运动轨迹的 Dirac 方程，由于该方程克服了 Klein-Golrdon 方程负概率的困难，所以它被广泛地应用在物理学和数学等各种研究领域. Dirac 算子在物理学的研究中，作为一种研究微观粒子运动规律的重要工具，用以解释广义相对化的量子物理中粒子的很多运动规律，比如，描述空气动力学、流体力学的某些问题的二阶微分方程的边值问题或者初值问题经过转化就可以变成 Dirac 问题.

Dirac 算子是解决一大类数理方程定解问题的理论基础，而其逆谱问题是当前研究的热点问题. 对于 Dirac 算子反问题的研究来自量子力学中由能量求原子的内力问题. 早在 1966 年，Gasymov 和 Levitan 通过建立合适的谱函数和散射位相，解决了定义在$\mathbb{R}_2$上的 Dirac 算子的逆谱问题，这为 Dirac 算子特征值和逆特征值问题的研究奠定了重要基础. 1973 年，Ablowitz 发现，Dirac 方程与非线性波方程之间的关系同 Sturm-Liouville 方程与 KDV 方程之间的关系非常类似，即在量子物理中，Dirac 算子所起的作用等同于 Sturm-Liouville 算子所起的作用. 自此，带有各种边值条件的 Dirac 算子的谱和逆谱问题的研究引起了许多物理和数学研究者的重视. 随着问题的解决及研究的深入，对 Dirac 算子问题的研究也深入到更深广的领域，并派生出许多新的研究课题.

4.1 部分信息已知的 Dirac 算子的唯一性问题

4.1.1 引言

本节讨论 Dirac 算子 $H:=\mathrm{H}(p(x), r(x); \alpha, \beta)$，其表达式为

$$HY:=\begin{pmatrix}0 & 1\\ -1 & 0\end{pmatrix}\frac{\mathrm{d}Y}{\mathrm{d}x}+\begin{pmatrix}p(x) & 0\\ 0 & r(x)\end{pmatrix}Y(x) \tag{4-1}$$

对于 $x\in[0, \pi]$，服从自伴分离边界条件

$$\cos\alpha y_1(0)+\sin\alpha y_2(0)=0 \tag{4-2}$$

$$\cos\beta y_1(\pi)+\sin\beta y_2(\pi)=0 \tag{4-3}$$

其中 $Y(x)=(y_1(x), y_2(x))^{\mathrm{T}}$，$\alpha, \beta\in[0, \pi)$，且势 $p(x), r(x)\in L^2[0, \pi]$ 都是实值的. 已知(见文献[153])算子 H 在 $L^2[0, \pi]\times L^2[0, \pi]$ 中是自伴的，并且具有实的简单离散谱，记作 $\sigma(H):=\{\lambda_n\}_{n\in\mathbb{Z}\setminus\{0\}}$.

众所周知(见文献[153-154])，由式(4-1)~式(4-3)定义的 Dirac 算子 H 的势函数 p

和 r 的唯一性是根据以下三组谱数据中的某一组确定的：

$$\Gamma_1 := \{\lambda_n, \alpha_n, n \in \mathbb{Z} \setminus \{0\}\}$$
$$\Gamma_2 := \{\lambda_n, \kappa_n, n \in \mathbb{Z} \setminus \{0\}\}$$
$$\Gamma_3 := \{\lambda_n, \widetilde{\lambda}_n, n \in \mathbb{Z} \setminus \{0\}\}$$

式中，$\widetilde{\lambda}_n$ 是由式(4-1)~式(4-3)定义但在式(4-3)中的 $\widetilde{\beta}(\widetilde{\beta} \neq \beta)$ 代替 β 后新问题的特征值，κ_n 称为比率(或规范常数)，α_n 称为对应于特征值 λ_n 的规范常数，它们分别定义如下：

$$\kappa_n = \frac{u_1(0, \lambda_n)}{u_1(\pi, \lambda_n)} \tag{4-4}$$

和

$$\alpha_n^2 = \int_0^{\pi} u_1^2(x, \lambda_n) + u_2^2(x, \lambda_n)\mathrm{d}x \tag{4-5}$$

其中 $(u_1(x, z), u_2(x, z))^{\mathrm{T}} =: U(x, z)$ 是满足初始条件

$$u_1(0) = \sin\alpha, \quad u_2(0) = -\cos\alpha \tag{4-6}$$

的 Dirac 方程 $H(Y) = zY$ 的解.

本节主要研究在 (p, r) 的部分信息、特征值 $\{\lambda_n\}_{n\in\mathbb{Z}\setminus\{0\}}$ 和规范常数 $\{\kappa_n\}_{n\in\mathbb{Z}\setminus\{0\}}$ 已知的情况下势函数 p 和 r 的唯一确定性问题.

1996 年，Amour[69] 证明了对应于 Dirac 算子的半逆谱定理，若 $[0, \pi]$ 的左半区间(或右半区间)上的势函数 (p, r) 是已知的，则 Dirichlet 谱唯一确定势函数 (p, r)，这个结果是对 Sturm-Liouville 算子的 Hochstadt 和 Lieberman 定理(见文献[63])在 Dirac 算子中的推广. 此外，在 2001 年，Delrio 和 Grbert[70] 考虑了当 $0 \leqslant a < \pi$ 时，若势函数在 $[a, \pi]$ 上是已知的，则两组谱的一部分即可唯一确定 $[0, \pi]$ 上的势函数 (p, r). 这个结果可以看作是 Gesztesy 和 Simon 关于 Sturm-Liouville 问题的定理(见[文献 66，定理 1.3])的平行结果.

对于 Sturm-Liouville 逆问题的唯一性问题，Wei 和 Xu 在[67]中证明了规范常数与特征值具有同等的作用. 他们得到了 Sturm-Liouville 问题的一些唯一性结果，类似于 Gesztesy-Simon(见文献[66])和 Hochstadt-Lieberman(见文献[63])的定理，这意味着若 q 的部分信息与谱数据 Γ_1 或 Γ_2 上的部分信息是已知的，则势函数 q 可以被唯一确定.

本节的主要目的是将文献[67]的结果推广到 Dirac 算子上. 更具体地说，我们将证明，若给定 $(p(x), r(x))$ 的部分信息以及部分谱数据的信息，包括一整组谱和一个规范常数集合的子集，或给定特征值对和相应的规范常数的子集，则势函数对 $(p(x), r(x))$ 和边界条件也是唯一确定的，此外，我们还研究了 $p(x)$ 和 $r(x)$ 在给定点上都是 C^n 光滑的情形.

在本节中，对于任意的集合 $S \subset \sigma(H)$，称集合 S 关于原点是几乎处处对称的是指对于 $n \in N$，除了有限个可能的例外，若 $\lambda_n \in S$，意味着 $\lambda_{-n} \in S$ 且当 $n \to \infty$ 时，有 $\lambda_n + \lambda_{-n} = 0(1)$. 对于每个 $t \geqslant 0$，我们定义

$$n_{S(t)}=\begin{cases}\sum\limits_{\substack{0<n<t\\ \lambda_n\in S}}1,\ t>0\\ -\sum\limits_{\substack{t<n<0\\ \lambda_n\in S}}1,\ t<0\end{cases}$$

我们首先研究的情况是，一整组谱和一个规范常数集合的子集是已知的情形. 另一种情况研究已知的特征值和规范常数是成对的情形将在下面的定理 4-2 中讨论.

定理 4-1　设 $a\in\left(0,\ \dfrac{\pi}{2}\right)$，对于某个 $n\in\mathbb{N}$ 及 $\varepsilon>0$，设 $p(x)$，$r(x)\in C^n(a-\varepsilon,\ a+\varepsilon)$，且已知集合 $S\subset\sigma(H)$ 关于原点是几乎处处对称的，满足对于 $\lambda_j\in S$，κ_j 是已知的. 若

$$\lim_{t\to\infty}\frac{n_{S(t)}}{t}=\gamma \tag{4-7}$$

存在，对于 $\mu_1\in\mathbb{R}$，$t_0>0$，及任意给定的 $t\in\mathbb{R}$，有

$$n_{S(t)}\begin{cases}\geqslant\left(1-\dfrac{2a}{\pi}\right)[t]+\mu_1+\left(1-\dfrac{2a}{\pi}\right)-(n+1),\ t\geqslant t_0\\ \leqslant-\left(1-\dfrac{2a}{\pi}\right)[-t]+\mu_1,\ t\leqslant t_0\end{cases} \tag{4-8}$$

则已知区间 $[0,\ a]$ 上的 $(p(x),\ r(x))$，$(p^{(j)}(a),\ r^j(a))$ $(j=1,\ 2,\ \cdots,\ n)$，对应于 $\lambda_j\in S$ 的规范常数 κ_j 和 $\sigma(H)$，可唯一地确定 β 和 $[0,\ \pi]$ 上的势函数 $(p(x),\ r(x))$.

注 4-1　定理表明，如果 $p(x)$，$r(x)\in C^n(a-\varepsilon,\ a+\varepsilon)$，则 n 个规范常数的值可以被替换为 $(p^{(j)}(a),\ r^j(a))$ $(j=1,\ 2,\ \cdots,\ n)$，也就是说，在集合 S 中，n 个规范常数可以缺失. 应该注意的是，如果上述定理中的 $a=0$，也就是说，整个 $[0,\ \pi]$ 区间上的势 $(p(x),\ r(x))$ 均未知，那么 $[0,\ \pi]$ 上的 $(p(x),\ r(x))$ 可由 $\Gamma_2:=\{\lambda_n,\ \kappa_n,\ n\in\mathbb{Z}\setminus\{0\}\}$ 唯一确定.

下面的定理讨论特征值和规范常数成对出现的情况.

定理 4-2　设 $a\in(0,\ \pi)$ 且子集 $S\subset\sigma(H)$ 关于原点是几乎处处对称的，使得对于 $\lambda_j\in S$，κ_j 已是已知的. 若极限

$$\lim_{t\to\infty}\frac{n_{S(t)}}{t}=\gamma \tag{4-9}$$

存在，且对于 $\mu_2\in\mathbb{R}$，$t_0>0$，$\varepsilon>0$ 为任意数，有

$$n_{S(t)}\begin{cases}\geqslant\left(1-\dfrac{a}{\pi}\right)[t]+\mu_2+\left(1-\dfrac{a}{\pi}\right)+\varepsilon,\ t\geqslant t_0\\ \leqslant-\left(1-\dfrac{a}{\pi}\right)[-t]+\mu_2,\ t\leqslant t_0\end{cases} \tag{4-10}$$

则 $[0,\ a]$ 上的势函数 $(p(x),\ r(x))$，特征值 $\lambda_j\in S$ 及对应的规范常数 κ_j 唯一地确定了 β 和 $[0,\ \pi]$ 上的势 $(p(x),\ r(x))$.

注 4-2　值得指出的特殊情况是，若 $a=\dfrac{\pi}{2}$，我们只需要半组谱(如仅取下标为偶数或

下标为奇数组)及其对应的规范常数就可以唯一地确定β和$[0, \pi]$上的势$(p(x), r(x))$. 在这种情况下，问题归结为文献[69]中的定理1，可以看出谱的另一半被规范常数的一半所取代，即特征值和规范常数具有同等重要的作用.

我们用来获得结果的方法是基于Weyl-Titchmarsh-m-函数的唯一性定理(见文献[117-155]). delrio、Gesztesy和Simon在一系列论文(见文献[60, 65, 142])中巧妙地运用了这种方法来处理反问题. 关键技术依赖于m-函数的渐近式.

本节的结构如下. 在第2小节中，我们给出了一些预备知识. 定理的证明在第3小节中给出.

4.1.2 预备知识

我们首先回顾一些经典的结果，这将在以后需要用到. 对于$x \in [0, \pi]$，设$U(x, z) = (u_1(x, z), u_2(x, z))^T$和$V(x, z) = (v_1(x, z), v_2(x, z))^T$表示方程

$$H(Y) = zY \tag{4-11}$$

分别满足初始条件

$$u_1(0, z) = \sin\alpha, \qquad u_2(0, z) = -\cos\alpha \tag{4-12}$$

和

$$v_1(\pi, z) = \sin\beta, \quad v_2(\pi, z) = -\cos\beta \tag{4-13}$$

的解. 众所周知(见[153])，当$|z| \to \infty$时，下列渐近式在$x \in [0, \pi]$中是一致成立的:

$$\begin{aligned} u_1(x, z) &= \sin\left\{zx - \frac{1}{2}\int_0^x [p(\tau) + r(\tau)]\mathrm{d}\tau + \alpha\right\} + O\left(\frac{\mathrm{e}^{|\mathrm{Im}z|x}}{|z|}\right) \\ u_2(x, z) &= -\cos\left\{zx - \frac{1}{2}\int_0^x [p(\tau) + r(\tau)]\mathrm{d}\tau + \alpha\right\} + O\left(\frac{\mathrm{e}^{|\mathrm{Im}z|x}}{|z|}\right) \end{aligned} \tag{4-14}$$

和

$$\begin{aligned} v_1(x, z) &= \sin\left\{z(\pi - x) - \frac{1}{2}\int_x^\pi [p(\tau) + r(\tau)]\mathrm{d}\tau - \beta\right\} + O\left(\frac{\mathrm{e}^{|\mathrm{Im}z|(\pi-x)}}{|z|}\right) \\ v_2(x, z) &= \cos\left\{z(\pi - x) - \frac{1}{2}\int_x^\pi [p(\tau) + r(\tau)]\mathrm{d}\tau - \beta\right\} + O\left(\frac{\mathrm{e}^{|\mathrm{Im}z|(\pi-x)}}{|z|}\right) \end{aligned} \tag{4-15}$$

而且，当$j \to \infty$时，算子H的特征值$\{\lambda_j\}_{j\in \mathbf{Z}\setminus\{0\}}$具有渐近式

$$\lambda_j = j + \frac{\vartheta}{\pi} + O\left(\frac{1}{j}\right) \tag{4-16}$$

其中，$\vartheta = \beta - \alpha + \frac{1}{2}\int_0^\pi (p(\tau) + r(\tau))\mathrm{d}\tau$. 注意到$U(x, \lambda_j)$和$V(x, \lambda_j)$是对应于本征值$\lambda_j$的本征函数. 从式(4-2)我们可以看出，如果$\sin\alpha\sin\beta \neq 0$，那么与$\lambda_j$相关的规范常数$\kappa_j$为

$$\frac{v_1(0, \lambda_j)}{v_1(\pi, \lambda_j)} = \kappa_j = \frac{u_1(0, \lambda_j)}{u_1(0, \lambda_j)} \tag{4-17}$$

也就是说，$\kappa_j = \dfrac{v_1(0, \lambda_j)}{\sin\beta} = \dfrac{\sin\alpha}{u_1(\pi, \lambda_j)}$. 否则，$\kappa_j$可以定义为

$$\frac{v_2(0, \lambda_j)}{v_2(\pi, \lambda_j)} = \kappa_j = \frac{u_2(0, \lambda_j)}{u_2(\pi, \lambda_j)}$$

下面介绍算子 H 的 Weyl-Titchmarsh-m 函数(参见文献[13]),其定义为

$$m(x, z)=\frac{v_2(x, z)}{v_1(x, z)} \tag{4-18}$$

由于 $m(x, z)$ 是 Herglotz 函数,即 m: $\mathbb{C}_+ \to \mathbb{C}_+$ 是解析函数,则对于 $\varepsilon > 0$,在扇形区域 $\varepsilon < \mathrm{Arg}(z) < \pi - \varepsilon$ 内,当 $|z| \to \infty$ 时,有如下的渐近式:

$$m(x, z)=i+o(1) \tag{4-19}$$

对于 $\delta > 0$,在 $x \in [0, \pi-\delta]$ 中一致成立. 此外,设 ω 是区间 $\frac{N+2}{N+3} < \omega < 1$ 中的一个数,设集合 $D \subset \mathbb{Z}$ 满足:

$$D=\{x+iy \in D: |x|>1, k|x|^{\omega}<y<k|x|, k>0\}$$

对于某个给定的 $\delta > 0$,如果势 $p(x)$,$r(x)$ 属于 $C^N[0, \delta)$ 类函数,那么对于所有 $z \in D$,当 $z=x+iy(\in D) \to \infty$ 时,Weyl-Titchmarsh-m 函数有如下高能渐近式(见[157]):

$$m(x, z)=i-\sum_{j=1}^{N}\frac{b_j(x)}{z^j}+O\left(\frac{1}{|z|^{N+\tilde{\theta}}}\right) \tag{4-20}$$

其中 $\tilde{\theta}=1-(1-\omega)(N+3)$ 且函数 $b_j(x)$ 由递推公式确定:

$$b_1(x)=\frac{1}{2i}[r(x)-ip(x)],$$

$$b_{n+1}(x)=\left[\frac{1}{2}ib'_n(x)-ip(x)b_n(x)\right]-\frac{1}{2}i\sum_{j=1}^{n}b_j(x)b_{n+1-j(x)}-\frac{1}{2}ip(x)\sum_{j=1}^{n-1}b_j(x)b_{n-j}(x)$$

为了证明定理 4-1 和定理 4-2,不失一般性,我们假定 $(p(x), r(x))$,在 $[0, a]$ 上已知,$(p_1(x), r_1(x))$,$(p_2(x), r_2(x))$ 为 $(p(x), r(x))$ 在 $[0, \pi]$ 上的延拓. 用 $m_j(x, z)$ 表示与算子

$$H_j:=H((p_j(x), r_j(x)); \alpha, \beta_j)$$

对应的 m 函数,$j=1, 2$.

Dirac 算子的一个类似于 Marchenko 唯一性定理表述如下(见文献[155]):

引理 4-1 (见文献[155])如果 $m_1(a, z)=m_2(a, z)$,则在 $[a, \pi]$ 上,$p_1(x)=p_2(x)$,$r_1(x)=r_2(x)$,且 $\tan\beta_1=\tan\beta_2$.

对于函数 $p(x)$,$r(x) \in L^2[0, \pi]$,与式(4-1)对应的格林公式如下:

$$\begin{aligned}&(HY(x), \overline{Z}(x))-(Y(x), H\overline{Z}(x))\\&=\int_0^x(y'_2z_1-y'_1z_2)\mathrm{d}t-\int_0^x(y_1z'_2-y_2z'_1)\mathrm{d}t\\&=[Y, Z]|_0^x\end{aligned} \tag{4-21}$$

其中 $Y(x)=(y_1(x), y_2(x))^{\mathrm{T}}$,$Z(x)=(z_1(x), z_2(x))^{\mathrm{T}}$. 特别是,如果 $Y(x)=(y_1(x), y_2(x))^{\mathrm{T}}$ 和 $Z(x)=(z_1(x), z_2(x))^{\mathrm{T}}$ 都是(4-11)的解,那么 $[Y, Z](x)=[Y, Z](0)$ 为常数.

4.1.3 定理证明

在这一节中,我们给出了主要结果的证明. 设 $U_j=(u_{j,1}(x, z), u_{j,2}(x, z))^{\mathrm{T}}$ 和 $V_j=$

$(v_{j,1}(x,z), v_{j,2}(x,z))^{\mathrm{T}}$ 对于 $j=1, 2$ 分别是方程

$$H_jY(x)=zY(x) \qquad (x\in[0,\pi]) \tag{4-22}$$

满足初始条件

$$u_{j,1}(0,z)=\sin\alpha, \qquad u_{j,2}(0,z)=-\cos\alpha \tag{4-23}$$

和

$$v_{j,1}(\pi,z)=\sin\beta_j, \qquad v_{j,2}(\pi,z)=-\cos\beta_j \tag{4-24}$$

的解. 设

$$W_j(z)=v_{j,1}(0,z)\cos\alpha+v_{j,2}(0,z)\sin\alpha \tag{4-25}$$

则方程 $W_j(z)=0$ 的零点集合即为算子 H_j 的特征值 $\{\lambda_n^{(j)}\}_{n\in\mathbf{Z}\setminus\{0\}}$ 集合，其中 $W_j(z)$ 称为 H_j 的特征值函数.

根据渐近式(4-15)可知，如果 $z=iy$，$y\in\mathbb{R}$，当 $y\to\infty$ 时，有

$$|v_{j,1}(a,iy)|=\mathrm{e}^{|y|(\pi-a)}\left(1+O\left(\frac{1}{|y|}\right)\right)$$

$$|v_{j,2}(a,iy)|=\mathrm{e}^{|y|(\pi-a)}\left(1+O\left(\frac{1}{|y|}\right)\right) \tag{4-26}$$

结合式(4-25)，可得

$$|W_j(iy)|=\mathrm{e}^{|y|(\pi)}\left(1+O\left(\frac{1}{|y|}\right)\right) \tag{4-27}$$

为了本节的研究目的，我们需要给出定理证明所需的引理 4-1~4-5.

引理 4-2 （见文献[115]）设 z_n，$n\geqslant 1$ 为复数且满足

$$\lim_{n\to 0}\frac{n}{Z_n}=b\in\mathbb{R}$$

进而假设对于 $c>0$，有

$$|z_n-z_m|\geqslant c|n-m|$$

若

$$F(z)=\prod_{n=1}^{\infty}\left(1-\frac{z^2}{z_n^2}\right) \tag{4-28}$$

则对于任给的 $\varepsilon>0$，当 $r=|z|\to\infty$ 时，有

$$F(r\mathrm{e}^{i\varphi})=O(\mathrm{e}^{\pi br|\sin\varphi|+\varepsilon r})$$

成立，且当 $|r\mathrm{e}^{i\varphi}-z_n|\geqslant\dfrac{1}{8}c$ 时，有下式成立：

$$\frac{1}{F(r\mathrm{e}^{i\varphi})}=O(\mathrm{e}^{-\pi br|\sin\varphi|+\varepsilon r})$$

引理 4-3 （见文献[78]）设 $F(z)$ 为零指数型的全纯函数，即，

$$\limsup_{r\to\infty}\frac{\ln M(r)}{r}\leqslant 0, \qquad M(r)=\max_{\varphi}|F(r\mathrm{e}^{i\varphi})|$$

如果函数 $F(z)$ 沿某条直线有界，则 $F(z)$ 为常数. 特别地，当沿着某条直线 $|z|\to\infty$ 时，如果有 $F(z)\to 0$，则 $F(z)\equiv 0$.

引理 4-4　设 $\sigma(H_j)=\{\lambda_k^{(i)}\}_{k=-\infty}^{+\infty}$ 是算子 H_j 的特征值集. 如果 $\sigma(H_1)=\sigma(H_2)$，则特征值函数 $W_1(z)=W_2(z)$.

证明　设 $\{\lambda_n^{(j)}\}_{n\in\mathbf{Z}\setminus\{0\}}$ 为 $j=1$，2 时 H_j 的特征值. 众所周知，由式(4-25)定义的算子 H_j 的特征值函数 $W_j(z)$ 是 z 的阶为 1 的全纯函数，因此由 Hadamard 分解定理(见文献[140]，第 289 页)可知，特征值函数可通过其零点确定：

$$W_j(z)=C_j\cdot \text{p.v.}\prod_{k\in\mathbf{Z}\setminus\{0\}}\left(1-\frac{z}{\lambda_k^{(j)}}\right):=C_j\lim_{N\to\infty}\prod_{+N}\left(1-\frac{z}{\lambda_k^{(j)}}\right)\tag{4-29}$$

其中 C_j 是常数. 此外，由格林公式(4-21)和式(4-25)得，

$$W_j(z)=\cos\beta_j u_{j,1}(\pi)+\sin\beta_j u_{j,2}(\pi)$$

由式(4-14)可知

$$W_j(z)=\sin(z\pi-\vartheta_j)+O\left(\frac{\mathrm{e}^{|\operatorname{Im}z|\pi}}{|z|}\right)\tag{4-30}$$

其中 $\vartheta_j=\beta_j-\alpha+\dfrac{1}{2}\displaystyle\int_0^{\pi}(p_j(\tau)+r_j(\tau))\mathrm{d}\tau$. 考虑函数

$$\Delta_j(z):=\sin(z\pi-\vartheta_j)=-\sin\vartheta_j\cdot \text{p.v.}\prod_{k\in\mathbf{Z}\setminus\{0\}}\left(1-\frac{z}{k+\dfrac{\vartheta_j}{\pi}}\right)\tag{4-31}$$

结合式(4-29)得出

$$\begin{aligned}\frac{W_j(z)}{\Delta_j(z)}&=-\frac{C_j}{\sin\vartheta_j}\cdot \text{p. v.}\prod_{k\in\mathbf{Z}\setminus\{0\}}\frac{k+\dfrac{\vartheta_j}{\pi}}{\lambda_k^{(j)}}\frac{\lambda_k^{(j)}-z}{k+\dfrac{\vartheta_j}{\pi}-z}\\&=-\frac{C_j}{\sin\vartheta_j}\cdot \text{p. v.}\prod_{k\in\mathbf{Z}\setminus\{0\}}\frac{k+\dfrac{\vartheta_j}{\pi}}{\lambda_k^{(j)}}\cdot \text{p. v.}\prod_{k\in\mathbf{Z}\setminus\{0\}}\left[1-\frac{\left(k+\dfrac{\vartheta_j}{\pi}\right)-\lambda_k^{(j)}}{k+\dfrac{\vartheta_j}{\pi}-z}\right]\end{aligned}$$

因为 $\lim\limits_{\substack{z\to\infty\\ z\notin\mathbf{R}}}\dfrac{W_j(z)}{\Delta_j(z)}=1$，由式(4-30)和式(4-31)可知

$$C_j=-\sin\vartheta_j\cdot \text{p. v.}\prod_{k\in\mathbf{Z}\setminus\{0\}}\frac{\lambda_k^{(j)}}{k+\dfrac{\vartheta_j}{\pi}}\tag{4-32}$$

因为 $\lambda_k^{(1)}=\lambda_k^{(2)}$，考虑到 $\lambda_k^{(1)}$ 和 $\lambda_k^{(2)}$ 的渐近式，代入计算可得 $\vartheta_1=\vartheta_2$，因此 $C_1=C_2$. 这意味着 $W_1(z)=W_2(z)$ 并完成了证明.

引理 4-5　对于 $j=1$，2，设 $\{\lambda_n^{(j)}\}_{n\in\mathbf{Z}\setminus\{0\}}$ 和 $\{k_n^{(j)}\}_{n\in\mathbf{Z}\setminus\{0\}}$ 分别为算子 H_j 的特征值和规范常数. 对于 $n\in\mathbb{Z}\setminus\{0\}$，如果 $\lambda_k^{(1)}=\lambda_k^{(2)}$，且当 l 充分大时，有 $\kappa_l^{(1)}=\kappa_l^{(2)}$，则 $\sin\beta_1=\sin\beta_2$.

证明　将渐近式(4-15)代入 $\kappa_l^{(1)}=\dfrac{v_{j,1}(0,\lambda_l^{(j)})}{v_{j,1}(\pi,\lambda_l^{(j)})}$，我们得到

$$\kappa_l^{(j)} = \frac{1}{\sin\beta_j}\sin(\lambda_l^{(j)}\pi - \vartheta_j - \alpha) + O\left(\frac{1}{|\lambda_l^{(j)}|}\right)$$

由引理 4-3 的证明可知，$\vartheta_1 = \vartheta_2$. 则由式(4-27)可知

$$\lim_{l\to\infty}\frac{\kappa_l^{(1)}}{\kappa_l^{(2)}} = \lim_{l\to\infty}\frac{\sin\beta_2}{\sin\beta_1}\left(1 + O\left(\frac{1}{l}\right)\right) = 1$$

这表明 $\sin\beta_1 = \sin\beta_2$，并完成了证明.

在此基础上，我们给出定理 4-1 和定理 4-2 的证明.

定理 4-1 的证明 定义

$$G_S(z) = \text{p. v.}\prod_{\lambda_n\in S}\left(1 - \frac{z}{\lambda_n}\right)$$

首先证明 $G_S(z)$ 是一个全纯函数. 设

$$F^{\pm}(z) = \prod_{\substack{n\in \mathbf{Z}^+\\ \lambda_{\pm n}\in S}}\left(1 + \frac{z}{\lambda_{\pm n}}\right)\left(1 - \frac{z}{\lambda_{\pm n}}\right)$$

由引理 4-2，对于任何 $\varepsilon > 0$，当 $r = |z|\to\infty$，$\theta = \text{Arg}z$ 时，有

$$\frac{1}{F^{\pm}(re^{i\theta})} = O(e^{-\pi r|\sin\theta| + \varepsilon r})$$

由于集合 S 是几乎处处对称的，则

$$\left|\frac{1}{G_S^2(re^{i\theta})}\right| = \left|\frac{1}{F^{+}(re^{i\theta})F^{-}(re^{i\theta})}\right| = O(e^{-2\pi r|\sin\theta| + 2\varepsilon r})$$

即

$$\left|\frac{1}{G_S(re^{i\theta})}\right| = O(e^{-\pi r|\sin\theta| + \varepsilon r}) \leqslant M_0 e^{-\pi r|\sin\theta| + \varepsilon r}$$

由此可证明 $G_S(z)$ 是局部一致收敛的，且它是以 $\{\lambda_n\}$ 为零点的全纯函数.

其次，给出了 $|G_S(iy)|$ 的下界的估计. 由定义，对于 $z = x + iy$，有

$$\begin{aligned}
\ln|G_S(z)| &= \text{p. v.}\sum_{\lambda_n\in S}\frac{1}{2}\ln\left[\left(1 - \frac{x}{\lambda_n}\right)^2 + \left(\frac{y^2}{\lambda_n^{\ 2}}\right)\right]\\
&= \text{p. v.}\sum_{\lambda_n\in S}\frac{1}{2}\ln\left(1 - \frac{2x}{\lambda_n} + \frac{|z|^2}{\lambda_n^2}\right)\\
&= \frac{1}{2}\int_{-\infty}^{+\infty}\ln\left(1 - \frac{2x}{t} + \frac{|z|^2}{t^2}\right)\mathrm{d}n_S(t)
\end{aligned} \tag{4-33}$$

对于式(4-33)进行分部积分，得到

$$\begin{aligned}
\ln|G_S(z)| &= \int_{-\infty}^{+\infty} n_S(t)\frac{\dfrac{|z|^2}{t^3} - \dfrac{x}{t^2}}{1 - \dfrac{2x}{t} + \dfrac{|z|^2}{t^2}}\mathrm{d}t\\
&= \int_{-\infty}^{+\infty}\frac{n_S(t)}{t}\frac{y^2 - x(t - x)}{y^2 + (t - x)^2}\mathrm{d}t
\end{aligned}$$

则有

$$\begin{aligned}\ln|G_S(iy)| &= \int_{-\infty}^{+\infty}\frac{n_S(t)}{t}\frac{y^2}{y^2+t^2}\mathrm{d}t \\ &= \int_{-\infty}^{+\infty}n_S(t)\frac{y^2}{t(y^2+t^2)}\mathrm{d}t+\int_{1}^{+\infty}n_S(t)\frac{y^2}{t(y^2+t^2)}\mathrm{d}t\end{aligned} \tag{4-34}$$

值得注意的是

$$\frac{\sin(\pi z)}{\pi z}=\prod_{n=1}^{\infty}\left(1-\frac{z^2}{n^2}\right)$$

则有

$$\begin{aligned}&\int_{1}^{+\infty}\frac{[t]}{t}\frac{y^2}{t(y^2+t^2)}\mathrm{d}t+\int_{-\infty}^{-1}\frac{-[-t]}{t}\frac{y^2}{t(y^2+t^2)}\mathrm{d}t \\ &= \ln\left|\frac{\sin(i\pi y)}{i\pi y}\right| \\ &= \pi|y|-\ln|y|+O(1)\end{aligned} \tag{4-35}$$

另一方面，由关系式

$$\frac{y^2}{t(y^2+t^2)}=-\frac{\mathrm{d}}{\mathrm{d}t}\left(\frac{1}{2}\ln\left(1+\frac{y^2}{t^2}\right)\right)$$

我们有

$$\int_{1}^{+\infty}\frac{y^2}{t(y^2+t^2)}\mathrm{d}t=\frac{1}{2}\ln(y^2+1)=\ln|y|+O(1) \tag{4-36}$$

类似可得

$$\int_{-\infty}^{-1}\frac{y^2}{t(y^2+t^2)}\mathrm{d}t=-\ln|y|+O(1) \tag{4-37}$$

将不等式(4-8)代入式(4-34)，并利用式(4-36)和式(4-37)，推导出

$$\begin{aligned}&\ln|G_S(iy)|\geqslant\left(1-\frac{2a}{\pi}\right)(\pi|y|\ln|y|)+\left[\mu_1-(n+1)+\left(1-\frac{2a}{\pi}\right)\right] \\ &\ln|y|-\mu_1\ln|y|+O(1)=(\pi-2a)|y|-(n+1)\ln|y|+O(1)\end{aligned}$$

因此

$$G_S(iy)\geqslant c_1\mathrm{e}^{(\pi-2a)|y|}|y|^{-(n+1)} \tag{4-38}$$

最后，我们来完成定理的证明. 令 $\widetilde{V}(x,z)=(\widetilde{v}_1(x,z),\widetilde{v}_2(x,z))^{\mathrm{T}}$ 是方程 $H_2Y=zY$ 满足初始条件

$$\widetilde{v}_1(x,z)=\sin\widetilde{\beta},\qquad \widetilde{v}_2(x,z)=-\cos\widetilde{\beta}$$

的另一解. 其中 $\widetilde{\beta}\in[0,\pi]$ 且 $\widetilde{\beta}\neq\beta_1,\beta_2$. 应该注意的是，在边界点 $x=\pi$ 处，$\widetilde{V}(x,z)$ 满足

$$\widetilde{v}_1(x,z)\cos\widetilde{\beta}+\widetilde{v}_2(x,z)\sin\widetilde{\beta}=0$$

考虑算子 $H(p_2,r_2;\alpha,\widetilde{\beta})$. 很容易看出它的特征值，用 $\{\mu_n\}_{n\in\mathbf{Z}\setminus\{0\}}$ 表示，是下列方

程的零点：

$$\widetilde{W}(0, z) := \tilde{v}_1(0, z)\cos\alpha + \tilde{v}_2(0, z)\sin\alpha = 0 \tag{4-39}$$

而且特征值与算子 $H(p_2, r_2; \alpha, \widetilde{\beta})$ 的特征值不相交(见文献[36]). 定义

$$F(z) = \left(\frac{v_{1,1}(0, z)}{\sin\beta_1} - \frac{v_{2,1}(0, z)}{\sin\beta_2}\right)\widetilde{W}(0, z)$$

这意味着对于所有 $n \in \mathbb{Z} \setminus \{0\}$，有 $F(\mu_n) = 0$. 进而，因为 $\dfrac{v_{1,1}(0, \lambda_l)}{\sin\beta_1} = \kappa_l^{(1)} = \kappa_l^{(1)} = \dfrac{v_{2,1}(0, \lambda_l)}{\sin\beta_2}$ (见式(4-17))，则对于所有 $\lambda_l \in S$，我们有 $F(\lambda_l) = 0$，. 注意到 $W_1(z) = W_2(z)$ 和 $\sin\beta_1 = \sin\beta_2$，由引理 4-4~4-5，并利用公式(4-25)和公式(4-38)可得

$$\begin{aligned} F(z) &= \left[\frac{v_{1,1}(0, z)}{\sin\beta_1}(\tilde{v}_1(0, z)\cos\alpha + \tilde{v}_2(0, z)\sin\alpha) - \frac{\tilde{v}_{1,1}(0, z)}{\sin\beta_1}W_1(z)\right] \\ &\quad - \left[\frac{v_{2,1}(0, z)}{\sin\beta_2}(\tilde{v}_1(0, z)\cos\alpha + \tilde{v}_2(0, z)\sin\alpha) - \frac{\tilde{v}_{1,1}(0, z)}{\sin\beta_2}W_2(z)\right] \\ &= \frac{\sin\alpha}{\sin\beta_1}\begin{vmatrix} v_{1,1} & \tilde{v}_1 \\ v_{1,2} & \tilde{v}_2 \end{vmatrix}_{(0, z)} - \frac{\sin\alpha}{\sin\beta_2}\begin{vmatrix} v_{2,1} & \tilde{v}_1 \\ v_{2,2} & \tilde{v}_2 \end{vmatrix}_{(0, z)} \end{aligned}$$

由于在区间 $[0, a]$ 上，$p_1(x) = p_2(x)$ 和 $r_1(x) = r_2(x)$，使用格林公式(4-21)和式(4-18)，我们得到

$$\begin{aligned} F(z) &= \frac{\sin\alpha}{\sin\beta_1}\begin{vmatrix} v_{1,1} & \tilde{v}_1 \\ v_{1,2} & \tilde{v}_2 \end{vmatrix}_{(a, z)} - \frac{\sin\alpha}{\sin\beta_2}\begin{vmatrix} v_{2,1} & \tilde{v}_1 \\ v_{2,2} & \tilde{v}_2 \end{vmatrix}_{(a, z)} \\ &= \frac{\sin\alpha}{\sin\beta_1}v_{1,1}(a, z)\tilde{v}_1(a, z)(\widetilde{m}(a, z) - m_1(a, z)) \\ &\quad - \frac{\sin\alpha}{\sin\beta_2}v_{2,1}(a, z)\tilde{v}_1(a, z)(\widetilde{m}(a, z) - m_2(a, z)) \end{aligned}$$

这里 $\widetilde{m}(a, z) = \dfrac{\tilde{v}_2(a, z)}{\tilde{v}_1(a, z)}$ 是对应于解 $\widetilde{V}(x, z)$ 的 Weyl m-函数. 此外，对于 $j = 1, 2\ldots, n$，由于 $p_1^{(j)}(a) = p_2^{(j)}(a)$，$r_1^{(j)}(a) = r_2^{(j)}(a)$，应用式(4-20)和式(4-27)，可得

$$\begin{aligned} |F(z)| &\leqslant \left|\frac{\sin\alpha}{\sin\beta_1}, \tilde{v}_1(a, z)\right|\left|\widetilde{m}(a, z) - m_1(a, z)\right| \\ &\quad + \frac{\sin\alpha}{\sin\beta_2}|v_{2,1}(a, z), \tilde{v}_1(a, z)||\widetilde{m}(a, z) - m_2(a, z)| \\ &\leqslant e^{2|y|(\pi-a)}\left(1 + O\left(\frac{1}{|y|}\right)\right)O\left(\frac{1}{y^{n+1+\tilde{\theta}}}\right). \end{aligned} \tag{4-40}$$

定义函数 $H(z)$ 为

$$H(z)=\frac{F(z)}{G_S(z)\widetilde{W}(z)}$$

函数 $F(z)$ 在 $G_S(z)\widetilde{W}(z)$ 的零点处值也为零，并且因为 $H(p_2, r_2; \alpha, \beta_2)$ 和 $H(p_2, r_2; \alpha, \widetilde{\beta})$ 分别具有简单的谱，并且它们的谱是交错和不相交的. 因此 $H(z)$ 是全纯函数. 由式(4-10)、式(4-38)和式(4-40)，得到

$$|H(iy)|\leqslant\frac{e^{2|y|(\pi-a)}\left(1+O\left(\frac{1}{|y|}\right)\right)O\left(\frac{1}{y^{n+1+\tilde{\theta}}}\right)}{e^{(\pi-2a)|y|}|y|^{-(n+1)}e^{|y|\pi}\left(1+O\left(\frac{1}{|y|}\right)\right)}$$

$$=O\left(\frac{1}{y^{\tilde{\theta}}}\right) \tag{4-41}$$

结果表明当 $y\to 0$ 时，有 $|H(iy)|\to 0$. 由引理 4-3 可知，对于所有 $z\in\mathbb{C}$，有 $H(z)\equiv 0$. 给 $H(z)$ 乘以 $G_S(z)$，由于 $G_S(z)$ 可具有孤立零点，从而得出 $m_1(a, z)=m_2(a, z)$. 根据引理 4-1，我们得到了 $\beta_1=\beta_2$ 和 $p_1(x)=p_2(x)$，$r_1(x)=r_2(x)$（在 $[a, \pi]$ 上）. 定理得证.

定理 4-2 的证明　设

$$F_V(z)=(\cot\beta_2-\cot\beta_1)\tilde{v}_1(\pi, z)+\frac{1}{\sin\beta_1}\int_0^{\pi}V_1{}^{\mathrm{T}}(x, z)Q(x)\widetilde{V}(x, z)\mathrm{d}x \tag{4-42}$$

其中

$$V_1(x)=(v_{1,1}(x), v_{2,1}(x))^{\mathrm{T}},\ \widetilde{V}(x)=(\tilde{v}_1(x), \tilde{v}_2(x))^{\mathrm{T}}$$

和

$$Q(x)=diag(p_1(x)-p_2(x), r_1(x)-r_2(x))$$

由初始条件(4-24)可得

$$F_V(z)=\left(\frac{v_{1,2}(\pi, z)}{\sin\beta_1}-\frac{v_{2,2}(\pi, z)}{\sin\beta_2}\right)\tilde{v}_1(\pi, z)+\frac{1}{\sin\beta_1}\int_0^{\pi}V_1{}^{\mathrm{T}}(x, z)Q(x)\widetilde{V}(x, z)\mathrm{d}x$$

$$=\left(\frac{v_{1,2}(\pi, z)}{\sin\beta_1}-\frac{v_{2,2}(\pi, z)}{\sin\beta_2}\right)\tilde{v}_1(\pi, z)+\frac{1}{\sin\beta_1}\int_0^{\pi}dW\{V_1(x, z), \widetilde{V}(x, z)\}$$

$$=\frac{1}{\sin\beta_1}v_{1,1}\tilde{v}_2(\pi, z)-\frac{1}{\sin\beta_2}v_{2,2}\tilde{v}_1(\pi, z)-\frac{1}{\sin\beta_1}\begin{vmatrix}v_{1,1} & \tilde{v}_1\\ v_{1,2} & \tilde{v}_2\end{vmatrix}_{(0, z)} \tag{4-43}$$

其中 $W\{V_1(x, z), \widetilde{V}(x, z)\}$ 是 $V_1(x, z)$ 和 $\widetilde{V}(x, z)$ 的 Wronskian 行列式. 因为

$$v_{1,1}(\pi)=\sin\beta_1,\ v_{2,1}(\pi)=\sin\beta_2$$

利用格林公式(4-21)，可得

$$F_V(z)=\frac{1}{\sin\beta_1}v_{2,1}\tilde{v}_2(\pi,z)-\frac{1}{\sin\beta_2}v_{2,2}\tilde{v}_1(\pi,z)-\frac{1}{\sin\beta_1}\begin{vmatrix}v_{1,1} & \tilde{v}_1\\ v_{1,2} & \tilde{v}_2\end{vmatrix}_{(0,z)}$$

$$=\frac{1}{\sin\beta_2}\begin{vmatrix}v_{2,1} & \tilde{v}_1\\ v_{2,2} & \tilde{v}_2\end{vmatrix}_{(\pi,z)}-\frac{1}{\sin\beta_1}\begin{vmatrix}v_{1,1} & \tilde{v}_1\\ v_{1,2} & \tilde{v}_2\end{vmatrix}_{(0,z)}$$

$$=\begin{vmatrix}\frac{1}{\sin\beta_2}v_{2,1}-\frac{1}{\sin\beta_1}v_{1,1} & \tilde{v}_1\\ \frac{1}{\sin\beta_2}W_2-\frac{1}{\sin\beta_1}W_1 & \tilde{v}_2\end{vmatrix}_{(0,z)}$$

$$=\frac{1}{\sin\alpha}\begin{vmatrix}\frac{1}{\sin\beta_2}v_{2,1}-\frac{1}{\sin\beta_1}v_{1,1} & \tilde{v}_1\\ \frac{1}{\sin\beta_2}W_2-\frac{1}{\sin\beta_1}W_1 & \widetilde{W}\end{vmatrix}_{(0,z)}$$

注意，如果 $\lambda_j\in S$，则 $\frac{v_{1,1}(0,\lambda_l)}{\sin\beta_1}=\kappa_l^{(1)}=\kappa_l^{(1)}=\frac{v_{2,1}(0,\lambda_l)}{\sin\beta_2}$（见式(4-17)）. 这表明 $F_V(\lambda_j)=0$，此外，由于 $p_1(x)=p_2(x)$，并且 $r_1(x)=r_2(x)$（在 $[0,a]$ 上），因此由式(4-43)可得

$$F_V(z)=\left(\frac{v_{1,2}(\pi,z)}{\sin\beta_1}-\frac{v_{2,2}(\pi,z)}{\sin\beta_2}\right)\tilde{v}_1(\pi,z)+\frac{1}{\sin\beta_1}\int_a^{\pi}dW\{V_1(x,z),\widetilde{V}(x,z)\}$$

$$=\frac{1}{\sin\alpha}\begin{vmatrix}\frac{1}{\sin\beta_2}v_{2,1}-\frac{1}{\sin\beta_1}v_{1,1} & \tilde{v}_1\\ \frac{1}{\sin\beta_2}W_2-\frac{1}{\sin\beta_1}W_1 & \widetilde{W}\end{vmatrix}_{(a,z)}$$

令 $V_D(x,z):=\widetilde{V}$ 是方程 $H_2Y=zY$ 满足初始条件 $\widetilde{V}(a,z)=(0,1)^{\mathrm{T}}$ 的解，则

$$F_{V_D}(z)=\frac{1}{\sin\beta_2}v_{2,1}(a,z)-\frac{1}{\sin\beta_1}v_{1,1}(a,z)$$

定义

$$G_S(z)=\mathrm{p.\,v.}\prod_{\lambda_j\in S}\left(1-\frac{z}{\lambda_j}\right),\quad H_D(z)=\frac{F_{V_D}(z)}{G_S(z)}$$

由集合 S 的性质和定理 4-1 证明的过程，有

$$|G_S(iy)|\geqslant c_2\mathrm{e}^{|y|(\pi-a)}\ |y|^{\varepsilon}$$

和

$$|F_{V_D}(iy)|\leqslant c_3\mathrm{e}^{|y|(\pi-a)}\left(1+O\left(\frac{1}{|y|}\right)\right)$$

成立. 则当 $y\to\infty$ 时，有

$$|H_D(iy)| = O(|y|^{-\varepsilon}) \to 0$$

因此 $H_D(z)=0$，且对于所有 $z\in\mathbb{C}$，有 $\dfrac{v_{1,1}(a,z)}{\sin\beta_1}=\dfrac{v_{2,1}(a,z)}{\sin\beta_2}$.

设 $V_N(x,z):=\widetilde{V}$ 是方程 $H_2Y=zY$ 满足初始条件 $\widetilde{V}(a,z)=(1,0)^{\mathrm{T}}$ 的解，则有

$$F_{V_N}(z)=\frac{1}{\sin\beta_2}v_{2,2}(a,z)-\frac{1}{\sin\beta_1}v_{1,2}(a,z) \tag{4-44}$$

定义

$$H_D(z)=\frac{F_{V_N}(z)}{G_S(z)}$$

因为对于所有的 $z\in\mathbb{C}$，有 $\dfrac{v_{1,1}(a,z)}{\sin\beta_1}=\dfrac{v_{2,1}(a,z)}{\sin\beta_2}$，由式(4-19)、式(4-26)、式(4-38)和式(4-44)，可知当 $y\to\infty$ 时，有

$$\begin{aligned}|H_N(iy)| &= \frac{|m_2(a,iy)-m_1(a,iy)||v_{1,1}(a,iy)|}{|G_S(iy)||\sin\beta_1|}\\ &\leqslant \frac{O(1)\mathrm{e}^{|y|(\pi-a)}\left(1+O\left(\frac{1}{|y|}\right)\right)}{\mathrm{e}^{|y|(\pi-a)}|y|^{\varepsilon}}\\ &= O(|y|^{-\varepsilon})\to 0\end{aligned}$$

这表明 $H_N(z)=0$ 并且对于所有 $z\in\mathbb{C}$，有 $\dfrac{v_{1,2}(a,z)}{\sin\beta_1}=\dfrac{v_{2,2}(a,z)}{\sin\beta_2}$. 因此可得 $m_1(a,z)=m_2(a,z)$. 根据引理4-1，在 $[0,\pi]$ 上，有 $p_1(x)=p_2(x)$，$r_1(x)=r_2(x)$，$\beta_1=\beta_2$ 成立. 定理得证.

4.2　边界条件及跳跃条件中含有谱参数的非自伴 Dirac 算子的逆谱问题

4.2.1　引言

考虑 Dirac 算子 $H=H(p(x),r(x),h_0,h_1,h_2,H_0,H_1,H_2,\alpha,\beta)$：

$$HY:=\begin{pmatrix}0 & 1\\ -1 & 0\end{pmatrix}\frac{\mathrm{d}Y}{\mathrm{d}x}+\begin{pmatrix}p(x) & 0\\ 0 & r(x)\end{pmatrix}Y=\lambda Y \tag{4-45}$$

满足边值条件：

$$\begin{aligned}U(Y)&:=\lambda(y_2(0)+h_0y_1(0))-h_1y_1(0)-h_2y_2(0)=0\\ V(Y)&:=\lambda(y_2(\pi)+H_0y_1(\pi))-H_1y_1(\pi)-H_2y_2(\pi)=0\end{aligned} \tag{4-46}$$

以及跳跃点条件

$$\begin{aligned}y_1(d+0)&=\alpha y_1(d-0)\\ y_2(d+0)&=\alpha^{-1}y_2(d-0)+(\lambda+\beta)y_1(d-0)\end{aligned} \tag{4-47}$$

其中 $d\in(0,\ \pi)$，$p(x)$，$r(x)$ 是复值函数且是绝对连续的，对于 $i=0,\ 1,\ 2$，h_i，H_i，α，β 是复数，我们假设 $h_0h_2-h_1\neq 0$ 和 $H_0H_2-H_1\neq 0$，λ 是谱参数.

区间内不连续的边值问题经常出现在数学、力学、物理、地球物理和自然科学的其他分支中，其原因是这些问题与不连续的材料特性有关. 从测量所得的数据重构介质的材料性质是逆问题中一类非常重要的课题.

对于 Sturm-Liou ville 算子的逆问题，包括在边界条件下 λ 的谱参数问题，或者在内部跳跃点条件下含有谱参数的问题，都得到了相当充分的研究，比如边值条件不含谱参数的在文献[158-160]中研究，文献[133-139，161]则研究含有谱参数的问题. 但是对于 Dirac 算子的研究在该方面的研究结果却比较少(参见文献[162，163]).

在文献[163]中，B. Keskin 和 A. S. Ozkan 研究了 $p(x)$，$r(x)$ 是实值函数和 h_i、h_i、H_i、α、β 是实数的情况，在该情况下，得到了逆谱问题的唯一性定理，但势函数的重构问题却没有得到解决.

众所周知，如果 $p(x)$，$r(x)$ 是复值函数，h_i、H_i、α、β 是复数，则算子在 $L^2[0,\ \pi]\times L^2[0,\ \pi]$ 中是非自伴算子. 在这种情况下，算子的特征值并不都是简单的，其重数可能大于 1，并且会有复特征值出现，所以经典的方法要么不适用于它们，要么需要改进.

本节的主要目标是两方面：首先，在定义了与特征值 λ_n 对应的广义规范常数 α_n 的条件下，证明势函数的唯一性. 这些广义规范常数与特征值邻域内的 Weyl 函数主要部分的系数有关. 其次，依据 Weyl 函数，或者一组谱和相应的广义范数常数作为谱数据，给出了重构算子 H 的算法.

我们使用的主要方法是利用 Yurko[164] 提出的谱映射定理. Freiling 和 Yurko 等人在研究 Sturm-Liouville 算子的逆谱问题时也曾使用过该方法(见文献[2，165]，以及其中的参考文献).

本节结构如下：在第 2 小节中，我们给出了该边值问题的谱的特性，并定义了广义范数常数 α_n；在第 3 小节中，分别以 Weyl 函数 $W(\lambda)$、广义谱数据 $\{\alpha_n,\ \beta_n\}$ 为谱数据给出了势函数的唯一性定理；在第 4 小节中，给出了逆问题的解的重构算法，即算子 H 的重构问题得到了处理.

4.2.2 预备知识

在这一部分中，我们给出了 H 的谱的特性，并给出重特征值对应的完备特征函数系的性质.

设 $\Phi(x,\ \lambda)=(\varphi_1(x,\ \lambda),\ \varphi_2(x,\ \lambda))^{\mathrm{T}}$，$\Psi(x,\ \lambda)=(\psi_1(x,\ \lambda),\ \psi_2(x,\ \lambda))^{\mathrm{T}}$ 是方程

$$HY=\lambda Y \tag{4-48}$$

分别满足以下初始条件：

$$\Phi(0,\ \lambda)=(h_2-\lambda,\ \lambda h_0-h_1)T \tag{4-49}$$

$$\Psi(\pi,\ \lambda)=(H_2-\lambda,\ \lambda H_0-H_1)T \tag{4-50}$$

的解. 设 $\tau=|\operatorname{Im}\lambda|$，计算可知，满足以上初始条件的解均是 λ 的全纯函数，且满足以下渐近式：

$$\varphi_1(x,\lambda)=\begin{cases}\lambda(-\cos\lambda x-h_0\sin\lambda x)+O(\exp\tau x),\ x<d\\ \dfrac{\lambda^2}{2}\{\sin\lambda x-\sin\lambda(2d-x)-h_0[\cos\lambda x-x\cos\lambda(2d-x)]\}\\ \quad+O(\lambda\exp\tau x),\ x>d\end{cases}\tag{4-51}$$

$$\varphi_2(x,\lambda)=\begin{cases}\lambda(-\sin\lambda x+h_0\cos\lambda x)+O(\exp\tau x),\ x<d\\ \dfrac{\lambda^2}{2}\{\cos\lambda x+\cos\lambda(2d-x)+h_0[\sin\lambda x+\sin\lambda(2d-x)]\}\\ \quad+O(\lambda\exp\tau x),\ x>d\end{cases}\tag{4-52}$$

和

$$\psi_1(x,\lambda)=\begin{cases}\dfrac{\lambda^2}{2}\{\sin\lambda(\pi-x)-\sin\lambda(x+\pi-2d)+H_0[\cos\lambda(\pi-x)-\\ \quad\cos\lambda(x+\pi-2d)]\}+O(\lambda\exp\tau(\pi-x)),\ x<d\\ \lambda(-\cos\lambda(\pi-x)+H_0\sin\lambda(\pi-x))+O(\exp\tau(\pi-x)),\ x>d\end{cases}\tag{4-53}$$

$$\psi_2(x,\lambda)=\begin{cases}\dfrac{\lambda^2}{2}\{\cos\lambda(\pi-x)+\cos\lambda(x+\pi-2d)-H_0[\sin\lambda(\pi-x)\\ \quad+\sin\lambda(x+\pi-2d)]\}+O(\lambda\exp\tau(\pi-x)),\ x<d\\ \lambda(\sin\lambda(\pi-x)+H_0\cos\lambda(\pi-x))+O(\exp\tau(\pi-x)),\ x>d\end{cases}\tag{4-54}$$

定义函数 $Y(x)=(y_1(x),\ y_2(x))^{\mathrm{T}}$ 和 $Z(x)=(z_1(x),\ z_2(x))^{\mathrm{T}}$ 的 Wronskians 行列式为 $\langle Y,Z\rangle(x)=(y_1z_2-y_2z_1)(x)$. 它们在 $[0,\pi]$ 上是连续可微的. 设

$$\Delta(\lambda)=\langle\Phi(x,\lambda),\ \Psi(x,\lambda)\rangle\tag{4-55}$$

由 Liouville 公式[98]可知 $\langle\Phi(x,\lambda),\ \Psi(x,\lambda)\rangle$ 不依赖于 x. 把 $x=0$ 和 $x=\pi$ 代入式(4-55), 可得

$$\Delta(\lambda)=-U(\Psi)=V(\Phi)\tag{4-56}$$

显然 $\Delta(\lambda)$ 的零点与 H 的特征值重合, 由 $\{\lambda_n\}_{n=-\infty}^{+\infty}$ 表示, 其中函数 $\Delta(\lambda)$ 称为算子的特征值函数. 应该注意的是, $\Delta(\lambda)$ 的零点并不都是简单的, 有些零点的重数大于 1, 有些零点是复值的.

定理 4-3　算子 H 的特征值 λ_n 满足渐近式

$$\lambda_n=\lambda_{n-3}^0+o(1),\ n\to\pm\infty\tag{4-57}$$

其中 λ_n^0 是如下函数的零点

$$\begin{aligned}\Delta_0(\lambda)=\lambda^3[&(H_0-h_0)\sin\lambda\pi-(1+h_0H_0)\cos\lambda\pi-\\ &(h_0+H_0)\sin\lambda(2d-\pi)-(1-h_0H_0)\cos\lambda(2d-\pi)]\end{aligned}\tag{4-58}$$

此外,

$$\lambda_n^0=n+O(1),\ n=0,\ \pm1,\ \pm2,\ \cdots\tag{4-59}$$

证明　我们仅证明 $n\geqslant 0$ 的这种情况, 因为另一种情况是相似可证的. 利用式(4-51)和式(4-52)中 $\varphi_1(x,\lambda)$, $\varphi_2(x,\lambda)$ 的渐近式, 我们有

$$\Delta(\lambda)=\Delta_0(\lambda)+O(\lambda^3 exp(|\tau|\pi))$$

设 $\{\lambda_{j1}^0, \cdots, \lambda_{jk}^0\}$ 表示 $\Delta_0(\lambda)$ 的重根，则存在 N 使得 $|\mathrm{Re}\lambda_N^0| \geqslant 0$ 为 $\{|\mathrm{Re}\lambda_{j_1}^0|, \cdots, |\mathrm{Re}^0\lambda_{j_k}|\}$ 中元素的最大值. 对于 $n>N$, 设

$$\Gamma_n = \Gamma'_n \cup \Gamma''_n \cup \Pi_n \tag{4-60}$$

对于充分小的 ε, 其中

$$\Gamma'_n = \{\lambda \in \mathbb{C}: 0 \leqslant \mathrm{Re}\lambda \leqslant \lambda_n^0 - \varepsilon, |\mathrm{Im}\lambda| = \lambda_n^0 - \varepsilon\};$$

$$\Gamma''_n = \{\lambda \in \mathbb{C}: |\mathrm{Im}\lambda| \leqslant \lambda_n^0 - \varepsilon, \mathrm{Re}\lambda = \lambda_n^0 - \varepsilon\};$$

$$\Pi_n = \{\lambda \in \mathbb{C}: |\lambda| = \varepsilon\}$$

因为对于 $\lambda \in \Gamma_n$, $|\Delta_0(\lambda)| \geqslant C|\lambda|^3$, 利用Rouche定理，我们可证明，对于充分大的 n, $\Delta_0(\lambda)$ 和 $\Delta(\lambda)$ 在 Γ_n 中的零点的个数是相同的. 因此，在 Γ_n 和 Γ_{n+1} 之间的圆盘中，$\Delta_0(\lambda)$ 仅一个零点，即 τ_n, 且 $\tau_n = \lambda_n^0 + \varepsilon_n$. 且当 $n = N+1$, $N+2\cdots$ 时均成立. 因此，对于特征值 λ_n, 等式 $\lambda_{n+2} = \tau_n$ 成立. 再次在 $\gamma_\varepsilon := \{\lambda: |\lambda - \lambda_n^0| < \varepsilon\}$ 中应用Rouche定理，对于充分小的 ε, 我们得到 $\varepsilon_n = o(1)$. 由计算，可以得到渐近式(4-58). 定理得证.

对于函数 $F(x, \lambda) = (f_1(x, \lambda), f_2(x, \lambda))^{\mathrm{T}}$, 我们设

$$F_v(x, \lambda) = \frac{1}{v!}\frac{\mathrm{d}^v}{\mathrm{d}\lambda^v}F(x, \lambda)$$

其中 $F_v(x, \lambda) = (f_{1,v}(x, \lambda), f_{2,v}(x, \lambda))^{\mathrm{T}}$. 用 l_n 表示特征值 $\lambda_n(\lambda_n = \lambda_{n+1} = \cdots = \lambda_{n+l_n-1})$ 的重数，并设 $S = \{n: n \in \mathbb{N}, \lambda_n \neq \lambda_{n+1}\}$. 请注意，由式(4-57)和式(4-58)可知，对于充分大的 n, 我们有 $l_n = 1$. 对于 $v \geqslant 1$, 我们有

$$\begin{aligned} H\Phi_v(x, \lambda) &= \lambda\Phi_v(x, \lambda) + \Phi_{v-1}(x, \lambda) \\ H\Psi_v(x, \lambda) &= \lambda\Psi_v(x, \lambda) + \Psi_{v-1}(x, \lambda) \end{aligned} \tag{4-61}$$

利用式(4-49), 我们得

$$\Phi_1(0, \lambda) = (-1, h_0)^{\mathrm{T}}, \ \Psi_1(\pi, \lambda) = (-1, H_0)^{\mathrm{T}} \tag{4-62}$$

当 $v \geqslant 2$ 时，有

$$\Phi_v(0, \lambda) = (0, 0)^{\mathrm{T}}, \ \Psi_v(\pi, \lambda) = (0, 0)^{\mathrm{T}}$$

由式(4-47)知，对于 $v \geqslant 1$, 我们有

$$\begin{aligned} \varphi_{1,v}(d+0) &= \alpha\varphi_{1,v}(d-0) \\ \varphi_{2,v}(d+0) &= \alpha^{-1}\varphi_{2,v}(d-0) + (\lambda+\beta)\varphi_{1,v}(d-0) + y_{1,v-1}(d-0) \end{aligned} \tag{4-63}$$

和

$$\begin{aligned} \psi_{1,v}(d+0) &= \alpha\psi_{1,v}(d-0) \\ \psi_{2,v}(d+0) &= \alpha^{-1}\psi_{2,v}(d-0) + (\lambda+\beta)y_{1,v}(d-0) + \psi_{1,v-1}(d-0) \end{aligned} \tag{4-64}$$

记

$$\Phi_{n+v}(x) = \Phi_v(x, \lambda_n), \ \Psi_{n+v}(x) = \Psi_v(x, \lambda_n), \ n \in S, \ v = 0, 1, \cdots, l_n - 1 \tag{4-65}$$

因此，$\{\Phi_n(x)\}_{n\in\mathbf{Z}}$, $\{\Psi_n(x)\}_{n\in\mathbf{Z}}$ 是边值问题 H 的完备的广义特征函数系. 此外，与特征值 λ_n 相对应的特征函数 $(\varphi_{1,n}(x), \varphi_{2,n}(x))^{\mathrm{T}}$ 和 $(\psi_{1,n}(x), \psi_{2,n}(x))^{\mathrm{T}}$ 满足关系式

$$\psi_{i,n}(x) = \beta_n\varphi_{i,n}(x) \tag{4-66}$$

其中

$$\beta_n = \frac{\psi_{2,n}(0) + h_0\psi_{1,n}(0)}{\rho}, \ \rho = h_0h_2 - h_1 \tag{4-67}$$

设 $\Delta^0(\lambda)$ 是另一个算子 H^0 的特征函数，其中算子 H^0 定义为方程(4-45)满足以下边界条件

$$\begin{aligned} &y_2(0) + h_0y_1(0) = 0 \\ &\lambda(y_2(\pi) + H_0y_1(\pi)) - H_1y_1(\pi) - H_2y_2(\pi) = 0 \end{aligned} \tag{4-68}$$

以及跳跃点条件(4-47). 则

$$\Delta^0(\lambda) = \psi_2(0, \lambda) + h_0\psi_1(0, \lambda) \tag{4-69}$$

其特征值记作 $\{\mu_n\}_{n=-\infty}^{+\infty}$.

因此在这项工作中，对应于特征值 λ_n，我们考虑广义规范常数 α_n，$n \in \mathbb{Z}$，由以下公式[165,166]定义：

$$\alpha_{k+v} = \int_0^\pi \varphi_{1,k+v}(x)\varphi_{1,k+l_k-1}(x) + \varphi_{2,k+v}(x)\varphi_{2,k+l_k-1}(x)\mathrm{d}x + \alpha\varphi_{1,k+v}\varphi_{1,k+l_k-1}(d-0)$$
$$k \in S, \ v = 0, 1, \cdots, l_k - 1 \tag{4-70}$$

4.2.3 唯一性问题

在本小节中，我们将证明逆问题的唯一性定理，给出这些谱数据之间的关系，并证明这些谱数据在势函数的唯一确定问题上是等价的.

设函数 $\Theta(x, \lambda) = (\theta_1(x, \lambda), \theta_2(x, \lambda))^{\mathrm{T}}$ 是方程(4-45)满足初始条件 $\Theta(0, \lambda) = \left(\frac{1}{\rho}, -\frac{h_0}{\rho}\right)$ 的解. 其中 ρ 在式(4-67)中定义. 显然

$$\langle \Theta(x, \lambda), \Phi(x, \lambda) \rangle \equiv 1$$

函数 $\psi_i(x, \lambda)$ 可以表示为

$$\frac{\psi_i(x, \lambda)}{\Delta(\lambda)} = -\theta_i(x, \lambda) + W(\lambda)\varphi_i(x, \lambda), \ i = 1, 2 \tag{4-71}$$

其中

$$W(\lambda) = \frac{\psi_2(0, \lambda) + h_0\psi_1(0, \lambda)}{\rho\Delta(\lambda)} = \frac{\Delta^0(\lambda)}{\rho\Delta(\lambda)} \tag{4-72}$$

被称为 H 的 Weyl 函数. 显然，Weyl 函数是亚纯函数，以 $\{\lambda_n\}_{n=-\infty}^{+\infty}$ 为极点和 $\{\mu_n\}_{n=-\infty}^{+\infty}$ 为零点.

引理 4-6 下列表示法成立

$$W(\lambda) = \sum_{n \in S}\sum_{v=0}^{\mathrm{ln}-1} \frac{\overline{W}_{n+l_n-1-v}}{(\lambda - \lambda_n)^{v+1}} \tag{4-73}$$

其中

$$\overline{W}_{n+j} = \frac{1}{j!}\frac{d^j}{d\lambda^j}\{(\lambda - \lambda_n)^{l_n}W(\lambda)\}_{\lambda=\lambda_n} \tag{4-74}$$

证明 考虑闭曲线积分

$$I_N(\lambda)=\frac{1}{2\pi i}\int_{\gamma_N}\frac{W(\mu)}{\lambda-\mu}\mathrm{d}\mu,\ \lambda\in \mathrm{int}\gamma_N \tag{4-75}$$

当闭曲线 $\gamma_N=\left\{\lambda:\ |\lambda|=\left(N+a+\frac{1}{2}\right)^2\right\}$ 逆时针方向时，a 是依赖于 $\Delta_0(\lambda)$ 的常数. 根据式(4-56)和式(4-72)，得到

$$|W(\lambda)|\leqslant\frac{c}{|\lambda|},\ \lambda\in G_\delta \tag{4-76}$$

其中 $G_\delta=\{\lambda:\ |\lambda-k|\geqslant\delta\}$，对于充分大的 $|\lambda|$，有

$$\lim_{N\to\infty}I_N(\lambda)=0$$

另一方面，利用留数定理进行计算，有

$$I_N(\lambda)=-W(\lambda)+\sum_{n\in S,\ \lambda_n\in \mathrm{Int}\gamma_N}\mathrm{Res}_{\mu=\lambda_n}\frac{W(\mu)}{\lambda-\mu}$$

从而得到式(4-73). 引理得证.

引理 4-7 对于 $n\in S$，下式成立

$$\Delta_{l_{n+v}}(\lambda_n)=\sum_{j=0}^{v}\beta_{n+j}\alpha_{n+v-j} \tag{4-77}$$

特别是

$$\Delta_{l_n}(\lambda_n)=\beta_n\alpha_n \tag{4-78}$$

证明 因为有

$$\begin{cases}\varphi'_2(x,\ \lambda)+p(x)\varphi_1(x,\ \lambda)=\lambda\varphi_1(x,\ \lambda)\\-\varphi'_1(x,\ \lambda)+r(x)\varphi_2(x,\ \lambda)=\lambda\varphi_2(x,\ \lambda)\\\psi'_2(x,\ \mu)+p(x)\psi_1(x,\ \mu)=\mu\psi_1(x,\ \mu)\\-\psi'_1(x,\ \mu)+r(x)\psi_2(x,\ \mu)=\mu\psi_2(x,\ \mu)\end{cases}$$

将这些等式分别乘以 $-\psi_1(x,\ \mu)$，$-\psi_2(x,\ \mu)$，$\varphi_1(x,\ \lambda)$ 和 $\varphi_2(x,\ \lambda)$，并将结果加起来，我们得到：

$$\frac{\mathrm{d}}{\mathrm{d}x}[\varphi_1(x,\ \lambda)\psi_2(x,\ a)-\varphi_2(\xi,\ \lambda)\psi_1(x,\ \mu)]=(\mu-\lambda)[\varphi_1(x,\ \lambda)\varphi_1(x,\ \mu)+\rho_2(x,\ \lambda)\psi_2(x,\ \mu)]$$

将上述等式在[0, π]上积分，并应用式(4-32)、式(4-46)和式(4-47)，可得

$$\begin{aligned}&(\mu-\lambda)\int_0^\pi[\varphi_1(x,\ \lambda)\psi_1(x,\ \mu)+\varphi_2(x,\ \lambda)\psi_2(x,\ \mu)]\mathrm{d}x\\&=[\Delta(\mu)-\Delta(\lambda)]+(\mu-\lambda)[\varphi_2(\pi,\ \lambda)+H_0\varphi_1(\pi,\ \lambda)]\\&\quad-(\mu-\lambda)[\psi_2(0,\ \mu)+h_0\psi_1(0,\ \mu)]-\alpha(\mu\lambda)\varphi_1(d-0,\ \lambda)\psi_1(d-0,\ \mu)\end{aligned}$$

将上式在[0, π]上积分，可得：

$$\begin{aligned}\frac{\mathrm{d}}{\mathrm{d}x}[\varphi_1(x,\ \lambda)\psi_2(x,\ \mu)-\varphi_2(x,\ \lambda)\psi_1(x,\ \mu)]=(\mu-\lambda)\\{}[\varphi_1(x,\ \lambda)\psi_1(x,\ \mu)+\varphi_2(x,\ \lambda)\psi_2(x,\ \mu)]\end{aligned}$$

如果 $\mu\to\lambda$，则有

$$\frac{d\Delta(\lambda)}{d\lambda}=\int_0^{\pi}[\varphi_1(x,\lambda)\psi_1(x,\lambda)+\varphi_2(x,\lambda)\psi_2(x,\lambda)]dx+(\psi_2(0,\lambda)+h_0\psi_1(0,\lambda))$$
$$-(\varphi_2(\pi,\lambda)+H_0\varphi_1(\pi,\lambda))+\alpha\varphi_1(d-0,\lambda)\psi_1(d-0,\lambda) \tag{4-79}$$

将上述等式(4-79)关于 λ 微分 l_n+v-1 次，我们有

$$\frac{d^{l_n+v}\Delta(\lambda)}{d\lambda}=(l_n+v-1)!\ [\sum_{k=0}^{\ln+v-1}\int_0^{\pi}\sum_{i=1}^{2}\varphi_{i,k}(x,\lambda)\psi_{i,l_n+v-1-k}(x,\lambda)dx$$
$$+(\psi_{2,l_n+v-1}(0,\lambda)+h_0\psi_{1,l_n+v-1}(0,\lambda))-(\varphi_{2,l_n+v-1}(\pi,\lambda)+H_0\varphi_{1,l_n+v-1}(\pi,\lambda))$$
$$+\alpha\sum_{j=0}^{l_n+v-1}\varphi_{1,j}(d-0,\lambda)\psi_{1,l_n+v-1-j}(d-0,\lambda)] \tag{4-80}$$

取 $1\leqslant k<l_n+v-1$，根据式(4-61)和式(4-63)~式(4-65)，通过积分得到

$$\Delta_{l_n+v}(\lambda_n)=\int_0^{\pi}\varphi_{1,l_n-1}(x,\lambda_n)\psi_{1,v}(x,\lambda_n)+\varphi_{2,l_n-1}(x,\lambda_n)\psi_{2,v}(x,\lambda_n)dx$$
$$+\alpha\varphi_{1,l_n-1}(d-0,\lambda_n)\psi_{1,v}(d-0,\lambda_n) \tag{4-81}$$

另一方面，根据式(4-66)，我们可以计算出

$$\psi_{i,v}(x,\lambda_n)=\sum_{j=0}^{v}\frac{\psi_{2,j}(0,\lambda_n)+h_0\psi_{1,j}(0,\lambda_n)}{\rho}\varphi_{i,v-j}(x,\lambda_n) \tag{4-82}$$
$$n\in S,\ v=0,1,\cdots,l_{n-1}$$

使用定义(4-70)，以及式(4-81)和式(4-82)，我们有

$$\Delta_{l_n+v}(\lambda_n)=\sum_{j=0}^{v}\frac{\psi_{2,n+j}(0)+h_0\psi_{1,n+j}(0)}{\rho}\alpha_{n+v-j} \tag{4-83}$$

因此，利用式(4-67)，定理得证.

定理 4-4　若 $W(\lambda)=\widetilde{W}(\lambda)$，那么 $H=\widetilde{H}$. 因此，Weyl 函数可唯一确定算子 H.

证明　我们定义矩阵

$$P(x,\lambda)=\begin{bmatrix}P_{11}(x,\lambda)P_{12}(x,\lambda)\\P_{21}(x,\lambda)P_{22}(x,\lambda)\end{bmatrix}$$

满足

$$P(x,\lambda)\begin{bmatrix}\widetilde{\varphi}_1(x,\lambda)-{}_1(x,\lambda)+\widetilde{W}(\lambda)\widetilde{\varphi}_1(x,\lambda)\\\widetilde{\varphi}_2(x,\lambda)-\widetilde{\theta}_2(x,\lambda)+\widetilde{W}(\lambda)\widetilde{\varphi}_2(x,\lambda)\end{bmatrix}$$
$$=\begin{bmatrix}\varphi_1(x,\lambda)-\theta_1(x,\lambda)+W(\lambda)\varphi_1(x,\lambda)\\\varphi_2(x,\lambda)-\theta_2(x,\lambda)+W(\lambda)\varphi_2(x,\lambda)\end{bmatrix} \tag{4-84}$$

如果 $W(\lambda)=\widetilde{W}(\lambda)$，我们有

$$
\begin{aligned}
P_{11}(x,\lambda)&=-\varphi_1(x,\lambda)\widetilde{\theta}_2(x,\lambda)+\widetilde{\varphi}_2(x,\lambda)\theta_1(x,\lambda)\\
P_{12}(x,\lambda)&=-\widetilde{\varphi}_1(x,\lambda)\theta_1(x,\lambda)+\varphi_1(x,\lambda)\widetilde{\theta}_1(x,\lambda)\\
P_{21}(x,\lambda)&=-\varphi_2(x,\lambda)\widetilde{\theta}_2(x,\lambda)+\widetilde{\varphi}_2(x,\lambda)\theta_2(x,\lambda)\\
P_{22}(x,\lambda)&=-\widetilde{\varphi}_1(x,\lambda)\theta_2(x,\lambda)+\varphi_2(x,\lambda)\widetilde{\theta}_1(x,\lambda)
\end{aligned}
\tag{4-85}
$$

因此，当 $W(\lambda)=\widetilde{W}(\lambda)$ 时，函数 $P_{ij}(x,\lambda)(i,j=1,2)$ 为 λ 的全纯函数. 另外，由 $\varphi_i(x,\lambda)$，$\psi_i(x,\lambda)$ 渐近式，在闭曲线 γ_ε 中，有不等式 $|\Delta(\lambda)|\geqslant C|\lambda|^3\exp(|\tau|\pi)$ 成立(见定理 4-3 的证明). 则 $P_{ij}(x,\lambda)$ 关于 λ 是有界的. 因此，由 Liouville 定理[128] 可以明显看出，这些函数不依赖于 λ.

进而，由式(4-71)可知

$$
\begin{aligned}
P_{11}(x,\lambda)&=\varphi_1(x,\lambda)\frac{\widetilde{\psi}_2(x,\lambda)}{\Delta(\lambda)}-\widetilde{\varphi}_2(x,\lambda)\frac{\psi_1(x,\lambda)}{\Delta(\lambda)}\\
P_{12}(x,\lambda)&=\widetilde{\varphi}_1(x,\lambda)\frac{\psi_1(x,\lambda)}{\Delta(\lambda)}-\varphi_1(x,\lambda)\frac{\widetilde{\psi}_1(x,\lambda)}{\widetilde{\Delta}(\lambda)}\\
P_{21}(x,\lambda)&=\varphi_2(x,\lambda)\frac{\widetilde{\psi}_2(x,\lambda)}{\widetilde{\Delta}(\lambda)}-\widetilde{\varphi}_2(x,\lambda)\frac{\psi_2(x,\lambda)}{\Delta(\lambda)}\\
P_{22}(x,\lambda)&=\widetilde{\varphi}_1(x,\lambda)\frac{\psi_2(x,\lambda)}{\Delta(\lambda)}-\varphi_2(x,\lambda)\frac{\widetilde{\psi}_1(x,\lambda)}{\widetilde{\Delta}(\lambda)}
\end{aligned}
\tag{4-86}
$$

即

$$
\begin{aligned}
P_{11}(x,\lambda)-1&=\frac{\widetilde{\psi}_2(x,\lambda)[\varphi_1(x,\lambda)-\widetilde{\varphi}_1(x,\lambda)]}{\widetilde{\Delta}(\lambda)}-\widetilde{\varphi}_2(x,\lambda)\left[\frac{\psi_1(x,\lambda)}{\Delta(\lambda)}-\frac{\widetilde{\psi}_1(x,\lambda)}{\widetilde{\Delta}(\lambda)}\right]\\
P_{12}(x,\lambda)&=\frac{\psi_1(x,\lambda)[\widetilde{\varphi}_1(x,\lambda)-\varphi_1(x,\lambda)]}{\Delta(\lambda)}+\varphi_1(x,\lambda)\left[\frac{\psi_1(x,\lambda)}{\Delta(\lambda)}-\frac{\widetilde{\psi}_1(x,\lambda)}{\widetilde{\Delta}(\lambda)}\right]\\
P_{21}(x,\lambda)&=\frac{\widetilde{\psi}_2(x,\lambda)[\varphi_2(x,\lambda)-\widetilde{\varphi}_2(x,\lambda)]}{\widetilde{\Delta}(\lambda)}-\widetilde{\varphi}_2(x,\lambda)\left[\frac{\psi_2(x,\lambda)}{\Delta(\lambda)}-\frac{\widetilde{\psi}_2(x,\lambda)}{\widetilde{\Delta}(\lambda)}\right]\\
P_{22}(x,\lambda)-1&=\frac{\psi_2(x,\lambda)[\widetilde{\varphi}_1(x,\lambda)-\varphi_1(x,\lambda)]}{\Delta(\lambda)}+\varphi_2(x,\lambda)\left[\frac{\psi_1(x,\lambda)}{\Delta(\lambda)}-\frac{\widetilde{\psi}_1(x,\lambda)}{\widetilde{\Delta}(\lambda)}\right]
\end{aligned}
\tag{4 - 87}
$$

根据渐近式(4-51)～式(4-54)，得出

$$\lim_{\lambda\to\infty,\ \lambda\in\mathbb{R}} \frac{\widetilde{\psi}_2(x,\ \lambda)[\varphi_1(x,\ \lambda)-\widetilde{\varphi}_1(x,\ \lambda)]}{\widetilde{\Delta}(\lambda)}=0$$

和

$$\lim_{\lambda\to\infty,\ \lambda\in\mathbb{R}} \widetilde{\varphi}_2(x,\ \lambda)\left[\frac{\psi_1(x,\ \lambda)}{\Delta(\lambda)}-\frac{\widetilde{\psi}_1(x,\ \lambda)}{\widetilde{\Delta}(\lambda)}\right]=0$$

对于所有的 $x\in(0,\ d)\cup(d,\ \pi)$ 成立. 因此,

$$\lim_{\lambda\to\infty,\ \lambda\in\mathbb{R}}[P_{11}(x,\ \lambda)-1]=0$$

关于 x 一致成立. 因此, $P_{11}(x,\ \lambda)=1$, 同理可证 $P_{22}(x,\ \lambda)=1$, $P_{12}(x,\ \lambda)=0$ 和 $P_{21}(x,\ \lambda)=0$. 由于 $\langle \Theta(x,\ \lambda),\ \Phi(x,\ \lambda)\rangle\equiv 1$, 如果 $W(\lambda)=\widetilde{W}(\lambda)$, 根据式(4-71)和式(4-87), 我们有

$$\begin{aligned}
&P_{11}(x,\ \lambda)-1=[\widetilde{\varphi}_1(x,\ \lambda)-\varphi_1(x,\ \lambda)]\widetilde{\theta}_2(x,\ \lambda)+\widetilde{\varphi}_2(x,\ \lambda)[\theta_1(x,\ \lambda)-\widetilde{\theta}_1(x,\ \lambda)]\\
&P_{12}(x,\ \lambda)=[\varphi_1(x,\ \lambda)-\widetilde{\varphi}_1(x,\ \lambda)]\theta_1(x,\ \lambda)+\varphi_1(x,\ \lambda)[\widetilde{\theta}_1(x,\ \lambda)-\theta_1(x,\ \lambda)]\\
&P_{21}(x,\ \lambda)=[\widetilde{\varphi}_2(x,\ \lambda)-\varphi_2(x,\ \lambda)]\widetilde{\theta}_2(x,\ \lambda)+\widetilde{\varphi}_2(x,\ \lambda)[\theta_2(x,\ \lambda)-\widetilde{\theta}_2(x,\ \lambda)]\\
&P_{22}(x,\ \lambda)-1=\varphi_2(x,\ \lambda)[\widetilde{\theta}_1(x,\ \lambda)-\theta_1(x,\ \lambda)]+\theta_2(x,\ \lambda)[\varphi_1(x,\ \lambda)-\widetilde{\varphi}_1(x,\ \lambda)]
\end{aligned}\tag{4-88}$$

因此我们得到

$$\varphi_1(x,\ \lambda)\equiv\widetilde{\varphi}_1(x,\ \lambda),\ \varphi_2(x,\ \lambda)\equiv\widetilde{\varphi}_2(x,\ \lambda)$$

所以, $p(x)=\widetilde{p}(x)$ 和 $r(x)=\widetilde{r}(x)$ 在$(0,\ \pi)$中处处成立, 从而 $H=\widetilde{H}$.

定理 4-5 若 $\lambda_n=\widetilde{\lambda}_n$, $\alpha_n=\widetilde{\alpha}_n$, $n\in\mathbb{Z}$, 则 $H=\widetilde{H}$. 因此, 广义谱数据 $\{\lambda_n,\ \alpha_n\}$ 可以唯一地确定算子 H.

证明 定义

$$\overline{\Delta}(\lambda):=\frac{\Delta(\lambda)}{(\lambda-\lambda_n)^{l_n}}$$

由式(4-72)可得

$$\frac{\psi_2(0,\ \lambda)+h_0\psi_1(0,\ \lambda)}{\rho}=W(\lambda)\ (\lambda-\lambda_n)^{l_n}\overline{\Delta}(\lambda)$$

两边同时在 λ_n 处对 λ 求 υ 阶导数, 有

$$\frac{\psi_{2,\ n+\upsilon}(0)+h_0\psi_{1,\ n+\upsilon}(0)}{\rho}=\sum_{k=0}^{\upsilon}\overline{W}_{n+k}\overline{\Delta}_{n+\upsilon-k}\tag{4-89}$$

其中, $\Delta_{l_n}(\lambda_n)=\overline{\Delta}(\lambda_n)$, 我们得到

$$\frac{\psi_{2,\ n+\upsilon}(0)+h_0\psi_{1,\ n+\upsilon}(0)}{\rho}=\sum_{k=0}^{\upsilon}\overline{W}_{n+k}\Delta_{n+l_n+\upsilon-k}\tag{4-90}$$

将式(4-83)代入式(4-90)，我们得到

$$\frac{\psi_{2,\ n+v}(0)+h_0\psi_{1,\ n+v}(0)}{\rho}=\sum_{j=0}^{v}\frac{\psi_{2,\ n+v-j}(0)+h_0\psi_{1,\ n+v-j}(0)}{\rho}\sum_{k=0}^{j}\alpha_{n+j-k}\overline{W}_{n+k} \tag{4-91}$$

$n\in S,\ v=0,\ 1,\ \cdots,\ l_n-1$

注意到对于 $n\in S$，$[\psi_{2,\ n}(0)+h_0\psi_{1,\ n}(0)]/\rho\neq 0$，我们有

$$\sum_{k=0}^{v}\alpha_{n+v-k}\overline{W}_{n+k}=\delta_{v,\ 0} \tag{4-92}$$

其中，式(4-73)中的系数 $\overline{W}$ 和 a_n 通过公式(4-92)唯一地相互确定. 因此，我们由定理4-4和引理4-6中推导出 $\widetilde{W}(\lambda)=W(\lambda)$. 定理得证.

由定理4-5和引理4-7可知：

推论4-1 如果 $\lambda_n=\widetilde{\lambda}_n$，$\beta_n=\widetilde{\beta}_n$，$n\in\mathbb{Z}$ ，则 $H=\widetilde{H}$. 因此，广义谱数据 $\{\lambda_n,\ \beta_n\}$ 唯一地确定了算子.

根据定理4-4、定理4-5和推论4-1可知，Weyl函数等价于谱数据 $\{\lambda_n,\ \alpha_n\}_{n=-\infty}^{+\infty}$ 和 $\{\lambda_n,\ \beta_n\}_{n=-\infty}^{+\infty}$ 用以确定算子 H . 此外，$\{\overline{W_n}\}_{n=-\infty}^{+\infty}$ 也可以用作谱数据.

4.2.4 重构问题

在这一小节中，我们将借助于柯西积分公式和留数定理(见文献[140])，用谱映射法求解重构算子 H 的逆问题). 我们将逆问题简化为所谓的主方程，它是Banach空间中的线性方程. 最后，利用主方程的解，我们给出利用谱数据 $\{\lambda_n,\ \alpha_n\}$，和Weyl函数 $W(\lambda)$ 重构算子 H 的算法.

首先给定算子 $H=H(p(x),\ r(x),\ h_0,\ h_1,\ h_2,\ H_0,\ H_1,\ H_2,\ \alpha,\ \beta)$ 的谱数据 $\{\lambda_n,\ \alpha_n\}_{n=-\infty}^{+\infty}$. 我们选择任意一个边值问题 $H=H(\widetilde{p}(x),\ \widetilde{r}(x),\ \widetilde{h}_0,\ \widetilde{h}_1,\ \widetilde{h}_2,\ \widetilde{H}_0,\ \widetilde{H}_1,\ \widetilde{H}_2,\ \widetilde{\alpha},\ \widetilde{\beta})$ (例如，可以取 $\widetilde{p}(x)=0$，$\widetilde{r}(x)=0$，$\widetilde{h}_0=\overline{h}_1=0$，$\widetilde{h}_2=1$，$\widetilde{H}_0=\widetilde{H}_1=\widetilde{H}_2=0$) . 为了便于以下讨论，我们引入符号：

$$\lambda_{n0}=\lambda_n,\ \lambda_{n1}=\widetilde{\lambda}_n,\ W_{n0}=W_n,\ W_{n1}=\widetilde{W}_n$$

$$\varphi_{1,\ ni}(x)=\varphi_1(x,\ \lambda_{ni}),\ \varphi_{2,\ ni}(x)=\varphi_2(x,\ \lambda_{ni})$$

$$\widetilde{\varphi}_{1,\ ni}(x)=\widetilde{\varphi}_1(x,\ \lambda_{ni}),\ \widetilde{\varphi}_{2,\ ni}(x)=\widetilde{\varphi}_2(x,\ \lambda_{ni})$$

$$S_0=S,\ S_1=\widetilde{S},\ l_{n0}=l_n,\ l_{n1}=\widetilde{l}_n$$

定义

$$D(x,\ \lambda,\ \mu):=\frac{\langle\Phi(x,\ \lambda),\ \Phi(x,\ \mu)\rangle}{\mu-\lambda}=\int_0^x\varphi_1(t,\ \lambda)\varphi_1(t,\ \mu)+\varphi_2(t,\ \lambda)\varphi_2(t,\ \mu)\mathrm{d}x$$

显然 $D(x,\ \lambda,\ \mu)$ 是纯全函数. 进而定义

$$D_{v,\ \eta}(x,\ \lambda,\ \mu):=\frac{1}{v!\ \eta!}\frac{\partial^{v+\eta}}{\partial\lambda^{v}\partial\mu^{\eta}}D(x,\ \lambda,\ \mu) \tag{4-93}$$

对于 i，j，$=0$，1，$n\in S_i$，设

$$Q_{(n+v)i,\ kj}(x)=\frac{1}{v!}\frac{\partial^v}{\partial\lambda^v}A_{k,\ j}(x,\ \lambda)\mid_{\lambda=\lambda_{ni}} \tag{4-94}$$

其中 $k\in\mathbb{Z}$，$v=0$，1，…，$l_{ni}-1$. 类似地，我们通过用上述定义中的 $\widetilde{\Phi}$ 替换 Φ，可定义 $\widetilde{D}(x,\ \lambda,\ \mu)$，$\widetilde{D}_{v,\ \eta}(x,\ \lambda,\ \mu)$，$\widetilde{A}_{n+v,\ i}(x,\ \lambda)$ 和 $\widetilde{Q}_{(n+v)i,\ kj}(x)$.

为了得到逆问题的解，利用式(4-51)、式(4-52)、式(4-57)、式(4-58)以及施瓦兹引理[140]，我们得到以下辅助命题：

引理 4-8　设 $\xi_n:=|\lambda_n-\widetilde{\lambda}_n|+|\alpha_n-\widetilde{\alpha}_n|$，$x\in[0,\ \pi]\setminus d$，$n$，$k\in S_0$，$i$，$j=0$，1，$v=0$，1，…，$l_n-1$，$\eta=0$，1，…，$l_k-1$ 和 $l=1$，2，则以下估计式成立：

$$|\varphi_{l,\ (n+v)i}(x)|\leqslant C(n+a)^{1+\vartheta},\quad |\varphi_{l,\ (n+v)0}(x)-\varphi_{l,\ (n+v)1}(x)|\leqslant C(n+a)^{1+\vartheta}\xi_{n+v} \tag{4-95}$$

这里

$$|Q_{(n+v)i,\ (k+\eta)j}(x)|\leqslant\frac{C|n+a|^{1+\vartheta}}{|k+a|^{1+\vartheta}(|n-k|+1)}$$

$$|Q_{(n+v)0,\ (k+\eta)j}(x)-Q_{(n+v)1,\ (k+\eta)j}(x)|\leqslant\frac{C|n+a|^{1+\vartheta}\xi_{n+v}}{|k+a|^{1+\vartheta}(|n-k|+1)}$$

$$|Q_{(n+v)i,\ (k+\eta)0}(x)-Q_{(n+v)i,\ (k+\eta)1}(x)|\leqslant\frac{C|n+a|^{1+\vartheta}\xi_{k+\eta}}{|k+a|^{1+\vartheta}(|n-k|+1)}$$

$$|Q_{(n+v)0,\ (k+\eta)0}(x)-Q_{(n+v)1,\ (k+\eta)0}(x)-Q_{(n+v)0,\ (k+\eta)1}(x)+Q_{(n+v)1,\ (k+\eta)1}(x)|$$
$$\leqslant\frac{C|n+a|^{1+\vartheta}\xi_{n+\eta}\xi_{k+\eta}}{|k+a|^{1+\vartheta}(|n-k|+1)} \tag{4-96}$$

其中 a 是依赖于 $\Delta_0(\lambda)$ 的常数，且当 $x\in(0,\ d)$ 时，$\vartheta=0$，当 $x\in(0,\ d)$ 时，$\vartheta=1$. 类似的估计式也适用于 $\widetilde{\varphi}_{l,\ (n+v)i}(x)$ 和 $\widetilde{Q}_{(n+v)i,\ (k+\eta)j}(x)$.

证明　从式(4-51)、式(4-52)、式(4-57)、式(4-58)和施瓦茨引理[140]得知，式(4-95)是成立的. 接下来，我们只需要证明式(4-96)中的第一个不等式，其他的都是类似的可以进行证明. 对于 $x\in(0,\ d)\cup(d,\ \pi)$，有

$$D_{v,\ m}(x,\ \lambda,\ \lambda_{kj})\leqslant C\frac{|\lambda|^{1+\vartheta}|k+a|^{1+\vartheta}e|\mathrm{Im}(\lambda-\lambda_{kj})|x}{|\lambda-(k+a)|+1} \tag{4-97}$$

事实上，如果我们给定 $\delta_0>0$，那么对于 $|\lambda-\lambda_{kj}|\geqslant\delta_0$，根据式(4-51)、式(4-52)、式(4-57)、式(4-58)和式(4-93)，我们有

$$D_{v,\ m}(x,\ \lambda,\ \lambda_{kj})\leqslant C\frac{|\lambda|^{1+\vartheta}|\lambda_{kj}|^{1+\vartheta}\mathrm{e}^{|\mathrm{Im}(\lambda-\lambda_{kj})|x}}{|\lambda-\lambda_{kj}|}$$

此外

$$\frac{|\lambda-\lambda_k^0|+1}{|\lambda-\lambda_{kj}|}\leqslant 1+\frac{|\lambda_{kj}-\lambda_k^0|+1}{|\lambda-\lambda_{kj}|}\leqslant 1+\frac{2}{\delta_0}$$

进而有

$$D_{v,\ m}(x,\ \lambda,\ \lambda_{kj}) \leqslant C\frac{|\lambda|^{1+\vartheta}|k+a|^{1+\vartheta}e^{|\mathrm{Im}(\lambda-\lambda_{kj})|x}}{|\lambda-(k+a)|+1}$$

另一方面，如果 $|\lambda-\lambda_{kj}|<\delta_0$，则由式(4-51)和式(4-52)可得

$$D_{v,\ m}(x,\ \lambda,\ \lambda_{kj}) \leqslant C|\lambda|^{1+\vartheta}|k+a|^{1+\vartheta}e^{|\mathrm{Im}(\lambda-\lambda_{kj})|x}$$

因此，显然不等式(4-97)适用于所有 $k\in S_0$ 和 $\lambda\in\mathbb{Z}$.

此外，根据式(4-97)，可得 $\overline{W}_{n+k}=c_k/\alpha_{n+v-k}$，其中 c，k 均为常数. 否则，如果 $\lambda\to\infty$ 时，有 $\sum_{k=0}^{v}\alpha_{n+v-k}\overline{W}_{n+k}\to\infty$. 因此，结合式(4-70)、式(4-51)和式(4-52)，可得

$$\overline{W}_{k+l_{kj}-1-\eta-m}=\frac{c_k}{\alpha_{k+v+\eta+1+m-l_{kj}}}\leqslant\frac{C|}{\lambda_{kj}|^{2+2\vartheta}}\leqslant\frac{C}{|k+a|^{2+2\vartheta}}$$

在式(4-94)中取 $\lambda=\lambda_{ni}$，则可得 $Q_{(n+v)i,\ (k+\eta)j}(x)$ 的估计式. 引理得证.

引理 4-9 下列关系成立：

$$\widetilde{\Phi}(x,\ \lambda)=\Phi(x,\ \lambda)+\sum_{k=-\infty}^{\infty}(\widetilde{A}_{k,\ 0}(x,\ \lambda)\Phi_{k0}(x)-\widetilde{A}_{k,\ 1}(x,\ \lambda)\Phi_{k1}(x)) \tag{4-98}$$

$$\widetilde{\Phi}_{ni}(x)=\Phi_{ni}(x)+\sum_{k=-\infty}^{\infty}(\widetilde{Q}_{ni,\ k0}(x)\Phi_{k0}(x)-\widetilde{Q}_{ni,\ k1}(x)\Phi_{k1}(x)) \tag{4-99}$$

其中，$n\in\mathbb{Z}$，$i=0,\ 1$，且级数对于任意的 $x\in[0,\ \pi]\setminus d$ 是绝对一致收敛的.

证明 设实数 λ'，λ'' 为 $\lambda'=\min\{\mathrm{Re}\lambda_{ni}|\mathrm{Re}\lambda_{ni}\geqslant 0\}$，$\lambda''=\max\{\mathrm{Re}\lambda_{ni}|\mathrm{Re}\lambda_{ni}<0\}$，设 $\delta=\max\{|\mathrm{Im}\lambda_{ni}|n\in\mathbb{Z},\ i=0,\ 1\}$. 在 λ-平面上，对于任意给定的正常数 ε，定义 $\delta'=\delta+\varepsilon>0$，考虑逆时针方向的闭曲线 $\gamma_n:=\gamma'_{n,+}\cup\gamma'_{n,-}\cup\gamma''_{n,+}\cup\gamma''_{n,-}\cup\gamma'_1\cup\gamma''_1\cup\tau'_n$，其中

$$\gamma'_{n,\ \pm}=\{\lambda:\ \mathrm{Re}\lambda\geqslant\lambda',\quad \pm|\mathrm{Im}\lambda|=\delta',\ |\lambda|\leqslant|a_n|\}$$

$$\gamma''_{n,\ \pm}=\{\lambda:\ \mathrm{Re}\lambda\leqslant\lambda'',\quad \pm|\mathrm{Im}\lambda|=\delta',\ |\lambda|\leqslant|a_n|\}$$

$$\gamma'_1=\{\lambda:\ \lambda\geqslant\lambda'=\delta'e^{i\theta_1},\ \theta_1\in\left(\frac{\pi}{2},\ \frac{3\pi}{2}\right)\}$$

$$\gamma''_1=\{\lambda:\ \lambda-\lambda''=\delta'e^{i\theta_2},\ \theta_2\in\left(\frac{-\pi}{2},\ \frac{\pi}{2}\right)\}$$

$$\tau'_n=\tau_n\cap\{\lambda:\ |\mathrm{Im}\lambda|\leqslant\delta'\},\ \tau_n=\{\lambda:\ |\lambda|=|a_n|\}$$

在该式中，$a_n\in[(n+a)\pi,\ (n+1+a)\pi]$ 为依赖于 $\Delta_0(\lambda)$ 的常数. 定义 $\gamma_0^n:=\gamma'_{n,+}\cup\gamma'_{n,-}\cup\gamma''_{n,+}\cup\gamma''_{n,-}\cup\gamma'_1\cup\gamma''_1\cup(\tau_n\setminus\tau'_n)$(取顺时针方向).

设 $P(x,\ \lambda)=[P_{jk}(x,\ \lambda)]_{j,\ k=1,\ 2}$ 为传输矩阵. 因此，对于每个固定的 α，函数 $P_{jk}(x,\ \lambda)$ 是关于 λ 的亚纯函数，具有一级极点 $\{\lambda_n\}$ 和 $\{\widetilde{\lambda}_n\}$. 利用柯西积分公式，我们得到

$$P_{1k}(x,\ \lambda)-\delta_{1k}=\frac{1}{2\pi i}\int_{\gamma_n^0}\frac{P_{1k}(x,\ \xi)-\delta_{1k}}{\lambda-\xi}d\xi,\ k=1,\ 2,\ \cdots \tag{4-100}$$

其中 $\lambda\in\mathrm{int}\gamma_n^0$ 和 δ_{1k} 是 Kronecker 常数. 由于

$$\begin{aligned}\varphi_1(x, \lambda) &= P_{11}(x, \lambda)\widetilde{\varphi}_1(x, \lambda) + P_{12}(x, \lambda)\widetilde{\varphi}_2(x, \lambda) \\ \varphi_2(x, \lambda) &= P_{21}(x, \lambda)\widetilde{\varphi}_1(x, \lambda) + P_{22}(x, \lambda)\widetilde{\varphi}_2(x, \lambda)\end{aligned} \tag{4-101}$$

将上式(4-100)代入式(4-101)，即有

$$\begin{aligned}\varphi_1(x, \lambda) &= \widetilde{\varphi}_1(x, \lambda) + \frac{1}{2\pi i}\int_{\gamma_n}\frac{\widetilde{\varphi}_1(x, \lambda)P_{11}(x, \xi) + \widetilde{\varphi}_2(x, \lambda)P_{12}(x, \xi)}{\lambda - \xi}\mathrm{d}\xi + \varepsilon_{n1}(x, \lambda) \\ \varphi_2(x, \lambda) &= \widetilde{\varphi}_2(x, \lambda) + \frac{1}{2\pi i}\int_{\gamma_n}\frac{\widetilde{\varphi}_2(x, \lambda)P_{22}(x, \xi) + \widetilde{\varphi}_1(x, \lambda)P_{21}(x, \xi)}{\lambda - \xi}\mathrm{d}\xi + \varepsilon_{n2}(x, \lambda)\end{aligned} \tag{4-102}$$

其中

$$\varepsilon_{n1}(x, \lambda) = \frac{1}{2\pi i}\int_{\tau_n}\frac{\widetilde{\varphi}_1(x, \lambda)(P_{11}(x, \xi) - 1) + \widetilde{\varphi}_2(x, \lambda)P_{12}(x, \xi)}{\xi - \lambda}\mathrm{d}\xi$$

$$\varepsilon_{n2}(x, \lambda) = \frac{1}{2\pi i}\int_{\tau_n}\frac{\widetilde{\varphi}_2(x, \lambda)(P_{22}(x, \xi) - 1) + \widetilde{\varphi}_1(x, \lambda)P_{21}(x, \xi)}{\xi - \lambda}\mathrm{d}\xi$$

因此 $\lim\limits_{n\to\infty}\dfrac{\partial^{v}}{\partial\lambda^{v}}\varepsilon_{nj}(x, \lambda) = 0(v \geqslant 0, j = 1, 2)$ 对于 $x \in [0, \pi]$ 及 λ 属于紧子集一致成立. 结合式(4-88)和式(4-102)的第一个方程进行计算，得

$$\begin{aligned}\widetilde{\varphi}_1(x, \lambda) = \varphi_1(x, \lambda) &+ \frac{1}{2\pi i}\int_{\gamma_n}\frac{\hat{W}(x, \xi), \langle\widetilde{\Phi}(x, \lambda), \widetilde{\Phi}(x, \xi)\rangle\varphi_1(x, \xi)}{\xi \sim \lambda}\mathrm{d}\xi \\ &+ \frac{1}{2\pi i}\int_{\gamma_n}\frac{\langle\widetilde{\Phi}(x, \lambda), \widetilde{\Phi}(x, \xi)\rangle\theta_1(x, \xi) + \langle\widetilde{\Theta}(x, \xi), \widetilde{\Phi}(x, \lambda)\rangle\varphi_1(x, \xi)}{\lambda - \xi}\mathrm{d}\xi + \varepsilon_{n1}(x, \lambda),\end{aligned} \tag{4-103}$$

其中，$\hat{W}(\lambda) = W(\lambda) - \widetilde{W}(\lambda)$. 从柯西定理可知上式第二个积分是零，故有

$$\widetilde{\varphi}_1(x, \lambda) = \varphi_1(x, \lambda) + \frac{1}{2\pi i}\int_{\gamma_n}\hat{W}(x, \xi)\widetilde{D}(x, \lambda, \xi)\varphi_1(x, \xi)\mathrm{d}\xi + \varepsilon_{n1}(x, \lambda) \tag{4-104}$$

由于

$$\begin{aligned}&\mathrm{Res}_{\xi=\lambda_{n0}}\widetilde{D}(x,\lambda,\xi)W(\xi)\varphi_1(x,\xi)\\&=\lim_{\xi\to\lambda_{n0}}\sum_{v=0}^{l_{n0}-1}C_{l_{n0}-1}^{v}\frac{\partial^{l_{n0}-1-v}}{\partial\xi^{l_{n0}-1-v}}[(\xi-\lambda_{n0})^{l_{n0}}W(\xi)\widetilde{D}(x,\lambda,\xi)]\frac{\mathrm{d}^v}{\mathrm{d}\xi^v}\varphi_1(x,\xi)\\&=\sum_{v=0}^{l_{n0}-1}[\sum_{p=v}^{l_{n0}-1}\overline{W}_{n+l_n-1-p}\widetilde{D}_{0,p-v}(x,\lambda,\lambda_n)]\varphi_{1,n+v}(x)\\&=\sum_{v=0}^{l_{n0}-1}\widetilde{A}_{n+v,0}(x,\lambda)\varphi_{1,n+v}(x)\end{aligned}$$

由留数定理，当 $n\to\infty$ 时，可得

$$\begin{aligned}\widetilde{\varphi}_1(x,\lambda)=\varphi_1(x,\lambda)&+\sum_{n\in S_0}\sum_{v=0}^{l_{n0}-1}\widetilde{A}_{(n+v)0}(x,\lambda)\varphi_{1,(n+v)0}(x)\\&-\sum_{n\in S_1}\sum_{v=0}^{l_{n1}-1}\widetilde{A}_{(n+v)1}(x,\lambda)\varphi_{1,(n+v)1}(x)\end{aligned}\qquad(4-105)$$

即当 $n\to\infty$ 时，有

$$\widetilde{\varphi}_1(x,\lambda)=\varphi_1(x,\lambda)+\sum_{k=-\infty}^{\infty}[\widetilde{A}_{k_0}(x,\lambda)\varphi_{1,k_0}(x)-\widetilde{A}_{k_1}(x,\lambda)\varphi_{1,k_1}(x)]$$

同理，把式(4-81)代入式(4-102)的第二个方程，即可证明

$$\widetilde{\varphi}_2(x,\lambda)=\varphi_2(x,\lambda)+\sum_{k=-\infty}^{\infty}[\widetilde{A}_{k_0}(x,\lambda)\varphi_{2,k_0}(x)-\widetilde{A}_{k_1}(x,\lambda)\varphi_{2,k_1}(x)]$$

将方程(4-105)关于 λ 求 v 阶导数并取 $\lambda=\lambda_{ni}$，得到

$$\begin{aligned}\widetilde{\varphi}_{1,(n+v)i}(x)=\varphi_{1,(n+v)i}(x)&+\sum_{k\in S_i}\sum_{\eta=0}^{l_{k_i}-1}[\widetilde{Q}_{(n+v)i,(k+\eta)0}(x)\varphi_{1,(k+\eta)0}(x)\\&-\widetilde{Q}_{(n+v)i,(k+\eta)1}(x)\varphi_{1,(k+\eta)1}(x)]\end{aligned}\qquad(4-106)$$

同样，我们也有

$$\begin{aligned}\widetilde{\varphi}_{2,(n+v)i}(x)=\varphi_{2,(n+v)i}(x)&+\sum_{k\in S_i}\sum_{\eta=0}^{l_{k_i}-1}[\widetilde{Q}_{(n+v)i,(k+\eta)0}(x)\varphi_{2,(k+\eta)0}(x)-\\&\widetilde{Q}_{(n+v)i,(k+\eta)1}(x)\varphi_{2,(k+\eta)1}(x)]\end{aligned}\qquad(4-107)$$

因此式(4-99)成立. 此外，根据渐近式(4-95)和式(4-96)，可知当 $x\in[0,\pi]/d$ 时，有

$$\begin{aligned}&\left|\sum_{k\in S_i}\sum_{\eta=0}^{l_{k_i}-1}[\widetilde{Q}_{(n+v)i,(k+\eta)0}(x)\varphi_{1,(k+\eta)0}(x)-\widetilde{Q}_{(n+v)i,(k+\eta)1}(x)\varphi_{1,(k+\eta)1}(x)]\right|\\&\leqslant\sum_{k\in S_i}\sum_{\eta=0}^{l_{k_i}-1}[|\widetilde{Q}_{(n+v)i,(k+\eta)0}(x)(\varphi_{1,(k+\eta)0}(x)-\varphi_{1,(k+\eta)1}(x))|\\&\quad+|\varphi_{1,(k+\eta)1}(x)(\widetilde{Q}_{(n+v)i,(k+\eta)0}-\widetilde{Q}_{(n+v)i,(k+\eta)1}(x))|]\\&\leqslant\sum_{k\in S_i}\sum_{\eta=0}^{l_{k_i}-1}\frac{\xi_{k+\eta}|n+a|^{2+2\vartheta}}{|k+a|^{1+\vartheta}(|n-k|+1)}\end{aligned}$$

类似我们有

$$\left|\sum_{k\in S_i}\sum_{\eta=0}^{l_{k_i}-1}\left[\widetilde{Q}_{(n+v)i,\ (k+\eta)0}(x)\varphi_{2,\ (k+\eta)0}(x)-\widetilde{Q}_{(n+v)i,\ (k+\eta)1}(x)\varphi_{2,\ (k+\eta)1}(x)\right]\right|$$

$$\leqslant\sum_{k\in S_i}\sum_{\eta=0}^{l_{k_i}-1}\frac{\xi_{k+\eta}\mid n+a\mid^{2+2\vartheta}}{\mid k+a\mid^{1+\vartheta}(\mid n-k\mid+1)}$$

因此，该级数在 $x\in[0,\ \pi]\setminus d$ 上绝对一致收敛. 引理得证.

对于每个固定的 $x\in[0,\ \pi]\setminus d$，关系式(4-99)可以看作是一个关于 $\Phi_{ni}(x)$，$i=0,\ 1$ 的线性方程组. 但式(4-99)中的级数仅在“有括号”时才一致收敛. 因此，不能使用式(4-99)作为逆问题的主方程. 下面我们将式(4-99)转换为相应的 Banach 空间中的线性方程组.

设 V 是下角标 $u=(n,\ i)$，$n\in S$，$i=1,\ 2$ 的集合. 对于每个固定的 $x\in[0,\ \pi]/d$，我们定义向量

$$\varphi_l(x)=[\varphi_{l,\ u}(x)]_{u\in V}=[\varphi_{(n+v)0}(x),\ \varphi_{(n+v)1}(x)]_{n\in S}^{\mathrm{T}},\quad v=0,\ 1,\ \cdots,\ l_n-1$$

满足关系式

$$\begin{bmatrix}\varphi_{1,\ (n+v)0} & \varphi_{2,\ (n+v)0}\\ \varphi_{1,\ (n+v)1} & \varphi_{2,\ (n+v)1}\end{bmatrix}(x)=\begin{bmatrix}\dfrac{1}{\lambda_n^{1+\theta}\xi_{n+v}} & \dfrac{1}{\lambda_n^{1+\theta}\xi_{n+v}}\\ 0 & \dfrac{1}{\lambda_n^{1+v}}\end{bmatrix}\begin{bmatrix}\varphi_{1,\ (n+v)0} & \varphi_{2,\ (n+v)0}\\ \varphi_{1,\ (n+v)1} & \varphi_{2,\ (n+v)1}\end{bmatrix}(x)\quad(4-108)$$

考虑分块矩阵

$$H(x)=[H_{u,\ v}(x)]_{u,\ v\in V}=\begin{bmatrix}H_{n_0,\ k_0}(x) & H_{n_0,\ k_1}(x)\\ H_{n_1,\ k_0}(x) & H_{n_1,\ k_1}(x)\end{bmatrix}_{n,\ k\in\mathbb{Z}},\quad u=(n,\ i),\ v=(k,\ j)$$

满足

$$[H_{r,\ t}(x)]=\begin{bmatrix}\dfrac{1}{\lambda_n^{1+\theta}\xi_{n+v}} & \dfrac{1}{\lambda_n^{1+\theta}\xi_{n+v}}\\ 0 & \dfrac{1}{\lambda_n^{1+v}}\end{bmatrix}\begin{bmatrix}Q_{r_0,\ t_0}(x) & Q_{r_0,\ t_1}(x)\\ Q_{r_1,\ t_0}(x) & Q_{r_1,\ t_1}(x)\end{bmatrix}\begin{bmatrix}\lambda_k^{1+\theta}\xi_t & \lambda_k^{1+\theta}\\ 0 & -\lambda_k^{1+\vartheta}\end{bmatrix}\quad(4-109)$$

其中 $r=n+v$，$t=k+\eta$，n，$k\in S$ 且 $v=0,\ 1,\ \cdots,\ l_n-1$，$\eta=0,\ 1,\ \cdots,\ l_k-1$. 将上述定义中的 $\varphi_{l,\ (n+v)i}(x)$ 替换为 $\widetilde{\varphi}_{l,\ (n+v)i}(x)$ 和 $Q_{(n+v)i,\ (k+\eta)j}(x)$ 换为 $\widetilde{Q}_{(n+v)i,\ (k+\eta)j}(x)$，类似地，可定义 $\widetilde{\varphi}_{l,\ ni}(x)$，$\widetilde{\varphi}_l(x)$ 和 $\widetilde{H}_{(n+v)i,\ (k+\eta)j}(x)$，$\widetilde{H}(x)$.

利用关系式(4-57)、式(4-58)、式(4-95)和式(4-96)可得到估计式

$$\begin{aligned}&\mid\varphi_{l,\ (n+v)i}(x)\mid,\ \mid\widetilde{\varphi}_{l,\ (n+v)i}(x)\mid\leqslant C\\ &\mid H_{(n+v)i,\ (k+\eta)j}(x)\mid,\ \mid\widetilde{H}_{(n+v)i,\ (k+\eta)j}(x)\mid\leqslant\frac{C\xi_{k+\eta}}{\mid n-k\mid+1}\end{aligned}\quad(4-110)$$

考虑具有范数 $\mid\alpha\mid_B=\sup_{u\in V}\mid\alpha_u\mid$ 的有界序列 $\alpha=[\alpha_u]_{u\in V}$ 所生成的 Banach 空间 B. 由等式(4-110)可知，对于每个固定的 $x\in[0,\ \pi]/d$，算子 $E+\widetilde{H}(x)$ 和 $E-\widetilde{H}(x)$（这里 E 是恒等

算子)均为从 B 到 B 的有界线性算子，且

$$|H(x)|_{B\to B},\ |H(x)|_{B\to B}\leqslant C\sup_{n\in\mathbf{Z}}\sum_{k=-\infty}^{\infty}\frac{\xi_k}{|n-k|+1}<\infty$$

定理 4-6 对于任意给定的 $x\in[0,\pi]$ 和 $l=1,2$，向量 $\Phi_l(x)\in B$ 在 Banach 空间 B 中满足方程

$$\widetilde{\varphi}_l(x)=(E+\widetilde{H}(x))\varphi_l(x) \tag{4-111}$$

此外，算子 $E+\widetilde{H}(x)$ 存在有界逆算子，使得方程(4-111)是唯一可解的.

证明 方程(4-7)可改写为如下的形式：

$$\begin{bmatrix}\widetilde{\varphi}_{l,n_0}(x)\\ \widetilde{\varphi}_{l,n_1}(x)\end{bmatrix}=\begin{bmatrix}\varphi_{l,n_0}(x)\\ \varphi_{l,n_1}(x)\end{bmatrix}+\sum_{k=-\infty}^{\infty}\begin{bmatrix}\widetilde{Q}_{n_0,k_0}(x)-\widetilde{Q}_{n_0,k_1}(x)\\ \widetilde{Q}_{n_1,k_0}(x)-Q_{n_1,k_1}(x)\end{bmatrix}\begin{bmatrix}\varphi_{l,k_0}(x)\\ \varphi_{l,k_1}(x)\end{bmatrix},\ n\in\mathbb{Z},\ l=1,2 \tag{4-112}$$

由式(4-109)，并考虑到我们的符号，可得

$$\widetilde{\varphi}_{ni}(x)=\varphi_{ni}(x)+\sum_{k,j}\widetilde{H}_{ni,kj}(x)\varphi_{kj}(x),\ (n,i),(k,j)\in V \tag{4-113}$$

上式等价于式(4-111). 由于

$$\frac{1}{\lambda-\mu}\left(\frac{1}{\lambda-\xi}-\frac{1}{\mu-\xi}\right)=\frac{1}{(\lambda-\xi)(\xi-\mu)}$$

根据柯西公式，我们有

$$\frac{P_{jk}(x,\lambda)-P_{jk}(x,\mu)}{\lambda-\mu}=\frac{1}{2\pi i}\int_{\gamma_n^0}\frac{P_{jk}(x,\xi)-\delta_{jk}}{(\lambda-\xi)(\xi-\mu)}\mathrm{d}\xi,\ j,k=1,2;\ \lambda,\mu\in\operatorname{int}\gamma_n^0$$

类似可得

$$\frac{P_{jk}(x,\lambda)-P_{jk}(x,\mu)}{\lambda-\mu}=\frac{1}{2\pi i}\int_{\gamma_n}\frac{P_{jk}(x,\xi)}{(\lambda-\xi)(\xi-\mu)}\mathrm{d}\xi+\varepsilon_{njk}(x,\lambda,\mu) \tag{4-114}$$

其中 $j,k=1,2;\ \lambda,\mu\in\operatorname{int}\gamma_n^0$，且

$$\lim_{n\to\infty}\frac{\partial^{v+j}}{\partial\lambda^v\partial\mu^j}\varepsilon_{njk}(x,\lambda,\mu)=0,\ v,j\geqslant 0$$

根据式(4-84)给出的 $P(x,\lambda)$ 的定义，有

$$P(x,\xi)\begin{bmatrix}y_1(x,\lambda)\\ y_2(x,\lambda)\end{bmatrix}=\langle\widetilde{\Theta}(x,\xi),Y(x,\lambda)\rangle\begin{bmatrix}\varphi_1(x,\xi)\\ \varphi_2(x,\xi)\end{bmatrix}$$

$$+\langle\widetilde{\Phi}(x,\xi),Y(x,\lambda)\rangle\begin{bmatrix}-\theta_1(x,\xi)+\widetilde{W}(\xi)\varphi_1(x,\xi)\\ -\theta_2(x,\xi)+\widetilde{W}(\xi)\varphi_2(x,\xi)\end{bmatrix}$$

如果在上式中设 $Y(x,\lambda)=\widetilde{\Phi}(x,\lambda)$，则由式(4-114)可知

$$\frac{P(x,\lambda)-P(x,\mu)}{\lambda-\mu}\begin{bmatrix}\varphi_1(x,\lambda)\\ \varphi_2(x,\lambda)\end{bmatrix}$$

$$=\frac{1}{2\pi i}\int_{\gamma_n}\frac{\langle\widetilde{\Theta}(x,\xi),\widetilde{\Phi}(x,\lambda)\rangle}{(\lambda-\xi)(\xi-\mu)}\begin{bmatrix}\varphi_1(x,\xi)\\ \varphi_2(x,\xi)\end{bmatrix}$$

$$+\frac{\langle\widetilde{\Phi}(x,\xi),\widetilde{\Phi}(x,\lambda)\rangle}{(\lambda-\xi)(\xi-\mu)}\begin{bmatrix}-\theta_1(x,\xi)+\widetilde{W}(\xi)\varphi_1(x,\xi)\\ -\theta_2(x,\xi)+\widetilde{W}(\xi)\varphi_2(x,\xi)\end{bmatrix}\mathrm{d}\xi+\varepsilon_n^0(x,\lambda,\mu)$$

(4-115)

其中 j, $k=1$, 2; λ, $\mu\in\operatorname{int}\gamma_n$ 且 $\lim\limits_{n\to\infty}\dfrac{\partial^{v\ +j}}{\partial\lambda^v\partial\mu^j}\varepsilon_n^0(x,\lambda,\mu)=0$. 此外，由式(4-84)可得

$$P(x,\lambda)\begin{bmatrix}\widetilde{\varphi}_1(x,\lambda)\\ \widetilde{\varphi}_2(x,\lambda)\end{bmatrix}=\begin{bmatrix}\varphi_1(x,\lambda)\\ \varphi_2(x,\lambda)\end{bmatrix}$$

因此

$$\det\left(P(x,\lambda)\begin{bmatrix}\widetilde{\varphi}_1(x,\lambda)\\ \widetilde{\varphi}_2(x,\lambda)\end{bmatrix},\begin{bmatrix}\varphi_1(x,\mu)\\ \varphi_2(x,\mu)\end{bmatrix}\right)=\langle\Phi(x,\lambda),\Phi(x,\mu)\rangle$$

和

$$\det\left(P(x,\lambda)\begin{bmatrix}\widetilde{\varphi}_1(x,\lambda)\\ \widetilde{\varphi}_2(x,\lambda)\end{bmatrix},\begin{bmatrix}\varphi_1(x,\mu)\\ \varphi_2(x,\mu)\end{bmatrix}\right)=\langle\widetilde{\Phi}(x,\lambda),\widetilde{\Phi}(x,\mu)\rangle$$

成立. 故

$$\det(P(x,\lambda)\begin{bmatrix}\widetilde{\varphi}_1(x,\lambda)\\ \widetilde{\varphi}_2(x,\lambda)\end{bmatrix},\begin{bmatrix}\varphi_1(x,\mu)\\ \varphi_2(x,\mu)\end{bmatrix}=\langle\Phi(x,\lambda),\Phi(x,\mu)\rangle-\langle\widetilde{\Phi}(x,\lambda),\widetilde{\Phi}(x,\mu)\rangle$$

从而，由式(4-115)可得

$$\frac{\langle\Phi(x,\lambda),\Phi(x,\mu)\rangle-\langle\widetilde{\Phi}(x,\lambda),\widetilde{\Phi}(x,\mu)\rangle}{\lambda-\mu}$$

$$=\frac{1}{2\pi i}\int_{\gamma_n}\frac{\widetilde{\Phi}(x,\xi),\widetilde{\Phi}(x,\lambda)\hat{M}(\xi)\langle\Phi(x,\xi),\Phi(x,\mu)\rangle}{(\lambda-\xi)(\xi-\mu)}\mathrm{d}\xi$$

$$+\frac{1}{2\pi i}\int_{\gamma_n}\frac{\langle\Theta(x,\xi),\widetilde{\Phi}(x,\lambda)\rangle\langle\Phi(x,\xi),\Phi(x,\mu)\rangle-\langle\widetilde{\Phi}(x,\xi),\widetilde{\Phi}(x,\lambda)\rangle\langle\Theta(x,\xi),\Phi(x,\mu)\rangle}{(\lambda-\xi)(\xi-\mu)}\mathrm{d}\xi+\varepsilon_n^0(x,\lambda,\mu)$$

由柯西公式可知上式第二个积分为零，因此

$$\widetilde{D}(x, \lambda, \mu) - D(x, \lambda, \mu) = \frac{1}{2\pi i}\int_{\tau_N}\widetilde{D}(x, \lambda, \xi)\hat{W}(\xi)D(x, \xi, \mu)\mathrm{d}\xi + \varepsilon_N^1(x, \lambda, \mu)$$

对右侧积分用留数定理，并且当 $n\to\infty$ 时取极限，得到

$$\widetilde{D}(x, \lambda, \mu) - D(x, \lambda, \mu) = \sum_{n\in s_0}\sum_{v=0}^{l_{n_0}-1} D_{v, 0}(x, \lambda_n, \mu)\widetilde{A}_{n+l_{n0}-1-v, 0}$$

$$-\sum_{n\in s_1}\sum_{v=0}^{l_{n_1}-1} D_{v, 0}(x, \widetilde{\lambda}_n, \mu)\widetilde{A}_{n+\ln_1-1-v, 1}$$

根据 $Q_{ni, kj}(x)$，$\widetilde{Q}_{ni, kj}(x)$ 的定义，可得

$$\widetilde{Q}_{ni, kj}(x) - Q_{ni, kj}(x) = \sum_{v=0}^{\infty}(\widetilde{Q}_{ni, l0}(x)Q_{l0, kj}(x) - \widetilde{Q}_{ni, l1}(x)Q_{l1, kj}(x)), n$$
$$k\in\mathbb{Z}; i, j = 0, 1$$

此外，考虑到 $H_{ni, kj}(x)$，$\widetilde{H}_{ni, kj}(x)$ 的定义，有

$$H_{ni, kj}(x) - \widetilde{H}_{ni, kj}(x) + \sum_{l, s}(\widetilde{H}_{ni, ls}(x)H_{ls, kj}(x)) = 0, (n, i), (k, j), (l, s)\in V$$

即

$$(E + \widetilde{H}(x))(E - H(x)) = E$$

交换 H 和 $\widetilde{H}$ 的位置，同理可得

$$(E - H(x))(E + \widetilde{H}(x)) = E$$

因此，算子 $(E + \widetilde{H}(x))^{-1}$ 存在，并且它是一个线性有界算子.

方程(4-111)称为逆问题的主方程. 求解方程(4-111)，可得向量 $\phi_1(x)$ 和 $\phi_2(x)$，因此可得函数 $\phi_{1, n0}(x)$ 和 $\phi_{2, n0}(x)$. 由于 $(\phi_{1, n0}(x), \phi_{2, n0}(x))^{\mathrm{T}} = (\phi_1(x, \lambda_n), \phi_2(x, \lambda_n))^{\mathrm{T}}$ 是方程(4-45)的解，我们可以重构函数 $p(x)$，$r(x)$ 和系数 h_0，h_1，h_2，H_0，H_1，H_2. 因此，可得求解该逆问题的算法如下：

算法 1 若谱数据 $\{\lambda_n, \alpha_n\}_{n\in\mathbb{Z}}$ 已知. 则

(1) 按公式(4-92)构造 $\prod W_n$；

(2) 选择 $\widetilde{H}$，计算 $\widetilde{\varphi}_1(x)$，$\widetilde{\varphi}_2(x)$ 和 $\widetilde{H}(x)$；

(3) 通过求解公式(4-111)求出 $\varphi_1(x)$ 和 $\varphi_2(x)$，并通过式(4-108)计算出 $\varphi_{1, n0}(x)$ 和 $\varphi_{2, n0}(x)$；

(4) 选取某个 $n\in S_0$，通过如下公式构造 $p(x)$，$r(x)$，h_0，h_1，h_2：

$$p(x) = \frac{-\varphi_2{'}_{, n0}(x) + \lambda_n\varphi_{1, n0}(x)}{\varphi_{1, n0}(x)}, \quad r(x) = \frac{\varphi'_{1, n0}(x) + \lambda_n\varphi_{2, n0}(x)}{\varphi_{2, n0}(x)} \tag{4-116}$$

$$h_0 = \varphi'_{2, n0}(0), \quad h_1 = -\varphi_{2, n0}(0) + \lambda_n h_0, \quad h_2 = \varphi_{1, n0}(0) + \lambda_n \tag{4-117}$$

(5) 对于 $n\in S_0$，由式(4-66)，(4-61)计算可得 $\beta_{n+1} = \dfrac{-1}{\varphi_{1, (n+1)0}(\pi)}$；

(6) 对于(5)中选定的 $n \in S_0$，通过式(4-66)计算可得 $\psi_{1,(n+1)0}(x)$ 和 $\psi_{2,(n+1)0}(x)$；

(7)对于(5)中选定的 $n \in S_0$ 求解方程(4-82)(取方程(4-82)中的 $v=1$)可得 $\psi_{1,n0}(x)$ 和 $\psi_{2,n0}(x)$；

(8) 对于(5)中选定的 $n \in S_0$，通过如下公式构造 H_0，H_1，H_2：

$$H_0=\psi_{2,(n+1)0}(\pi),\ H_1=-\psi_{2,n0}(\pi)+\lambda_n H_0,\ H_2=\psi_{1,n0}(\pi)+\lambda_n \tag{4-118}$$

(9)对于(5)中选定的 $n \in S_0$，用以下公式构造 α，β：

$$\alpha=\frac{\varphi_{1,n0}(d+0)}{\varphi_{1,n0}(d-0)},\ \beta=\frac{\varphi_{2,n0}(d+0)-\dfrac{1}{\alpha}\varphi_{2,n0}(d-0)\varphi_{1,n0}(d-0)}{-\lambda_n} \tag{4-119}$$

算法 2　已知谱数据 $W(\lambda)$．则

(1) 通过计算 $W(\lambda)$ 的极点来构造 $\{\lambda_n\}$，并根据式(4-74)计算 $\{\overline{W}_n\}$，从而得到谱数据 $\{\lambda_n, \overline{W}_n\}$；

(2) 通过求解线性方程组(4-92)构造 α_n，$n \in \mathbb{Z}$；

(3) 选择 $\widetilde{H}$，计算 $\widetilde{\varphi}_1(x)$，$\widetilde{\varphi}_2(x)$ 和 $\widetilde{H}(x)$；

(4) 通过求解公式(4-111)求出 $\varphi_1(x)$，$\varphi_2(x)$，并通过式(4-108)计算出 $\varphi_{1,n0}(x)$，$\varphi_{2,n0}(x)$；

(5) 选取某个 $n \in S_0$，利用式(4-116)和式(4-117)构造 $p(x)$，$r(x)$，h_0，h_1，h_2；

(6) 对于(5)中选取的 $n \in S_0$，利用式(4-66)和式(4-61)计算 $\beta_{n+1}=\dfrac{-1}{\varphi_{1,(n+1)0}(\pi)}$；

(7) 对于(5)中选定的 $n \in S_0$，通过式(4-66)计算 $\psi_{1,(n+1)0}(x)$ 和 $\psi_{2,(n+1)0}(x)$；

(8) 对于(5)中选定的 $n \in S_0$ 求解方程(4-82)(取式(4-82)中的 $v=1$)可得 $\psi_{1,n0}(x)$ 和 $\psi_{2,n0}(x)$ 的表达式；

(9)对于(5)中选定的 $n \in S_0$，用式(4-118)构造 H_0，H_1，H_2；

(10) 对于(5)中选定的 $n \in S_0$，用式(4-119)构造 α，β．

例 4-1　选取 $\widetilde{H}$，使 $\widetilde{p}(x)=\widetilde{r}(x)=0$，$\widetilde{h}_0=0$，$\widetilde{h}_1=1$，$\widetilde{H}_1=\widetilde{H}_2=0$，$\widetilde{H}_0=1$ 和 $\widetilde{h}_2$，$\widetilde{\alpha}$，$\widetilde{\beta}$ 使其满足 $\widetilde{h}_2(\widetilde{\alpha}+\widetilde{\beta})-\dfrac{1}{\widetilde{\alpha}}=0$．设 $\{\widetilde{\lambda}_n, \widetilde{\alpha}_n\}_{n=-\infty}^{+\infty}$ 为谱数据．设 $\widetilde{\Phi}(x,\lambda)=(\widetilde{\varphi}_1(x,\lambda), \widetilde{\varphi}_1(x,\lambda))^{\mathrm{T}}$ 是方程 $\widetilde{H}Y=\lambda Y$ 满足初始条件 $\widetilde{\varphi}_1(x,\lambda)=\widetilde{h}_2-\lambda$，$\widetilde{\varphi}_2(x,\lambda)=-\lambda\widetilde{h}_0-\widetilde{h}_1$ 的解．通过计算，可得

$$\widetilde{\varphi}_1(x,\lambda)=\begin{cases}(\widetilde{h}_2-\lambda)\cos\lambda x+\sin\lambda x,\ x<d\\[(\widetilde{h}_2-\lambda)\widetilde{A}_1-\widetilde{A}_2]\cos\lambda x+[-(\widetilde{h}_2-\lambda)\widetilde{B}_1+\widetilde{B}_2]\sin\lambda x,\ x>d\end{cases} \tag{4-120}$$

$$\widetilde{\varphi}_2(x,\lambda)=\begin{cases}(\widetilde{h}_2-\lambda)\sin\lambda x-\cos\lambda x,\ x<d\\[(\widetilde{h}_2-\lambda)\widetilde{A}_1-\widetilde{A}_2]\sin\lambda x+[(\widetilde{h}_2-\lambda)\widetilde{B}_1+\widetilde{B}_2]\cos\lambda x,\ x>d\end{cases} \tag{4-121}$$

其中

$$\widetilde{A}_1=\widetilde{\alpha}\cos^2\lambda d+\frac{1}{\widetilde{a}}\sin^2\lambda d+(\lambda+\widetilde{\beta}\sin\lambda\cos\lambda d$$

$$\widetilde{A}_2=\left(\frac{1}{\widetilde{a}}-\widetilde{\alpha}\right)\sin\lambda\cos\lambda d-(\lambda+\widetilde{\beta})\sin^2\lambda d$$

$$\widetilde{B}_1=\left(\frac{1}{\widetilde{a}}-\widetilde{\alpha}\right)\sin\lambda d\cos\lambda d+(\lambda+\widetilde{\beta})\cos^2\lambda d$$

$$\widetilde{B}_2=\frac{1}{\widetilde{a}}\cos^2\lambda d+\widetilde{\alpha}\sin^2\lambda d-(\lambda+\widetilde{\beta})\sin\lambda d\cos\lambda d$$

显然，0 是 $\widetilde{\Delta}(\lambda)=0$ 的二重根. 在不失一般性的情况下，我们设 $\widetilde{\lambda}_0=\widetilde{\lambda}_1=0$. 且

$$M_1=\left[\widetilde{h}_2\widetilde{\beta}+\left(\widetilde{\alpha}-\frac{1}{\widetilde{\alpha}}\right)\right]d-\widetilde{\alpha},\ M_2=\widetilde{h}_2\left(\frac{1}{\widetilde{\alpha}}-\widetilde{\alpha}\right)d-(\widetilde{\alpha}+\widetilde{\beta})d-\widetilde{h}_2-\widetilde{\alpha}$$

我们有

$$\widetilde{\alpha}_0=\left[\widetilde{h}_2\widetilde{\alpha}M_1+\left(\widetilde{h}_2\widetilde{\beta}-\frac{1}{\widetilde{\alpha}}\right)M_2\right](\pi-d)-\widetilde{h}_2d+\widetilde{\alpha}\,\widetilde{h}_2(d-1)$$

$$\widetilde{\alpha}_1=\frac{1}{3}(^{d}-1)3-\frac{1}{3}+\frac{1}{3\left(\frac{1}{\widetilde{\alpha}}-\widetilde{h}_2\widetilde{\beta}\right)}\left\{\left[\left(\frac{1}{\widetilde{\alpha}}-\widetilde{h}_2\widetilde{\beta}\right)\pi+M_1\right]^3-\left[\left(\frac{1}{\widetilde{\alpha}}-\widetilde{h}_2\widetilde{\beta}\right)d+M_1\right]^3\right\}$$

$$+\frac{\widetilde{h}_2^2\mathrm{d}^3}{3}+\frac{1}{3\,\widetilde{h}_2\widetilde{\alpha}}[(\widetilde{h}_2\widetilde{\alpha}\pi+M_2)^3-(\widetilde{h}_2\widetilde{\alpha}d+M_2)^3]+\widetilde{\alpha}(d-1)^2$$

由式(4-74)知

$$\widetilde{\widetilde{M}}_0=\frac{1}{\widetilde{\alpha}_0},\ \widetilde{\widetilde{W}}_1=-\frac{\widetilde{\alpha}_1}{\widetilde{\alpha}_0^2}$$

设 $\lambda_n=\widetilde{\lambda}_n(n\in\mathbb{Z})$，$\alpha_n=\widetilde{\alpha}_n(n\in\mathbb{Z},\ n\neq1)$ 且 $\alpha_n>0$ 为任意正数. 我们可以得到

$$\widetilde{\varphi}_{1,00}(x)=\begin{cases}\widetilde{h}_2,\ x<d\\ \widetilde{h}_2\widetilde{\alpha},\ x>d,\end{cases}\quad \widetilde{\varphi}_{2,00}(x)=\begin{cases}0,\ x<d,\\ \widetilde{h}_2\widetilde{\beta},\ x>d\end{cases}\tag{4-122}$$

及

$$\widetilde{\varphi}_{1,10}(x)=\begin{cases}-1,\ x<d\\ -x\widetilde{\beta}-\widetilde{\alpha}+\widetilde{h}_2\widetilde{\beta}d,\ x>d\end{cases}\tag{4-123}$$

$$\widetilde{\varphi}_{2,10}(x)=\begin{cases}\widetilde{h}_2x,\ x<d\\ \widetilde{h}_2\widetilde{\alpha}x+\widetilde{h}_2\left[\left(\frac{1}{\widetilde{\alpha}}-\widetilde{\alpha}\right)d+1\right]-\widetilde{\beta},\ x>d\end{cases}\tag{4-124}$$

定义 $A:=\overline{W}_1-\overline{\widetilde{W}}_1=\dfrac{\widetilde{\alpha}_1-\alpha_1}{\widetilde{\alpha}_0^2}$. 则由式(4-108)得

$$\widetilde{\Phi}(x,\ \lambda)=\Phi(x,\ \lambda)+A\widetilde{D}_{00}(x,\ \lambda,\ \lambda_0)\Phi_{00}(x) \tag{4-125}$$

应用式(4-122)~式(4-124)可得

$$\varphi_{1,\ 00}(x)=\begin{cases}\dfrac{\widetilde{h}_2}{1+A\widetilde{h}_2^2x},\ x<d\\[2ex]\dfrac{\widetilde{h}_2\widetilde{\alpha}}{1+A\widetilde{h}_2^2[d+(\alpha^2+\widetilde{\beta}^2)(x-d)]},\ x>d\end{cases} \tag{4-126}$$

及

$$\varphi_{2,\ 00}(x)=\begin{cases}0,\ x<d\\[2ex]\dfrac{\widetilde{h}_2\widetilde{\beta}}{1+A\widetilde{h}_2^2[d+(\alpha^2+\widetilde{\beta}^2)(x-d)]},\ x>d\end{cases} \tag{4-127}$$

进而，式(4-125)对于 λ 求导数，结合式(4-122)~式(4-124)、式(4-126)~式(4-127)，可得

$$\varphi_{1,\ 10}(x)=\begin{cases}\dfrac{1}{1+A\widetilde{h}_2^2x},\ x<d\\[2ex]\dfrac{-\widetilde{h}^2\widetilde{\beta}(x-d)+A\widetilde{h}_2^2\widetilde{\alpha}\widetilde{\beta}(1+\widetilde{\alpha}^{-1})(x-d)}{1+A\widetilde{h}_2^2[d+(\alpha^2+\widetilde{\beta}^2)(x-d)]},\ x>d\end{cases} \tag{4-128}$$

及

$$\varphi_{2,\ 10}(x)=\begin{cases}\widetilde{h}_2x,\ x<d\\[2ex]\dfrac{\widetilde{h}_2[(\widetilde{\alpha}^{-1}+\widetilde{\alpha})d+1+\widetilde{\alpha}x]+A\widetilde{h}_2^3\widetilde{\beta}^2(1+\widetilde{\alpha}^{-1})(x-d)}{1+A\widetilde{h}_2^2[d+(\alpha^2+\widetilde{\beta}^2)(x-d)]},\ x>d\end{cases} \tag{4-129}$$

由式(4-116)和式(4-117)可得

$$p(x)=\begin{cases}0,\ x<d\\[2ex]\dfrac{A\widetilde{\beta}\widetilde{h}_2^2(\widetilde{\alpha}^2+\widetilde{\beta}^2)}{\widetilde{\alpha}\{1+A\widetilde{h}_2^2[d+(\alpha^2+\widetilde{\beta}^2)(x-d)]\}},\ x>d,\end{cases}$$

$$r(x)=\begin{cases}\infty,\ x<d\\[2ex]\dfrac{A\widetilde{\alpha}\widetilde{h}_2^2(\widetilde{\alpha}^2+\widetilde{\beta}^2)}{\widetilde{\beta}\{1+A\widetilde{h}_2^2[d+(\alpha^2+\widetilde{\beta}^2)(x-d)]\}},\ x>d\end{cases}$$

且

$$h_0=0,\ h_1=0,\ h_2=\widetilde{h}_2$$

由式(4-61)和式(4-66)可得

$$\beta_1=\left\{\frac{\widetilde{h}^2\widetilde{\beta}(\pi-d)-A\widetilde{h}_2^2\widetilde{\alpha}\widetilde{\beta}(1+\widetilde{\alpha}^{-1})(\pi-d)}{1+A\widetilde{h}_2^2[d+(\alpha^2+\widetilde{\beta}^2)(x-d)]}\right\}^{-1}:=\frac{1}{R}$$

其结合式(4-82)，得

$$\beta_0=\frac{1}{R}(\widetilde{h}_2+1)$$

从而有

$$\begin{cases}\psi_{1,00}(x)=\dfrac{(\widetilde{h}_2+1)\widetilde{h}_2\widetilde{\alpha}}{R\{1+A\widetilde{h}_2^2[d+(\alpha^2+\widetilde{\beta}^2)(x-d)]\}},\ x>d\\ \psi_{2,00}(x)=\dfrac{(\widetilde{h}_2+1)\widetilde{h}_2\widetilde{\beta}}{R\{1+A\widetilde{h}_2^2[d+(\alpha^2+\widetilde{\beta}^2)(x-d)]\}},\ x>d\end{cases}\tag{4-130}$$

由式(4-118)得

$$H_0=\widetilde{h}_2[(\widetilde{\alpha}^{-1}+\widetilde{\alpha})d+1+\widetilde{\alpha}\pi]+\frac{A\widetilde{h}_2^3\widetilde{\beta}^2(1+\widetilde{\alpha}^{-1})(\pi-d)}{1+A\widetilde{h}_2^2[d+(\alpha^2+\widetilde{\beta}^2)(\pi-d)]}$$

$$H_1=-\frac{(\widetilde{h}_2+1)\widetilde{h}_2\widetilde{\beta}}{R\{1+A\widetilde{h}_2^2[d+(\alpha^2+\widetilde{\beta}^2)(\pi-d)]\}}$$

$$H_2=\frac{(\widetilde{h}_2+1)\widetilde{h}_2\widetilde{\alpha}}{R\{1+A\widetilde{h}_2^2[d+(\alpha^2+\widetilde{\beta}^2)(\pi-d)]\}}$$

由式(4-119)，有

$$\alpha=\widetilde{\alpha},\ \beta=\widetilde{\beta}$$

4.3 基于不完备谱数据的 Dirac 算子的逆谱问题

4.3.1 引言

考虑定义在 $[0,\pi]$ 上的 Dirac 算子 H，其定义为

$$HY:=\begin{pmatrix}0&1\\-1&0\end{pmatrix}\frac{\mathrm{d}Y(x)}{\mathrm{d}x}+\begin{pmatrix}p(x)&0\\0&r(x)\end{pmatrix}Y(x)\tag{4-131}$$

满足边值条件

$$\cos\alpha y_1(0)+\sin\alpha y_2(0)=0 \tag{4-132}$$

$$\cos\beta y_1(\pi)+\sin\beta y_2(\pi)=0 \tag{4-133'}$$

这里，势函数 $p(x)$，$r(x)\in L^1[0,\pi]$，且 α，$\beta\in(0,\pi)$.

众所周知，近年来，众多学者研究 Dirac 型算子基于混合型谱数据的逆谱问题，并已得到很多重要的结果(见文献[70，75，153-157，167，168]以及其中的参考文献). 特别是，Amour[167]证明了针对 Dirac 算子的 Hochstadt-Lieberman 半逆谱定理，即 Dirichlet 谱[即(4-131)~(4-133′)中的 $\alpha=\beta=0$]可唯一地确定整个区间[0，π]上的势函数，前提是势函数 (p, r) 在子区间 $\left[0,\dfrac{\pi}{2}\right]\left(\text{或}\left[\dfrac{\pi}{2},\pi\right]\right)$上是已知的. 此外，del Rio 和 Grébert[70]考虑了 $[a,\pi]$ 上的势函数在已知且 $0\leqslant a<\pi$ 的情形，他们证明了在此情况下，两组谱中的一部分即可唯一确定势函数 (p, r) 在区间 $[0,\pi]$ 上的值；Horváth[144]考虑了同样的问题.

设 $(v_1(x,\lambda), v_2(x,\lambda))^{\mathrm{T}}$ 为方程 $HY=\lambda Y$ 满足初始条件 $v_1(\pi,\lambda)=\sin\beta$ 和 $v_2(\pi,\lambda)=-\cos\beta$ 的解. 如果势函数 (p, r) 在区间 $[a,\pi]$ 上是已知的，则函数 $v_1(a,\lambda)/v_2(a,\lambda)=:f(\lambda)$ 也是已知的，所以该问题可以转化为式(4-131)定义在 $[0,a]$ 上且满足初始条件(4-132)和

$$y_1(a)-f(\lambda)y_2(a)=0 \tag{4-133}$$

势函数的唯一确定性问题，很容易确定 $f(\lambda)$ 是 Nevanlinna 型亚纯函数，且问题(4-131)~(4-133′)和问题(4-131)~(4-133)是共谱的. 因此，我们考虑式问题(4-131)~(4-133)的逆谱问题，其中式(4-133)中的函数 $f(\lambda)$ 是已知的 Nevanlinna 函数(也称为 Herglotz 函数或 R 函数). 换句话说，$f(\lambda)$ 可以表示为

$$f(\lambda):=C\cdot\frac{p_1(\lambda)}{p_2(\lambda)} \tag{4-134}$$

其中 $p_1(\lambda)$ 和 $p_2(\lambda)$ 都是全纯函数(见文献[140 第Ⅱ章])，如果 $\xi_n<\mu_n<\xi_{n+1}$，则 $C>0$，如果 $\mu_n<\xi_n<\mu_{n+1}$，则 $C<0$.

本节研究部分特征值 $\{\lambda_n\}_{n\in\mathbf{Z}_0}$ 和部分规范常数 $\{\alpha_n\}_{n\in\mathbf{Z}_0}$ 已知的情形下，势 $p(x)$ 和 $r(x)$ 的唯一确定性问题. 对应于特征值 λ_n 的规范常数 α_n 定义为

$$\alpha_n=\int_0^a\left(v_1{}^2(x,\lambda_n)+v_2{}^2(x,\lambda_n)\right)\mathrm{d}x \tag{4-135}$$

其中 $(v_1(x,\lambda_n), v_2(x,\lambda_n))^{\mathrm{T}}$ 是问题(4-131)~(4-133)对应于特征值 λ_n 的特征函数，且满足条件 $v_1(a,\lambda)=p_1(\lambda)$ 和 $v_2(a,\lambda)=p_2(\lambda)$. 我们称 $\{\lambda_n,\alpha_n\}_{n\in\mathbf{Z}_0}$ 为问题(4-131)~(4-133)的 Marchenko 谱数据. 显然，当 $f(\lambda)$ 是一个常数时，由式(4-135)定义的 α_n 和常型 Dirac 算子所定义的规范常数是一致的，对于常型情形，已证明 Marchenko 谱数据可唯一地确定势函数 $p(x)$、$r(x)$ 和 α.

然而，当 $f(\lambda)$ 是已知的 Nevanlinna 函数时，显然此时 Marchenko 谱数据对问题(4-131)~(4-133)对于势函数的唯一确定性问题是超定的(例如，见参考文献[69]和[135]). 注意，对于这种情况，a 处的边值条件依赖于谱参数 λ. 当 $f(\lambda)$ 为有理分式时，对于 Sturm-Liouville 问题的谱和反谱问题已经有系统的研究成果(见参考文献[133-137]). 对于

Dirac 问题，却很少有研究结果(见参考文献[172-174]). 此外，本节所研究的问题中边值条件函数$f(\lambda)$ 不仅仅是有理分式. 我们研究的核心问题是，在$f(\lambda)$ 已知的条件 下，多少特征值和规范常数可唯一确定势函数(p, r) 和边值条件参数α，进而得到一个新的唯一性定理，并给出 Amour[167]，del Rio 及 Grebert[70]所得到结论的一种新的求解方法.

本节的结构如下. 下一节，我们回顾了 Nevanlinna 函数的性质，并且得到问题(4-131)~(4-133)的谱的性质. 在第 3 小节中，我们建立了唯一性结果，在第四小节中，我们给出了两个例子.

4.3.2 预备知识及辅助引理

在本小节中，我们回顾了 Nevanlinna 函数的性质，并给出问题(4-131)~(4-133)的谱的性质. 在本章中$\mathbb{R}$为实数集，$\mathbb{N}$为正整数集，$\mathbb{Z}_0$为非零整数集.
设

$$\Lambda = \mathbb{Z}_0,\quad \Lambda = \mathbb{N} \text{ 或 } \Lambda = \{1, 2, \cdots, N\} \tag{4-136}$$

其中$N \in \mathbb{N}$为确定的正整数，且对于具有$\prod \subset \mathbb{Z}_0$的任意$\Omega_0 = \{a_i\}_{i\in\prod}$和所有$a_i \in \mathbb{C}$，集合$\Omega_0$关于原点是几乎处处对称的陈述表示若对于$n \in \prod$，$a_n \in \Omega_0$，则有$-n \in \prod$，且$a_{-n} \in \Omega_0$，并且满足当$n \to \infty$时，$a_n + a_{-n} = O(1)$. 对于任何$t \in \mathbb{R}$，我们定义

$$n_{\Omega_0}(t) = \begin{cases} \sum\limits_{0\leqslant \mathrm{Re}(a_n)\leqslant t} 1, & t \geqslant 0 \\ \sum\limits_{0\leqslant \mathrm{Re}(a_n)\leqslant 0} 1, & t < 0 \end{cases} \tag{4-137}$$

让我们首先考虑由式(4-134)定义的 Nevanlinna 函数$f(\lambda)$，其极点记为$\{\xi_j\}_{j\in\Lambda}$，零点记为$\{\mu_j\}_{j\in\Lambda'}$. 这里，我们定义$\Lambda' = \mathbb{Z}_0$、$\Lambda' = \mathbb{N}$，或$\Lambda' = \{1, 2, \cdots, M\}$，其中$M = N-1$、$N$或$N+1$，其取值依赖于$\Lambda$的定义. 由 Nevanlinna 函数的性质可知

$$\xi_n < \mu_n < \xi_{n+1} \quad \text{或} \quad \mu_n < \xi_n < \mu_{n+1} \tag{4-138}$$

为了方便地讨论问题，对于式(4-136)定义的指标集Λ分为以下三种情况进行讨论(详情见参考文献[176]).

Ⅰ. $\Lambda = \{1, 2, \cdots, N\}$. 在这种情况下，$\Lambda' = \{1, 2, \cdots, M\}$，其中$M = N-1$、$N$或$N+1$，且

$$p_1(\lambda) = \prod_{j=1}^{M}\left(1 - \frac{\lambda}{\mu_n}\right), \qquad p_2(\lambda) = \prod_{k=1}^{N}\left(1 - \frac{\lambda}{\xi_k}\right) \tag{4-139}$$

Ⅱ. $\Lambda = \mathbb{Z}_0$. 在这种情况下，$\Lambda' = \mathbb{N}$. 对于固定的$0 < \rho_0 < 1$，以及所有的$\rho > \rho_0$，序列$\{\xi_j\}_{j=1}^{\infty}$有下界，满足$\sum_{j=1}^{\infty} \frac{1}{|\xi_j|^{\rho}} < \infty$，$p_1$和$p_2$可表示为(见参考文献[66]，定理 B. 2)

$$p_1(\lambda) = \prod_{j=1}^{+\infty}\left(1 - \frac{\lambda}{\mu_j}\right), \qquad p_2(\lambda) = \prod_{k=1}^{+\infty}\left(1 - \frac{\lambda}{\xi_k}\right) \tag{4-140}$$

Ⅲ. $\Lambda = \mathbb{Z}_0$. 在这种情况下，$\Lambda' = \mathbb{Z}_0$. 序列$\{\xi_j\}_{j=-\infty}^{\infty}$关于原点是几乎处处对称的，且若$\rho_0 = 1$，对于所有$\rho > 1$，满足$\sum_{j=-\infty}^{\infty} \frac{1}{|\xi_j|^{\rho}} < \infty$，$p_1$和$p_2$可表示为(见参考文献[110]，

定理 1，第 308 页，详细内容）

$$p_1(\lambda)=\mathrm{p.\,v.}\prod_{j=-\infty}^{+\infty}\left(1-\frac{\lambda}{\mu_j}\right),\quad p_2(\lambda)=\mathrm{p.\,v.}\prod_{k=-\infty}^{+\infty}\left(1-\frac{\lambda}{\xi_k}\right) \tag{4-141}$$

其中 $\mathrm{p.\,v.}\prod=\lim_{n\to\infty}\prod_{j=-n}^{n}$.

注意　对于 $j=1,\ 2$，函数 $p_j(\lambda)$ 都是全纯函数. 尤其是，众所周知(参考文献[66]，第 12 页)在第Ⅱ和第Ⅲ种情况下满足 $|p_j(\lambda)|\leqslant C_0\mathrm{e}^{a_0|\lambda|^\rho}$，其中 C_0 和 a_0 均为正常数，满足 $a_0\leqslant a$（或 $a_0<a$），以及

$$\limsup_{t\to\infty}\frac{n_{S_{p_2}}(t)}{t^{\rho_0}}=\limsup_{t\to\infty}\frac{n_{S_{p_1}}(t)}{t^{\rho_0}}\leqslant a_0\pi \tag{4-142}$$

这里，对于 $i=1,\ 2$，$S_{p_i}=\{\lambda\in\mathbb{C}:p_i(\lambda)=0\}$. 如果此极限存在，则该极限称为 S_{p_i} 的密度.

此外，根据参考文献[176]，存在常数 $C\geqslant0$，$b\in\mathbb{R}$，和 $b_k>0(k\in\Lambda)$，使得由式(4-133)定义的 $f(\lambda)$ 可以表示为

$$f(\lambda)=c\lambda+b+\sum_{k\in\Lambda}b_k\left[\frac{1}{\xi_k-\lambda}-\frac{\xi_k}{1+\xi_k{}^2}\right] \tag{4-143}$$

其中 $\sum_{j=-\infty}^{\infty}(b_j/\xi_j{}^2)<\infty$. 注意在情形Ⅱ和Ⅲ中，式(4-143)右侧的级数在任意 $\mathbb{C}$ 的不包含点 $\{\xi_k\}_{k\in\mathbb{Z}_0}$ 的有界集合上是一致收敛的.

引理 4-10　设 $f(\lambda)$ 的定义为式(4-143). 则对于所有实数 $\lambda\in\mathbb{R}\setminus\{\xi_j\}_{j\in\Lambda}$，有 $\dot{f}(\lambda)>0$，其中 $\dot{f}(\lambda)=\mathrm{d}f(\lambda)/\mathrm{d}\lambda$.

证明　由(参考文献[66]，定理 2.1 和 2.2)可知，在情形Ⅱ和Ⅲ中的合式在 $\mathbb{R}\setminus\{\xi_j\}_{j\in\Lambda}$ 中的任意子集中是一致收敛的，根据式(4-143)，我们有

$$\dot{f}(\lambda)=c+\sum_{k\in\Lambda}\frac{b_k}{(\lambda-\xi_k)^2}$$

因为所有 $b_k>0$，这意味着对于所有实 $\lambda\in\mathbb{R}\setminus\{\xi_j\}_{j\in\Lambda}$，$\dot{f}(\lambda)>0$. 引理得证.

假设 $U(x,\ \lambda)=(u_1,\ u_2)^{\mathrm{T}}(x,\ \lambda)$ 是方程，

$$HY(x,\ \lambda)=\lambda Y(x,\ \lambda) \tag{4-144}$$

满足初始条件 $u_1(0,\ \lambda)=\sin\alpha$ 和 $u_2(0,\ \lambda)=-\cos\alpha$ 的解. 已知对于任意的 $x\in(0,\ 1]$，$u_1(x,\ \lambda)$ 和 $u_2(x,\ \lambda)$ 都是指数型 $type=x$ 的全纯函数，且满足如下的渐近式:

$$u_1(x,\ \lambda)=\sin\left\{\lambda x-\frac{1}{2}\int_0^x[p(\tau)+r(\tau)]\mathrm{d}\tau+\alpha\right\}+O\left(\frac{\mathrm{e}^{|\mathrm{Im}\lambda|x}}{|\lambda|}\right) \tag{4-145}$$

$$u_2(x,\ \lambda)=-\cos\left\{\lambda x-\frac{1}{2}\int_0^x[p(\tau)+r(\tau)]\mathrm{d}\tau+\alpha\right\}+O\left(\frac{\mathrm{e}^{|\mathrm{Im}\lambda|x}}{|\lambda|}\right) \tag{4-146}$$

注意到 $u_i(x,\ \lambda)(i=1,\ 2)$ 的零点关于原点是几乎处处对称的.

如果 $\boldsymbol{\Phi}(x,\ \lambda)=(\varphi_1(x,\ \lambda),\ \varphi_2(x,\ \lambda))^{\mathrm{T}}$ 和 $\boldsymbol{\Psi}(x,\ \lambda)=(\psi_1(x,\ \lambda),\ \psi_2(x,\ \lambda))^{\mathrm{T}}$，我们定义

$$\langle\boldsymbol{\Phi}(x,\ \lambda),\ \boldsymbol{\Psi}(x,\ \lambda)\rangle=\varphi_1(x,\ \lambda)\psi_2(x,\ \lambda)-\varphi_2(x,\ \lambda)\psi_1(x,\ \lambda)$$

设 $V(x, \lambda)=(v_1, v_2)^{\mathrm{T}}(x, \lambda)$ 为方程(4-144)满足初始条件，

$$v_1(a, \lambda)=p_1(\lambda) \quad 和 \quad v_2(a, \lambda)=p_2(\lambda)$$

的解，则

$$\Delta(\lambda):=\langle V(x, \lambda), U(x, \lambda)\rangle \tag{4-147}$$

不依赖于 $x \in [0, a]$. 将 $x=0$ 和 $x=a$ 代入式(4-147)，即

$$\Delta(\lambda)=-(v_1(0, \lambda)\cos\alpha+v_2(0, \lambda)\sin\alpha)=p_1(\lambda)u_2(a, \lambda)-p_2(\lambda)u_1(a, \lambda) \tag{4-148}$$

则 $\Delta(\lambda)$ 的零点集合与问题(4-131)~(4-133)的特征值集合 σ 相同. 函数 $\Delta(\lambda)$ 称为其特征值函数.

让我们介绍问题(4-131)~(4-133)的 Weyl m 函数，其定义为

$$m_-(\lambda)=-\frac{u_1(a, \lambda)}{u_2(a, \lambda)} \tag{4-149}$$

众所周知，$m_-(\lambda)$ 是一个 Nevanlinna 函数，表示为

$$m_-(\lambda)=c_1\lambda+b_1+\sum_{k=-\infty}^{\infty}b_{1, k}\left[\frac{1}{v_k-\lambda}-\frac{v_k}{1+v_k^{\ 2}}\right] \tag{4-150}$$

当 $c_1 \geqslant 0$，$b_1 \in \mathbb{R}$，且所有 $b_{1, k}>0$ 时，式(4-150)右侧的级数一致收敛于不含 $\{v_k\}_{k\in\boldsymbol{Z}_0}$ 点的 $\mathbb{C}$ 的每个有界集. 在式(4-150)中因为存在常数 c，如果 $y\to\infty$ 和对于某些常数 $x_0 \in \mathbb{R}$ 使得 $m_-(iy+x_0)\to c$ 时，很容易看出 $c_1=0$，此外，$m_-(\lambda)$ 的零点 $\{\zeta_k\}_{k\in\boldsymbol{Z}_0}$ 和极点 $\{v_k\}_{k\in\boldsymbol{Z}_0}$ 是实的、简单的且满足 $v_k<\zeta_k<v_{k+1}$.

引理 4-11 设 $\{\beta_k\}_{k\in\boldsymbol{Z}_0}=\{\xi_m\}_{m\in\Lambda}\cup\{v_n\}_{n\in\boldsymbol{Z}_0}$（重根按重数记）. 其中 $\{\xi_k\}_{k\in\Lambda}$ 是 $p_2(\lambda)$ 的零点. 对于任意 $n_0 \in N$，存在正数 θ_{n_0} 使得

$$|\beta_k \pm\beta_{\mp k+k_0}|\leqslant\theta_{n_0} \tag{4-151}$$

其中 $k_0=\pm1, \cdots, \pm n_0$.

证明 我们首先证明 $|\beta_k-\beta_{\mp k+k_0}|\leqslant\theta_{n_0}$. 注意，集合 $\{v_n\}_{n\in\boldsymbol{Z}_0}$ 是方程(4-131)满足边值条件(4-132)及 $y_2(a)=0$ 的特征值集合，记作 $\widetilde{H}$. 当 $n\to\pm\infty$ 时，有

$$v_n=\frac{n\pi}{a}+\frac{\vartheta}{\pi}+O\left(\frac{1}{n}\right) \tag{4-152}$$

其中 $\vartheta=-\alpha-1/2\int_0^a(p+r)(t)\mathrm{d}t$，因此，$\sup_{n\in\boldsymbol{Z}_0}|v_n-v_{n+1}|=:\delta_0<\infty$. 因为 $\{v_n\}_{n\in\boldsymbol{Z}_0}\subset\{\beta_k\}_{k\in\boldsymbol{Z}_0}$，则对于所有 $n \in \mathbb{Z}_0$，$|\beta_n-\beta_{n+1}|\leqslant\delta_0$. 这表明对所有 $k_0=\pm1, \cdots, \pm n_0$. 有 $|\beta_k-\beta_{k+k_0}|\leqslant n_0\delta_0$.

我们接下来证明 $|\beta_k+\beta_{-k+k_0}|\leqslant\theta_{n_0}$. 如果 $\Lambda=\{1, 2, \cdots, N\}$ 是一个有限集，则存在 d，使得 $|\xi_j-\xi_i|\leqslant d$ 对于 $1\leqslant i, j\leqslant N$ 成立. 由于 $\{v_n\}_{n\in\boldsymbol{Z}_0}$ 关于原点是几乎处处对称的，因此对于足够大的 $-k$，$\{\beta_k\}_{k\in\boldsymbol{Z}_0}$ 满足

$$0\leqslant|\beta_{-k+k_0}+\beta_k|\leqslant|v_{-k+N+k_0}+v_k|\leqslant|v_{-k+N+k_0}-v_{-k}|+|v_{-k}+v_k|=n_0\delta_0+O(1)$$

这意味着 $|\beta_k+\beta_{-k+k_0}|\leqslant\theta_{n_0}$ 对于所有 $k_0=\pm1, \cdots, \pm n_0$ 是成立的. 另一方面，当 $\Lambda=\mathbb{Z}_0$ 时，由于序列 $\{\xi_k\}_{k\in\boldsymbol{Z}_0}$ 和 $\{v_n\}_{n\in\boldsymbol{Z}_0}$ 分别关于原点是几乎处处对称的，因此 $\{\beta_k\}_{k\in\boldsymbol{Z}_0}$ 关于原

点也是几乎处处对称的. 结合以上讨论，我们得到式(4-151). 引理得证.

注 4-3 上述引理说明 $\{\beta_k\}_{k\in\mathbb{Z}_0}$ 对于情形 Ⅰ 和 Ⅲ 均关于原点是几乎处处对称的. 此外，不失一般性，若我们重新定义 β_k，即当 $k>0$ 时 $\beta_k\geqslant 0$，当 $k<0$ 时 $\beta_k<0$. 考虑引理 4-11 的结果，我们发现重新定义的 $\{\beta_k\}_{k\in\mathbb{Z}_0}$ 在两种情况下关于原点均是几乎处处对称的. 我们在下面的引理中描述了问题(4-131)～(4-133)的谱的性质.

引理 4-12 设 $\sigma=\{\lambda_k\}_{k\in\mathbb{Z}_0}$ 是问题(4-131)～(4-133)所有特征值的集合. 那么，特征值均为实的、简单的. 且，

(1)对于情况 Ⅰ 和 Ⅲ，σ 关于原点是几乎处处对称的；

(2)对于情况 Ⅱ，存在 $\sigma=\breve{\sigma}\cup\hat{\sigma}$ 的划分，使得 $\breve{\sigma}=:\{\breve{\lambda}_k\}_{k\in\mathbb{Z}_0}$ 关于原点是几乎处处对称的，对于所有 $\rho>\rho_0\ (0<\rho_0<1)$，$\breve{\sigma}=:\{\breve{\lambda}_k\}_{k\in\boldsymbol{N}}$ 满足

$$\sum_{j=1}^{\infty}\frac{1}{|\hat{\lambda}_j|^{\rho}}<\infty$$

证明 由式(4-148)，我们有

$$\Delta(\lambda)=u_2(a,\lambda)p_2(\lambda)\left(\frac{p_1(\lambda)}{p_2(\lambda)}-\frac{u_1(a,\lambda)}{u_2(a,\lambda)}\right)=u_2(a,\lambda)p_2(\lambda)(f(\lambda)+m_-(\lambda))\tag{4-153}$$

注意有序序列 $\{\beta_k\}_{k\in\mathbb{Z}_0}=\{\xi_m\}_{m\in\Lambda}\cup\{v_n\}_{n\in\mathbb{Z}_0}$（重根按重数记）在引理 4-11 中被定义. 结合式(4-143)和式(4-150)，则有

$$M(\lambda)=:\frac{\Delta(\lambda)}{u_2(a,\lambda)p_2(\lambda)}=\hat{c}\lambda+\hat{b}+\sum_{k=-\infty}^{\infty}\hat{b}_k\left[\frac{1}{\beta_k-\lambda}-\frac{\beta_k}{1+\beta_k{}^2}\right]\tag{4-154}$$

其中，对于 $k_j\in\Lambda$，如果 $\hat{c}=c$（因为 $c=0$），则 $\hat{b}=b+b_1$，如果对于 $k_m\in\mathbb{Z}_0$，$\beta_k=\xi_k\in\{\xi_m\}_{m\in\Lambda}$，则 $\hat{b}_k=b_{k_j}$，另外，如果 $\beta_k=\xi_{k_j}=v_{k_m}=\beta_{k+1}$，则 $\hat{b}_k=b_{k_j}$，$\hat{b}_{k+1}=b_{1,k_m}$ 或相反. 我们将分别通过下面两种情况来证明引理：

Ⅰ. $\{\xi_m\}_{m\in\Lambda}\cap\{v_n\}_{n\in\mathbb{Z}_0}=\varnothing$. 在这种情况下，我们知道 $M(\lambda)$ 是一个 Nevanlinna 函数. 利用它的性质，我们得到了它的零点 $\{\lambda_k\}_{k\in\mathbb{Z}_0}$ 和极点 $\{\beta_k\}_{k\in\mathbb{Z}_0}$ 是简单的、实的、严格相互交错的，即

$$\lambda_k<\beta_k<\lambda_{k+1}\tag{4-155}$$

或

$$\beta_k<\lambda_k<\beta_{k+1}\tag{4-156}$$

(1)在第 Ⅰ 和第 Ⅲ 种情况下，注意 $\{\xi_k\}_{k\in\Lambda}$ 是有限集，或者关于原点是几乎处处对称的. 由于 $\{v_k\}_{k\in\mathbb{Z}_0}$ 也关于原点是几乎处处对称的，因此由引理 4-10 得出 $\{\beta_k\}_{k\in\mathbb{Z}_0}$ 也关于原点是几乎处处对称的. 应用式(4-155)和式(4-156)，我们有

$$\lambda_k+\lambda_{-k}\leqslant\beta_{k+1}+\beta_{-k+1}=\beta_{k+1}+\beta_{-(k+1)}+\beta_{-k+1}-\beta_{-k-1}=O(1)$$

这表明 $\{\lambda_k\}_{k\in\mathbb{Z}_0}$ 关于原点是几乎处处对称的.

(2)在第 Ⅱ 种情况下，我们可以用 $\{\beta_k\}_{k\in\mathbb{Z}_0}=\{\xi_m\}_{m\in\boldsymbol{N}}\cup\{v_n\}_{n\in\mathbb{Z}_0}$ 将实轴 $\mathbb{R}$ 划分为 $k\in\mathbb{Z}_0$ 的区间 (β_k,β_{k+1}) 恰好包含 λ_k，我们根据以下标准选择 $\breve{\lambda}_k$ 和 $\hat{\lambda}_k$

$$\lambda_k =: \breve{\lambda}_k,\ \text{如果}\ k < 0; \tag{4-157}$$

$$\lambda_k =: \breve{\lambda}_j,\ \text{如果}\ \beta_k = v_j\ \text{并且}\ k > 0; \tag{4-158}$$

$$\lambda_k =: \breve{\lambda}_n,\ \text{如果}\ \beta_k = \xi_n\ \text{并且}\ k > 0。 \tag{4-159}$$

基于上述选择，可以明显看出，对于每个 $\lambda_j \in \{\lambda_k\}_{k\in \mathbf{Z}_0}$，要么 $\lambda_j \in \{\breve{\lambda}_k\}_{k\in \mathbf{Z}_0}$，要么 $\lambda_j \in \{\hat{\lambda}_k\}_{k\in \mathbf{N}}$.

接下来，我们证明 $\breve{\sigma} = \{\hat{\lambda}_k\}_{k\in \mathbf{Z}_0}$ 关于原点是几乎处处对称的. 由式(4-152)，我们有

$$\inf_{k\in \mathbf{Z}_0} |v_{k+1} - v_k| =: m > 0\ \text{和}\ \sup_{k\in \mathbf{Z}_0} |v_{k+1} - v_k| =: M < \infty \tag{4-160}$$

在这种情况下，我们推断对于足够大的 $k > 0$，$\breve{\lambda}_k \in (v_k,\ v_{k+1})$. 结合式(4-151)一起表明两个序列 $\{\breve{\lambda}_k\}_{k\in \mathbf{Z}_0}$ 和 $\{v_k\}_{k\in \mathbf{Z}_0}$ 是严格相互交错的. $\{v_k\}_{k\in \mathbf{Z}_0}$ 关于原点几乎处处对称表明 $\{\breve{\lambda}_k\}_{k\in \mathbf{Z}_0}$ 关于原点也是几乎处处对称的.

此外，如果式(4-159)中的 $\beta_k = \xi_n$，则对于所有 n, $\hat{\lambda}_n > \xi_n$，因为 $\{\xi_j\}_{j\in \mathbf{N}}$ 有下界且对于所有 $\rho > \rho_0$，满足 $\sum_{j=-\infty}^{\infty} \frac{1}{|\xi_j|^{\rho}} < \infty$，可知 $\{\hat{\lambda}_j\}_{j\in \mathbf{N}}$ 有下界且对于所有 $\rho > \rho_0$，满足

$$\sum_{j=1}^{\infty} \frac{1}{|\hat{\lambda}_j|^{\rho}} < \infty$$

Ⅱ. $\{\xi_m\}_{m\in \Lambda} \cap \{v_n\}_{n\in \mathbf{Z}_0} \neq \varnothing$. 在这种情况下，如果 $\beta_k = \beta_{k+1}$，则 $\Delta(\beta_k) = 0$，即存在 $\lambda_{k_1} \in \{\lambda_k\}_{k\in \mathbf{Z}_0}$，使得 $\beta_k = \lambda_{k_1}$. 此外，当我们去掉式(4-154)中 $\Delta(\lambda)$ 和 $u_2(a,\ \lambda)p_2(\lambda)$ 的公因子时，所得到 $\hat{M}(\lambda)$ 也是一个 Nevanlinna 函数. 用 $\hat{M}(\lambda)$ 代替情况Ⅰ中的 $M(\lambda)$，我们可以用同样的方法证明 $\hat{M}(\lambda)$ 的零点是实的和简单的；因此，(1)和(2)对于 $\sigma \setminus \{\lambda_{k_1}\}$ 仍然成立. 由于 $\{\lambda_{k_1}\}$ 是一个有限集，引理得证.

引理 4-13 设 $\sigma = \{\lambda_k\}_{k\in \mathbf{Z}_0}$，$S_{u_2} = \{v_n\}_{n\in \mathbf{Z}_0}$，且 $S_{u_2} = \{v_n\}_{n\in \mathbf{Z}_0}$ 由式(4-139)~(4-141)所定义. 则对于足够大的 t，有

$$n_{\sigma}(t) \geqslant n_{S_{u_2}}(t) + n_{S_{p_2}}(t) - 1 \tag{4-161}$$

证明 注意 $\{\beta_k\}_{k\in \mathbf{Z}_0} = \{\xi_m\}_{m\in \mathbf{N}} \cup \{v_k\}_{k\in \mathbf{Z}_0}$. 则 $n_{\sigma}(t) \geqslant n_{S_{u_2}}(t) + n_{S_{p_2}}(t)$ 或 $n_{\sigma}(t) \geqslant n_{S_{u_2}}(t) + n_{S_{p_2}}(t) - 1$. 因此，式(4-161)仍然正确.

由于 $U(x,\ \lambda_n)$，$V(x,\ \lambda_n)$ 是问题(4-131)~(4-133)对应于特征值 λ_n 的特征函数，则存在常数 κ_n，满足

$$U(x,\ \lambda_n) = \kappa_n V(x,\ \lambda_n) \tag{4-162}$$

显然，$\kappa_n = u_1(a,\ \lambda_n)/p_1(\lambda_n) = u_2(a,\ \lambda_n)/p_2(\lambda_n)$.

引理 4-14 以下关系成立：

$$\dot{\Delta}(\lambda_n) = \kappa_n(\alpha_n + p_2^2(\lambda_n)\dot{f}(\lambda_n)) =: \kappa_n\alpha'_n \tag{4-163}$$

证明 由于 $U(x,\ \lambda)$ 和 $V(x,\ \lambda)$ 是式(4-144)的解，因此对于 $x \in [0,\ a]$，有

$$\frac{\mathrm{d}}{\mathrm{d}x}\langle U(x,\ \lambda_n),\ V(x,\ \lambda_n)\rangle = (\lambda - \lambda_n)(u_1(x,\ \lambda_n)v_1(x,\ \lambda) + u_2(x,\ \lambda_n)v_2(x,\ \lambda))$$

(1) 如果 $p_2(\lambda_n)\neq 0$，将上述方程在 $[0, a]$ 上积分，并将 $U(x, \lambda)$ 和 $V(x, \lambda)$ 的初始值代入可得

$$\begin{aligned}&(\lambda-\lambda_n)\int_0^a[u_1(x, \lambda_n)v_1(x, \lambda)+u_2(x, \lambda_n)v_2(x, \lambda)]\mathrm{d}x\\&=[u_1(a, \lambda_n)v_1(a, \lambda)-u_2(a, \lambda_n)v_2(a, \lambda)]-[v_1(0, \lambda)\cos\alpha+v_2(0, \lambda)\sin\alpha]\\&=v_2(a, \lambda)u_2(a, \lambda_n)[f(\lambda_n)-f(\lambda)]+\Delta(\lambda)\end{aligned}\tag{4-164}$$

当 $\lambda\to\lambda_n$ 时，由(4-162)得到

$$\begin{aligned}\dot{\Delta}(\lambda_n)&=\int_0^a[u_1(x, \lambda_n)v_1(x, \lambda)+u_2(x, \lambda_n)v_2(x, \lambda)]\mathrm{d}x+\dot{f}(\lambda_n)u_2(a, \lambda_n)v_2(a, \lambda_n)\\&=\kappa_n[\int_0^a(v_1^2(x, \lambda_n))+v_2{}^2(x, \lambda_n)+\dot{f}(\lambda_n)_2{}^2(a, \lambda_n)]\\&=\kappa_n\alpha'_n\end{aligned}\tag{4-165}$$

(2) 如果 $p_2(\lambda_n)=0$，则有 $u_2(a, \lambda_n)=0$ 和

$$(\lambda-\lambda_n)\int_0^a[u_1(x, \lambda_n)v_1(x, \lambda)+u_2(x, \lambda_n)v_2(x, \lambda)]\mathrm{d}x=u_1(a, \lambda_n)v_1(a, \lambda)+\Delta(\lambda)$$

因此，当 $\lambda\to\lambda_n$ 时，有

$$\begin{aligned}\dot{\Delta}(\lambda_n)&=\kappa_n[\int_0^a(v_1^2(x, \lambda_n))+v_2{}^2(x, \lambda_n)+\dot{v}_2(a, \lambda_n)v_1(a, \lambda_n)]\\&=\kappa_n\alpha'_n\end{aligned}\tag{4-166}$$

引理得证.

4.3.3 唯一性问题

在本小节讨论该边值问题基于部分谱数据的唯一性，这里部分谱数据包括部分特征值 $\{\lambda_n\}_{n\in\mathbf{Z}_0}$ 和部分规范常数 $\{\alpha_n\}_{n\in\mathbf{Z}_0}$.

首先介绍 Marchenko 唯一性定理：

引理 4-15　设 $m_-(\lambda)$ 由式(4-149)定义. 则对于 $x\in[0, a]$，$m_-(\lambda)$ 唯一地确定 α 和势函数 $(p(x), r(x))$.

在这里，我们用 $L(p, r, \alpha, f(\lambda))$ 来表示问题(4-131)~(4-133)，且用 $\widetilde{L}$ 表示具有相同形式，但系数分别为 $\widetilde{p}$，$\widetilde{\gamma}$，$\widetilde{\alpha}$ 和 $\widetilde{f}(\lambda)$ 的另一问题. 如果 δ 表示 L 的某个参数，那么 $\widetilde{\delta}$ 表示与 $\widetilde{L}$ 对应的参数.

注意到 $U(x, \lambda)=(u_1(x, \lambda), u_2(x, \lambda))^{\mathrm{T}}$ 是方程(4-144)满足初始条件 $u_1(0, \lambda)=\sin\alpha$，$u_2(0, \lambda)=-\cos\alpha$ 的解. 我们令

$$Q(x, \lambda)=\langle U(x, \lambda), \widetilde{U}(x, \lambda)\rangle\tag{4-167}$$

下面的引理对于证明我们的主要结果是至关重要的.

引理 4-16　假设 $f(\lambda)=\widetilde{f}(\lambda)$. 对于 $n\in\mathbb{Z}_0$，如果 $\lambda_n=\widetilde{\lambda}_n$，则有 $Q(a, \lambda_n)=0$；另外，

如果同时满足 $\alpha_n=\tilde{\alpha}_n$，则

$$\dot{Q}(a,\lambda_n)=0 \tag{4-168}$$

也就是说，在这种情况下，λ_n 是方程 $Q(a,\lambda)=0$ 的二重根.

证明 如果 $f(\lambda)=\tilde{f}(\lambda)$，那么对于所有 $\lambda\in\mathbb{C}$，$p_1(\lambda)=\tilde{p}_1(\lambda)$ 和 $p_2(\lambda)=\tilde{p}_2(\lambda)$，因此，式(4-163)隐含着 $\alpha'_n=\tilde{\alpha}'_n$ 当且仅当 $\alpha_n=\tilde{\alpha}_n$，且

$$\dot{Q}(a,\lambda)=\frac{1}{p_1(\lambda)}\begin{vmatrix}u_{1,\lambda}(a,\lambda) & \tilde{u}_{1,\lambda}(a,\lambda)\\ \Delta(\lambda) & \tilde{\Delta}(\lambda)\end{vmatrix}+\frac{1}{p_1(\lambda)}\begin{vmatrix}u_1(a,\lambda) & \tilde{u}_1(a,\lambda)\\ \dot{\Delta}(\lambda) & \dot{\tilde{\Delta}}(\lambda)\end{vmatrix}$$

$$-\frac{\dot{p}_1(\lambda)}{p_1^2(\lambda)}\begin{vmatrix}u_{1,\lambda}(a,\lambda) & \tilde{u}_{1,\lambda}(a,\lambda)\\ \Delta(\lambda) & \tilde{\Delta}(\lambda)\end{vmatrix} \tag{4-169}$$

则由 $\lambda_n=\tilde{\lambda}_n$ 得出 $Q(a,\lambda_n)=0$. 此外，由于

$$\dot{Q}(a,\lambda)=\left(\frac{1}{p_1(\lambda)}-\frac{p_1(\lambda)}{p_1{}^2(\lambda)}\right)\begin{vmatrix}u_{1,\lambda}(a,\lambda) & \tilde{u}_{1,\lambda}(a,\lambda)\\ \Delta(\lambda) & \tilde{\Delta}(\lambda)\end{vmatrix}+\frac{1}{p_1(\lambda)}\begin{vmatrix}u_1(a,\lambda) & \tilde{u}_1(a,\lambda)\\ \dot{\Delta}(\lambda) & \dot{\tilde{\Delta}}(\lambda)\end{vmatrix}$$

其中 $u_{1,\lambda}(a,\lambda)=du_1(a,\lambda)/\mathrm{d}\lambda$，利用引理 4-11，我们得到

$$\begin{aligned}\dot{Q}(a,\lambda_n)&=\frac{1}{p_1(\lambda_n)}(\dot{\tilde{\Delta}}(\lambda_n)u_1(a,\lambda_n)-\dot{\Delta}(\lambda_n)\tilde{u}_1(a,\lambda_n))\\&=\tilde{\alpha}'_n\tilde{\kappa}_n\kappa_n-\alpha'_n\kappa_n\tilde{\kappa}_n\\&=(\tilde{\alpha}'_n-\alpha')\kappa_n\tilde{\kappa}_n\end{aligned} \tag{4-170}$$

此外，当 $\alpha_n=\tilde{\alpha}_n$ 时，容易验证 $\dot{Q}(a,\lambda_n)=0$. 引理得证.

引理 4-17 设 S 关于原点是几乎处处对称的，且对于 $\lambda_n\in S$，$\lambda_n\neq 0$，则

$$w_S(z)=\text{p. v.}\prod_{n\in S}\left(1-\frac{z}{\lambda_n}\right) \tag{4-171}$$

是局部一致收敛的且其是以 λ_n 为零点的全纯函数，进而有

$$\ln|w_S(z)|=\text{p. v.}\int_{-\infty}^{+\infty}\frac{n_S(t)}{t}\frac{y^2-x(t-x)}{y^2+(t-x)^2}\mathrm{d}t$$

其中 $z=x+iy$.

证明 参见参考文献[154]中引理 2.5 的证明.

根据 $\{\xi_k\}$ 所满足的条件(见情况Ⅰ、Ⅱ和Ⅲ)，则对于足够大的 $t_0>0$，存在 $A_\pm(t)$ 和 $B_\pm(t)$，使得

$$n_{S_{p_2}}(t) \geqslant \begin{cases} A_+(t)n_{\mathbb{Z}_0}(t)+B_+(t),\ t \geqslant t_0 \\ A_-(t)n_{\mathbb{Z}_0}(t)-B_-(t),\ t \leqslant -t_0 \end{cases} \tag{4-172}$$

其中函数 $A_\pm(t)$ 均为单调不减函数且对于 $C_1>0$，满足 $A_\pm(t)\geqslant 0$ 与 $|B_\pm(t)|<C_1$. 更准确地说，对于第 1 种情况，我们取 $A_\pm(t)=B_-(t)=0$ 和 $B_+(t)=N$；对于第 2 种情况，我们取 $A_+(t)=t^{\rho_0-1}$ 和 $A_-(t)=B_\pm(t)=0$；对于第 3 种情况，即 S_{p_2} 关于原点是几乎处处对称的，我们可以取 $A_+(t)=A_-(t)=a_0$，其中 $a_0>0$ 定义在式(4-7)中，$B_\pm(t)=0$. 我们现在可以给出本节的主要结果.

定理 4-7　设 σ 为问题(4-131)~(1-133)的特征值集合，其中 $\sigma=\breve{\sigma}\cup\hat{\sigma}$ 在引理 4-12 中定义. 假设集合 S 和 S_0 满足

$$S_0 \subseteq S \subseteq \sigma$$

设 $\lim_{t\to\infty}\dfrac{n_S(t)}{t}$ 和 $\lim_{t\to\infty}\dfrac{n_{S_0}(t)}{t}$ 都存在；此外，

(1)对于情况Ⅰ和Ⅲ，S 和 S_0关于原点是几乎处处对称的；

(2)对于情况Ⅱ，集合 $S:=\breve{S}\cup\hat{S}$，$S_0:=\breve{S}_0\cup\hat{S}_0$ 使得 $\breve{S}_0\subseteq\breve{S}\subseteq\breve{\sigma}$，$\hat{S}_0\subseteq\hat{S}\subseteq\hat{\sigma}$ 成立，$\breve{S}$ 和 $\breve{S}_0$ 关于原点是几乎处处对称的.

如果对于足够大的 $t_0\in\mathbb{R}$，有

$$n_S(t)+n_{S_0}(t) \geqslant \begin{cases} \dfrac{2a}{a+A_+(t)\pi}n_\sigma(t)-\dfrac{2a(B_+(t)+1)}{(a+A_+(t)\pi)}+\dfrac{a}{\pi},\ t\geqslant t_0 \\ \dfrac{2a}{a+A_-(t)\pi}n_\sigma(t)+\dfrac{2a(B_-(t)+1)}{(a+A_-(t)\pi)},\ t\leqslant -t_0 \end{cases} \tag{4-173}$$

其中 $A_\pm(t)$，$B_\pm(t)$ 由式(4-172)定义，则 $f(\lambda)$ 和集合 S，$\Gamma_0:=\{\alpha_n:\ \lambda_n\in S_0\}$ 唯一确定边值条件参数 α 和 $[0,\ a]$ 上的势函数 $(p(x),\ r(x))$.

注 4-4　定理 4-7 解决了一类新型的边值条件中含有已知的 Nevanlinna 函数 $f(\lambda)$ 的逆谱问题. 该结果表明进一步表明，在势函数的唯一确定性问题上，规范常数和特征值具有同等重要的作用，即可以用规范常数替代特征值. 另一方面，设 $S_0=\varnothing$，我们可得到 Amour[67]的定理 1，del Rio 和 Grébert[70]的定理 1，这种情况下，$f(\lambda)=v_1(a,\ \lambda)/v_2(a,\ \lambda)$，$\beta$，和 $[a,\ \pi]$ 上的 $(p,\ r)$ 已知，其中 $(v_1(x,\ \lambda),\ v_2(x,\ \lambda))^{\mathrm{T}}$ 是方程(4-144)满足初始条件 $v_1(\pi,\ \lambda)=\sin\beta$ 和 $v_2(\pi,\ \lambda)=-\cos\beta$，$\beta\in[0,\ \pi)$ 的解.

定理 4-7 的证明　设 $\{\lambda_n,\ \alpha_n\}_{n\in\mathbb{Z}_0}$ 和 $\{\widetilde{\lambda}_n,\ \widetilde{\alpha}_n\}_{n\in\mathbb{Z}_0}$ 分别为问题 L 和问题 $\widetilde{L}$ 的谱数据. 我们仅限于情况Ⅱ下的证明，其他两种情况可以类似证明.

定义

$$G_{\breve{\sigma}}(\lambda)=\mathrm{p.\,v.}\prod_{\breve{\lambda}_n\in\breve{\sigma}}\left(1-\frac{\lambda}{\breve{\lambda}_n}\right) \tag{4-174}$$

$$G_{\hat{\sigma}}(\lambda)=\mathrm{p.\,v.}\prod_{\hat{\lambda}_n\in\hat{\sigma}}\left(1-\frac{\lambda}{\hat{\lambda}_n}\right) \tag{4-175}$$

同样，我们可以定义 $G_{\check{S}}(\lambda)$、$G_{\hat{S}}(\lambda)$、$G_{\check{S}_0}(\lambda)$ 和 $G_{\hat{S}_0}(\lambda)$．此外，我们定义

$$G_\sigma(\lambda)=G_{\check{\sigma}}(\lambda)G_{\hat{\sigma}}(\lambda) \tag{4-176}$$

$$G_S(\lambda)=G_{\check{S}}(\lambda)G_{\hat{S}}(\lambda),\quad G_{S_0}(\lambda)=G_{\check{S}_0}(\lambda)G_{\hat{S}_0}(\lambda) \tag{4-177}$$

引理 4-17 表明，上面定义的所有函数都是全纯函数. 此外，从定义(4-174)可知 $G_{\mathbf{Z}_0}(\lambda)=\sin(\pi\lambda)/\lambda$．此外，$u_2(a,\ \lambda)$ 的渐近式(4-146)表明

$$n_{S_{u_2(a,\ \lambda)}}(t)=\frac{a}{\pi}n_{\mathbf{Z}_0}(t)\quad 或\quad n_{S_{u_2(a,\ \lambda)}}(t)=\frac{a}{\pi}n_{\mathbf{Z}_0}(t)+1$$

对于足够大的 t，令 $\lambda=iy$，由引理 4-17 可得

$$\begin{aligned}\ln|G_S(iy)G_{S_0}(iy)|&=\text{p. v.}\int_{-\infty}^{+\infty}\frac{n_S(t)+n_{S_0}(t)}{t}\frac{y^2}{(y^2+t^2)}\mathrm{d}t\\&\geqslant\int_{t_0}^{\infty}\frac{2a}{a+A_+(t)\pi}n_\sigma(t)\cdot\frac{y^2}{t(y^2+t^2)}\mathrm{d}t\\&\quad+\int_{-\infty}^{-t_0}\frac{2a}{a+A_-(t)\pi}n_\sigma(t)\cdot\frac{y^2}{t(y^2+t^2)}\mathrm{d}t\\&\quad+\int_{-\infty}^{-t_0}\frac{2a(-B_-(t)-1)}{(a+A_-(t)\pi)}\frac{y^2}{t(y^2+t^2)}\mathrm{d}t\\&\quad+\int_{t_0}^{+\infty}\frac{2a(B_+(t)-1)}{(a+A_+(t)\pi)}\cdot\frac{y^2}{t(y^2+t^2)}\mathrm{d}t+O(1)\\&\geqslant\frac{2a}{\pi}\left[\int_{t_0}^{\infty}\frac{n_{\mathbf{Z}_0}(t)}{t}\cdot\frac{y^2}{t(y^2+t^2)}\mathrm{d}t+\int_{-\infty}^{t_0}\frac{n_{\mathbf{Z}_0}(t)}{t}\cdot\frac{y^2}{t(y^2+t^2)}\mathrm{d}t\right]+O(1)\\&\geqslant\frac{2a}{\pi}\ln|G_{\mathbf{Z}_0}(iy)|+\frac{a}{\pi}\ln(1+y^2)+O(1).\end{aligned} \tag{4-178}$$

上式计算时，我们利用了关系式

$$\int_1^{\infty}\frac{y^2}{t(y^2+t^2)}\mathrm{d}t=\frac{1}{2}\ln\left(1+\frac{y^2}{t^2}\right)\Bigg|_{t=1}^{+\infty}=\frac{1}{2}\ln(1+y^2)$$

和

$$\int_{-\infty}^{-1}\frac{y^2}{t(y^2+t^2)}\mathrm{d}t=-\frac{1}{2}\ln(1+y^2)$$

我们注意到(例如，参考文献[144]，第 4168 页)

$$\ln|G_{\mathbf{Z}_0}(iy)|=\pi|y|-\ln|y|+O(1) \tag{4-179}$$

因此，我们得

$$|G_S(iy)G_{S_0}(iy)|\geqslant C_2\mathrm{e}^{2a|y|} \tag{4-180}$$

其中 C_2 为正常数. 结合式(4-173)、式(4-161)、式(4-117)与式(4-172)，我们得到

$$\lim_{t\to\pm\infty}\frac{n_S(t)+n_{S_0}(t)}{t}\geqslant\lim_{t\to\pm\infty}\frac{2a}{a+A_\pm(t)\pi}\left(\lim_{t\to\pm\infty}\frac{n_{S\ u_2(a,\ \lambda)}(t)}{t}+\lim_{t\to\pm\infty}\frac{n_{S\ p_2}(t)}{t}\right)$$

$$
\begin{aligned}
&= \lim_{t\to\pm\infty} \frac{2a}{a + A_{\pm}(t)\pi}\left(\frac{a}{\pi} + \lim_{t\to\pm\infty} A_{\pm}(t)\right)\lim_{t\to\pm\infty}\frac{n_{\mathbb{Z}_0}(t)}{t} \\
&= \frac{2a}{\pi}\lim_{t\to\pm\infty}\frac{n_{\mathbb{Z}_0}(t)}{t} \qquad (4-181)\\
&= \frac{2a}{\pi}.
\end{aligned}
$$

设 $S^* = \breve{S}^* \cup \hat{S}$，其中 $\breve{S}^* = \{\breve{\lambda}^*_{\pm n} | \breve{\lambda}^*_n = \breve{\lambda}_n,\ \breve{\lambda}^*_{-n} = -\breve{\lambda}_n,\ n > 0,\ \breve{\lambda}_n \in \breve{S}\}$．则有

$$
G_{S^*}(\lambda) = G_{\breve{S}^*}(\lambda) G_{\hat{S}^*}(\lambda)
$$

且其为全纯函数．使用参考文献[144]中的引理2.6，对于每个 $\delta > 0$，如果 $|\lambda - \lambda_n| > \delta$ 和 $|\lambda - \lambda^*_n| > \delta$，则对于所有 $\lambda_n \in S$ 和 S，我们有 $|G_{S^*}(\lambda)| \asymp |G_S(\lambda)|$，其中符号"$\asymp$"表示 $|G_{S^*}(\lambda)/G_S(\lambda)|$ 和 $|G_S(\lambda)/G_{S^*}(\lambda)|$ 都有界．注意，存在常数 a_1，使得

$$
\lim_{n\to\pm\infty}\frac{n}{\lambda^*_n} = \lim_{t\to\pm\infty}\frac{n_{S^*}(t)}{t} = \lim_{t\to\pm\infty}\frac{n_S(t)}{t} = \frac{a_1}{\pi}
$$

根据参考文献[115]中的定理 XXXI，易知对于任何 $\varepsilon_1 > 0$，当 $|\lambda| \to \infty$ 时，$G_{S^*}(\lambda) = O(\mathrm{e}^{a_1|\mathrm{Im}\lambda| + \varepsilon_1|\lambda|})$．因此，对于 $|\lambda - \lambda_n| \geqslant c/8$，其中 $\lambda_n \in S$ 和 $c > 0$，满足 $|\lambda_m - \lambda_n| \geqslant c|m - n|$，有

$$
G_S(\lambda) = O(\mathrm{e}^{a_1|\mathrm{Im}\lambda| + \varepsilon_1|\lambda|}) \qquad (4-182)
$$

对于 $n > 0$ 和 $\breve{\lambda}_n \in \breve{S}_0$，设 $\breve{S}_0{}^* = \{\breve{\lambda}^*_{\pm n} | \breve{\lambda}^*_n = \breve{\lambda}_n,\ \breve{\lambda}^*_{-n} = -\breve{\lambda}_n\}$．用 $\breve{S}$ 代替 $\breve{S}^*$，我们可以用上面同样的方法证明存在 a_2，对于任何 $\varepsilon_2 > 0$，当 $|\lambda| \to \infty$ 时，有

$$
G_{S_0}(\lambda) = O(\mathrm{e}^{a_2|\mathrm{Im}\lambda| + \varepsilon_2|\lambda|}) \qquad (4-183)
$$

对于 $|\lambda - \lambda_n| \geqslant c/8$ 成立，其中 $\lambda_n \in S_0$．由式(4-180)可知，$a_1 + a_2 \geqslant 2a$．式(4-181)结合式(4-182)和式(4-183)可得在 $\lambda_n \in S$，$|\lambda - \lambda_n| \geqslant c/8$ 成立时，有

$$
G_S(\lambda) G_{S_0}(\lambda) = O(\mathrm{e}^{2a|\mathrm{Im}\lambda| + \varepsilon|\lambda|}) \qquad (4-184)
$$

其中 $\varepsilon = \varepsilon_1 + \varepsilon_2$．

另一方面，根据式(4-145)、式(4-146)和式(4-167)，可得

$$
\begin{aligned}
Q(a,\ \lambda) &= u_1(a,\ \lambda)\tilde{u}_2(a,\ \lambda) - u_2(a,\ \lambda)\tilde{u}_1(a,\ \lambda) \\
&= \sin\left(\frac{1}{2}\int_0^a (p(\tau) + r(\tau) - (\tilde{p}(\tau) + \tilde{p}(\tau)))\mathrm{d}\tau\right) + O\left(\frac{\mathrm{e}^{2a|\mathrm{Im}\lambda|}}{|\lambda|}\right).
\end{aligned}
$$

从引理 4-16 可知，集合 S 的元素是 $Q(a,\ \lambda)$ 的零点；因此，函数 $Q(a,\ \lambda)$ 有无穷多个实零点，且零点是无界的；且上述估计只有在

$$
\sin\left(\frac{1}{2}\int_0^a (p(\tau) + r(\tau) - (\tilde{p}(\tau) + \tilde{p}(\tau)))\mathrm{d}\tau\right) = 0
$$

时成立．因此，我们有

$$
Q(a,\ \lambda) = O\left(\frac{\mathrm{e}^{2a|\mathrm{Im}\lambda|}}{|\lambda|}\right) \qquad (4-185)
$$

设

$$F(\lambda)=\frac{Q(a,\ \lambda)}{G_S(\lambda)G_{S_0}(\lambda)} \tag{4-186}$$

记 $G(r)=\max_{\varphi}|F(ie^{i\varphi})|$. 将式(4-184)和式(4-185)与式(4-186)结合，我们得到

$$\limsup_{t\to\infty}\frac{\ln G(r)}{r}=-\varepsilon<0 \tag{4-187}$$

因此 $F(\lambda)$ 是零指数型全纯函数. 根据关系式(4-185)和式(4-186)，在 $\mathbb{R}$ 上，当 $y\to\pm\infty$ 时，则有

$$\limsup_{t\to\infty}\frac{\ln G(r)}{r}=-\varepsilon<0,\quad |F(iy)|\leqslant C\frac{\dfrac{e^{2a|y|}}{|y|}}{e^{2a|y|}}=O\left(\frac{1}{|y|}\right) \tag{4-188}$$

即当 $y\to\pm\infty$ 时，$|F(iy)|\to 0$. 根据引理 4-3，得 $F(\lambda)\equiv 0$，因此我们得出结论：对于所有的 $\lambda\in\mathbb{C}$，$Q(a,\ \lambda)=0$. 因此，对于所有的 $\lambda\in\mathbb{C}\setminus\{z=x+iy:\ y=0\}$，$m_-(\lambda)=\widetilde{m}_-(\lambda)$. 由引理 4-15 可得 $\alpha=\widetilde{\alpha}$，则对于 $x\in[0,\ a]$，有 $p(x)=\widetilde{p}(x)$，$r(x)=\widetilde{r}(x)$.

对于第Ⅰ和第Ⅲ种情况，我们只需要在式(4-110)和式(4-111)中设 $\hat{\sigma}=\hat{S}=\hat{S}_0=\varnothing$，即 $G_{\sigma}(\lambda)=G_{\breve{\sigma}}(\lambda)$，$G_S(\lambda)=G_{\breve{S}}(\lambda)$，$G_{S_0}(\lambda)=G_{\breve{S}_0}(\lambda)$. 定理得证.

下面的推论处理已知特征值和规范常数成对出现的情况.

推论 4-2 设 σ 为问题(4-131)~(4-133)的特征值集合，$\breve{\sigma}$，$\hat{\sigma}$ 在引理 4-12 中定义. 假设集合 $S\subseteq\sigma$，且 $\lim\limits_{t\to\infty}\dfrac{n_S(t)}{t}$ 存在；此外，

(1)对于情况Ⅰ和Ⅱ，S 关于原点是几乎处处对称的；

(2)对于情况Ⅱ，$S_0:=\breve{S}_0\cup\hat{S}_0$ 使得 $\hat{S}\subseteq\hat{\sigma}$，$\breve{S}\subseteq\breve{\sigma}$ 和 S 关于原点是几乎处处对称的.

若对于足够大的 $t_0\in\mathbb{R}$，有

$$n_S(t)\geqslant\begin{cases}\dfrac{a}{a+A_+(t)\pi}n_{\sigma}(t)-\dfrac{a(B_+(t)+1)}{(a+A_+(t)\pi)}+\dfrac{a}{2\pi}, & t\geqslant t_0\\[2ex] \dfrac{a}{a+A_-(t)\pi}n_{\sigma}(t)+\dfrac{a(B_-(t)-1)}{(a+A_-(t)\pi)}, & t\leqslant -t_0\end{cases} \tag{4-189}$$

其中 $A_{\pm}(t)$，$B_{\pm}(t)$ 由式(4-172)定义，则函数 $f(\lambda)$ 和集合 S，$\Gamma:=\{\alpha_n:\ \lambda_n\in S\}$ 唯一地确定 α 和 $[0,\ a]$ 上的 $(p(x),\ r(x))$.

4.3.4 结论的应用

在这一小节中，我们给出了两个主要结果的应用实例.

例 4-2 考虑 $f(\lambda)$ 与 Dirac 方程(4-144)的解有关的情况. 设

$$f(\lambda):=\frac{p_1(x)}{p_2(x)}=\frac{v_1(a,\ \lambda)}{v_2(a,\ \lambda)} \tag{4-190}$$

这里，$(v_1(x,\ \lambda),\ v_2(x,\ \lambda))^{\mathrm{T}}$ 是方程(4-144)满足初始条件 $v_1(\pi,\ \lambda)=-\sin\beta$ 和 $v_2(\pi,\ \lambda)=\cos\beta$ 的解. 则 $(v_1(x,\ \lambda),\ v_2(x,\ \lambda))^{\mathrm{T}}$ 有如下的渐近式：

$$\begin{cases} v_1(x,\ \lambda)=\sin\left(\lambda(\pi-x)-\dfrac{1}{2}\displaystyle\int_x^{\pi}[p(\tau)+r(\tau)]\mathrm{d}\tau-\beta\right)+O\left(\dfrac{\mathrm{e}^{|\mathrm{Im}\lambda|(\pi-x)}}{|\lambda|}\right) \\ v_2(x,\ \lambda)=\cos\left(\lambda(\pi-x)-\dfrac{1}{2}\displaystyle\int_x^{\pi}[p(\tau)+r(\tau)]\mathrm{d}\tau-\beta\right)+O\left(\dfrac{\mathrm{e}^{|\mathrm{Im}\lambda|(\pi-x)}}{|\lambda|}\right) \end{cases} \tag{4-191}$$

因为 $S_{p_2}(t)=S_{v_2(a,\ \lambda)}(t)=\{\lambda\in\mathbb{C}:\ v_2(a,\ \lambda)=0\}$ 和 $v_2(a,\ \lambda)$ 关于原点是几乎处处对称的，即我们需要处理情况Ⅲ；因此，特征值集合 $\sigma=\{\lambda_n\}_{n=-\infty}^{+\infty}$ 关于原点是几乎处处对称的. 由式(4-191)可知，在式(4-172)中有 $A_+(t)+A_-(t)=(\pi-a)/\pi$，$B_+(t)=B_-(t)=0$. 设规范常数 α_n 由式(4-135)定义. 根据定理 4-7，我们得到如下结论：

推论 4-3　设 σ 为问题(4-131)～(4-133)的特征值集合，其中 $f(\lambda)$ 由式(4-190)定义. 假设集合 $S_0\subseteq S\subseteq\sigma$. 假设 S，S_0 关于原点是几乎处处对称的，并且 $\lim\limits_{t\to\pm\infty}\dfrac{n_S(t)}{t}$ 和 $\lim\limits_{t\to\pm\infty}\dfrac{n_{S_0}(t)}{t}$ 存在. 若对于足够大的 $t_0\in\mathbb{R}$，有

$$n_S(t)+n_{S_0}(t)\geqslant\begin{cases}\dfrac{2a}{\pi}n_\sigma(t)-\dfrac{a}{\pi},\ t\geqslant t_0\\ \dfrac{2a}{\pi}n_\sigma(t)-\dfrac{a}{\pi},\ t\leqslant -t_0\end{cases} \tag{4-192}$$

则 $[a,\ \pi]$ 上的 $(p(x),\ r(x))$，β，和两个集合 S，$\Gamma_0:=\{\alpha_n:\ \lambda_n\in S_0\}$ 唯一地确定了 α 和 $[0,\ a]$ 上的 $(p(x),\ r(x))$.

注 4-5　该结论可得到一些直接的结果. 例如，若 $a=\pi/2$，则 $\{\lambda_{2n}\}\cup\{\alpha_{2n}\}$ 唯一地确定 $[0,\ \pi]$ 上的 α 和 $(p(x),\ r(x))$. 如果 $a=3\pi/8$，则 $\{\lambda_{2n}\}\cup\{\alpha_{4n}\}$ 即可唯一确定边值条件参数和势函数 $(p(x),\ r(x))$.

问题(4-131)～(4-133′)的唯一性问题可转化为问题(4-131)～(4-133)基于混合数据的唯一性问题. 对于任何 $a\in(0,\ \pi)$，如果势函数 $(p,\ r)$ 在区间 $[a,\ \pi]$ 上是已知的，那么函数 $v_2(a,\ \lambda)/v_2(a,\ \lambda)=f(\lambda)$ 是已知的 Nevanlinna 函数，问题(4-131)～(1-133′)和问题(4-131)～(4-133)是共谱的.

注 4-6　作为典型例子，当 $a=\pi/2$ 时，推论 4-3 的结果是文献[69]中半逆谱定理的推广；当 $\pi/2<a<\pi$ 时，也是文献[70]中类似结果的推广.

例 4-3　考虑以下情况：若

$$f(\lambda):=-\frac{p_1(x)}{p_2(x)}=\frac{\psi(a,\ \lambda)}{\psi'(a,\ \lambda)} \tag{4-193}$$

它关联到 Sturm-Liouville 方程

$$-y''+q(x)y=\lambda y \tag{4-194}$$

的 Weyl m-函数的情形. 这里，$\psi(x,\ \lambda)$ 是方程(4-194)满足初始条件 $\psi(\pi,\ \lambda)=0$ 和 $\psi'(\pi,\ \lambda)=1$ 的解. 由于 $p_2(x)=\psi'(a,\ \lambda)$，其为 m—型函数(详见参考文献[66]，定义 B-3，第 2782 页)，其零点的渐近式如下：

$$\xi_n=\left(\frac{n\pi}{\pi-a}\right)^2+\frac{n\pi\vartheta_0}{(\pi-a)^2}+O(1) \tag{4-195}$$

其中 $\vartheta_0=\int_0^a q(t)\mathrm{d}t$. 很容易看出 $\sum_{j=1}^{\infty}\frac{1}{\xi_j^{\rho}}<\infty\,(\rho>1/2)$，即属于情况Ⅱ. 因此，

$$n_{S_{p_2(t)}}(t)=n_{S_{\psi'(t)}}(t)=\begin{cases}t^{-\frac{1}{2}}n_{\mathbb{Z}_0}(t),\ t>t_0\\0,\ t<-t_0\end{cases}$$

也就是说，在式(4-172)中 $A_+(t)=t^{-\frac{1}{2}}$，$A_-(t)=B_+(t)=B_-(t)=0$. 对于问题(4-131)~(4-133)，如果规范常数 α_n 由式(4-135)定义，则由定理4-7得出如下结论：

推论 4-4 设 σ 为问题(4-131)~(4-133)的特征值集合，其中 $f(\lambda)$ 由式(4-134)定义，$\breve{\sigma}$、$\hat{\sigma}$ 由引理4-12定义. 设两个集合 $S_0\subseteq S\subseteq\sigma$，并设 $\lim_{t\to\pm\infty}\frac{n_S(t)}{t}$ 和 $\lim_{t\to\pm\infty}\frac{n_{S_0}(t)}{t}$ 存在. 另外，假设 $S:=\breve{S}\cup\hat{S}$，$S_0:=\breve{S}_0\cup\hat{S}_0$ 满足 $\breve{S}\subseteq\breve{S}\subseteq\breve{\sigma}$，$\hat{S}\subseteq\hat{S}\subseteq\hat{\sigma}$. 如果对于足够大的 $t_0\in\mathbb{R}$，有

$$n_S(t)+n_{S_0}(t)\geqslant\begin{cases}\dfrac{2at^{\frac{1}{2}}}{at^{\frac{1}{2}}+\pi}n_\sigma(t)-\dfrac{2at^{\frac{1}{2}}}{at^{\frac{1}{2}}+\pi}+\dfrac{a}{\pi},\ t\geqslant t_0\\2n_\sigma(t)-2,\ t\leqslant -t_0\end{cases} \tag{4-196}$$

则 q 在 $[a,\pi]$ 上的解，β 和两个集合 S，$\Gamma_0:=\{\alpha_n:\lambda_n\in S_0\}$ 唯一地确定 α 和 $[0,a]$ 上 (p,r).

实际上，问题(4-131)~(4-133)为联合振动系统的一个特殊的例子，改系统左侧满足势函数为实值函数 p，r 的 Dirac 方程，右侧满足势函数为实值函数 q 的 Sturm-Liouville 方程. 如果设 $y=y_2$ 和 $y'=y_1$，那么式(4-194)可以被记为

$$\begin{cases}y_2'-y_1=0\\-y_1'+q(x)y_2=\lambda y_2\end{cases}$$

例4-3的问题可以看作定义在 $[0,\pi]$ 上如下系统的反谱问题：

$$\begin{pmatrix}0&-1\\-1&0\end{pmatrix}\frac{\mathrm{d}Y}{\mathrm{d}x}+\begin{pmatrix}g(x)&0\\0&h(x)\end{pmatrix}Y=\lambda\begin{pmatrix}k(x)&0\\0&1\end{pmatrix}Y \tag{4-197}$$

满足初始条件

$$\cos\alpha y_1(0)+\sin\alpha y_2(0)=0 \tag{4-198}$$

$$\cos\beta y_1(\pi)+\sin\beta y_2(\pi)=0 \tag{4-199}$$

其中

$$g(x)=\begin{cases}p(x),\ x\in[0,a)\\-1,\ x\in[a,\pi]\end{cases}\quad h(x)=\begin{cases}r(x),\ x\in[0,a)\\q(x),\ x\in[a,\pi]\end{cases}\ \text{和}$$

$$k(x)=\begin{cases}1,\ x\in[0,a)\\0,\ x\in[a,\pi]\end{cases}$$

问题(4-131)~(4-133)和问题(4-197)~(4-199)是共谱的. 对于任意的 $a\in(0,\pi)$，如

果函数 q 在区间 $[a, \pi]$ 上是已知的，则联合振动系统(4-197)~(4-199)基于混合谱数据的唯一性问题转化为系统(4-131)~(4-133)势函数的唯一性问题.

4.4　基于不完备谱数据的 Dirac 算子的逆谱和逆结点问题

4.4.1　引言

考虑对应于 Dirac 算子的特征值问题，Dirac 算子记作 $L:=L(Q(x);\alpha,\beta)$：

$$Ly:=By'-Q(x)y=\lambda y,\ 0<x<1 \tag{4-200}$$

其中

$$B=\begin{pmatrix}0 & 1\\ -1 & 0\end{pmatrix},\ Q(x)=\begin{pmatrix}p(x) & 0\\ 0 & q(x)\end{pmatrix},\ y(x)=\begin{pmatrix}y_1(x)\\ y_2(x)\end{pmatrix}$$

满足的边界条件为

$$\begin{cases}U(y):=y_1(0)\cos\alpha+y_2(0)\sin\alpha=0\\ V(y):=y_1(1)\cos\beta+y_2(1)\sin\beta=0\end{cases}\quad 0\leqslant\alpha,\beta<\pi \tag{4-201}$$

其中 λ 是一个谱参数，$p(x)$，$q(x)\in\mathbb{C}^1[0,1]$ 是实值函数. Dirac 算子是量子物理中的相对应的薛定谔算子. 在本节，我们主要研究 Dirac 算子(4-200)~(4-201)的逆谱和逆结点问题，并建立逆谱和逆结点问题之间的联系.

在文献[153]中给出了 Dirac 算子的基本和综合结果. 此外，Sturm-Liouville 或 Dirac 算子的谱问题在各种出版物中得到了广泛的研究，例如文献[2，169-175]. 此外，通信工程中使用的重要数学工具抽样理论是最重要的理论之一，Whittaker-Kotelnikov Shannon(WKS)抽样定理被认为是信息理论[177-179]的基本结果，在过去的几年中，这一抽样定理得到了几位学者的研究和改进. 特别是 Tharwat 和 Bhrawy 等[180-185]利用导数采样定理(Hermite 插值和 sinc-方法)计算了不连续 Dirac 系统的特征值.

逆谱问题包括从算子的谱特性中重构算子. 这类问题在数学中起着重要作用，在自然科学和工程中有许多应用(见[2，169-175]及其中的参考文献). 在文献[153，186-188]和其他论文中研究了 Dirac 系统的逆谱问题. 特别是在[154]中，证明了在某些条件下，部分谱和势函数的信息完全确定了整个区间上的势函数. 逆结点问题又包括从其特征函数的给定结点重构算子(参见文献[189-194]). 从物理的角度来看，这对应于从本征振动的零振幅位置找到弦或光束的密度. 在文献[194]中，研究了在有限区间上重构 Dirac 算子的逆结点问题，证明了算子 L 是通过指定一组稠密的结点来唯一确定的.

在本节中，我们将考虑从给定的谱和结点特征重构 $Q(x)$，α，β 的逆问题. 在不失一般性的情况下，我们总是假设 $p(x)+q(x)$ 的平均值是已知的. 在此假设下，我们得到了唯一性定理，并给出了重构势函数的算法. 本节的创新之处在于建立了逆结点问题和逆谱问题之间的联系，并将特征函数 $y(x,\lambda_n)=(y_1(x,\lambda_n),y_2(x,\lambda_n))^{\mathrm{T}}$ 的分量 $y_1(x,\lambda_n)$ 的一组结点作为给定的结点数据. 据我们所知，Dirac 系统基于不完备谱数据的逆结点问题以前没有被考虑过，本节所得到的结果是经典逆问题中已知结果的自然推广.

本节结构如下, 在第 2 小节中, 我们证明了 Dirac 算子 L 基于不完备谱数据的逆谱问题的唯一性定理. 利用所得到的结果, 在三小节中我们证明, 对于算子的唯一确定性问题, 只需 $(b, 1)$ 区间上的结点数据, 其中 $b < \frac{1}{2}$.

4.4.2 基于不完备谱数据的逆谱问题

在本小节中我们研究算子基于不完备谱数据的逆问题, 即利用 L 的部分谱重构问题(4-200)~(4-201)的系数和势函数, 条件是势函数在部分区间是已知的. 我们注意到为了在整个区间[0, 1]上重构 $Q(x)$, 有必要指定基于两组不同边值条件的边值问题的两组谱(见文献[186]). 我们还注意到, 在文献[154, 195, 196]和其他工作中, 曾对 Sturm-Liouville 算子和差分算子的类似问题进行了研究.

设 $S(x, \lambda)$, $\varphi(x, \lambda)$ 和 $\psi(x, \lambda)$ 是方程(4-200)满足初始条件

$$S(0, \lambda)=\begin{pmatrix}0\\1\end{pmatrix}, \ \varphi(0, \lambda)=\begin{pmatrix}\sin\alpha\\-\cos\alpha\end{pmatrix}, \ \psi(1, \lambda)=\begin{pmatrix}\sin\beta\\-\cos\beta\end{pmatrix}$$

的解. 在本节中, 很明显, 对于每个固定的 $x\in[0, 1]$, 这些解是关于 λ 的全纯函数. 设 $\tau=\mathrm{Im}\lambda$. 当 $|\lambda|\to\infty$ (参见文献[153], p. 208(5.11)和(5.12))时, 下面的渐近式对于 $x\in[0, 1]$ 是一致成立的:

$$\begin{cases}\varphi_1(x, \lambda)=\sin(\lambda x+\alpha+\eta(x))+\dfrac{V_1(x, \lambda)}{\lambda}+O\left(\dfrac{e^{|\tau|x}}{\lambda^2}\right)\\ \varphi_2(x, \lambda)=-\cos(\lambda x+\alpha+\eta(x))+\dfrac{V_2(x, \lambda)}{\lambda}+O\left(\dfrac{e^{|\tau|x}}{\lambda^2}\right)\end{cases} \tag{4-202}$$

其中

$$V_1(x, \lambda)=\frac{(q-p)(x)}{4}\sin(\lambda x+\eta(x)+\alpha)+\frac{(q-p)(0)}{4}\sin(\lambda x+\eta(x)-\alpha)-\frac{\int_0^x(p(t)-q(t))^2\mathrm{d}t}{8}\cos(\lambda x+\eta(x)+\alpha)$$

$$V_2(x, \lambda)=\frac{(q-p)(x)}{4}\cos(\lambda x+\eta(x)+\alpha)+\frac{(q-p)(0)}{4}\cos(\lambda x+\eta(x)-\alpha)-\frac{\int_0^x(p(t)-q(t))^2\mathrm{d}t}{8}\sin(\lambda x+\eta(x)+\alpha)$$

且

$$\eta(x)=\frac{1}{2}\int_0^x(p(t)+q(t))\mathrm{d}t \tag{4-203}$$

令 $\Delta(\lambda):=\langle\psi(x, \lambda), \varphi(x, \lambda)\rangle$, 其中 $\langle y(x), z(x)\rangle:=y_1(x)z_2(x)-y_2(x)z_1(x)$. 该函数 $\Delta(\lambda)$ 被称为算子 L 的特征函数, 并且它不依赖于 x. 分别将 $x=0$ 和 $x=1$ 代入 $\Delta(\lambda)$, 我们得到 $\Delta(\lambda)=V(\varphi)=-U(\psi)$. 函数 $\Delta(\lambda)$ 是关于 λ 的全纯函数, 它的零点 $\{\lambda_n\}_{n\in\mathbb{Z}}$ 与 L

的特征值集合一致. 根据式(4-202), 当 $|\lambda|\to\infty$ 时, 有

$$\begin{aligned}\Delta(\lambda) &= \cos\beta\varphi_1(1,\lambda)+\sin\beta\varphi_3(1,\lambda)\\ &= (\sin\lambda+\alpha-\beta+\eta(1))-\frac{\int_0^1 (p(t)-q(t))^2\mathrm{d}t}{8\lambda}\cos(\lambda+\alpha-\beta+\eta(1))\\ &\quad+\frac{(q-p)(1)}{4\lambda}\sin(\lambda+\alpha+\beta+\eta(1))+\frac{(q-p)(0)}{4\lambda}\sin(\lambda-\alpha-\beta+\eta(1))\\ &\quad+O\left(\frac{\mathrm{e}^{|\tau|}}{\lambda^2}\right)\end{aligned}\tag{4-204}$$

式中, $\eta(x)$ 由式(4-203)定义. 众所周知, 问题(4-200)~(4-201)的谱由实的、简单的特征值 λ_n, $n\in\mathbb{Z}$ 序列组成, 记作 $\{\lambda_n, n\in\mathbb{Z}\}$, 满足以下经典渐近式[175]:

$$\lambda_n = n\pi + c_0 + \frac{c_1}{n\pi} + O\left(\frac{1}{n^2}\right)\tag{4-205}$$

其中

$$c_0 = \beta-\alpha-\eta(1)$$

$$c_1 = \frac{1}{4}\left[(p-q)(1)\sin2\beta-(p-q)(0)\sin2\alpha+\frac{1}{2}\int_0^1 (p-q)^2\mathrm{d}t\right]$$

为了本节的研究目的, 对应于式(4-200)~(4-201)定义的问题 L, 我们考虑另一个形式相同但具有不同系数的问题 $\tilde{L}(\tilde{p}(x), \tilde{q}(x), \tilde{\alpha}, \tilde{\beta})$. 我们规定, 在下面的任何地方, 如果某个符号 δ 表示与 L 相关的对象, 那么 $\tilde{\delta}$ 将表示与 $\tilde{L}$ 相关的类似对象. 因此, 根据假设, 我们有 $\eta(1)=\tilde{\eta}(1)$.

对于本节的内容, 我们将只考虑边界条件参数 α, $\beta>0$ 的情形. 其他情况也可作类似处理.

设 $e_0(x)=(\exp(2ix), \exp(-2ix))^{\mathrm{T}}$. Horváth[145]证明了 Sturm-Liouville 算子的下列定理, 我们将证明它也适用于 Dirac 算子(4-200)~(4-201).

定理 4-8　给定 $b\in(0, 1/2]$. 设 $\Lambda\subset\mathbb{Z}$ 是整数的子集, 并设 $\Omega:=\{\lambda_n\}_{n\in\Delta}$ 是 L 的谱的一部分, 使得函数系 $\{e_0(\lambda_n x)\}_{n\in\Delta}$ 在 $\{L_2(0, b)\}^2$ 中是完备的. 如果在 $[b, 1]$ 上 $p(x)=\tilde{p}(x)$, $q(x)=\tilde{q}(x)$, 并且 $\beta=\tilde{\beta}$, $\Omega=\tilde{\Omega}$, $\eta(1)=\tilde{\eta}(1)$, 则在 $[0, 1]$ 上, $p(x)=\tilde{p}(x)$, $q(x)=\tilde{q}(x)$ 且 $\alpha=\tilde{\alpha}$.

注 4-7　显然, 如果 $b=1/2$, 则定理 4-8 化简为 Hochstadt 关于 Dirac 算子的 Lieberman 定理, 这是 Malamud 在文献[197]中研究过的. 在这一点上, 我们的成果是对已知结果的推广和改进.

证明　因为 $\Omega=\tilde{\Omega}$,, 由式(4-205)可知 $c_0=\tilde{c}_0$. 结合已知条件 $\beta=\tilde{\beta}$ 和 $\eta(1)=\tilde{\eta}(1)$, 则有 $\alpha=\tilde{\alpha}$. 我们用 $\varphi(x, \lambda)=(\varphi_1(x, \lambda), \varphi_2(x, \lambda))^{\mathrm{T}}$ 表示方程

$$By'-Q(x)y=\lambda y\tag{4-206}$$

满足初始条件

$$\begin{pmatrix} y_1(0,\ \lambda) \\ y_2(0,\ \lambda) \end{pmatrix} = \begin{pmatrix} \sin\alpha \\ -\cos\alpha \end{pmatrix} \tag{4-207}$$

的解. 设 $\widetilde{\varphi}(x,\ \lambda)=(\widetilde{\varphi}_1(x,\ \lambda),\ \widetilde{\varphi}_2(x,\ \lambda))^{\mathrm{T}}$ 是方程

$$B\widetilde{y}'-\widetilde{Q}(x)\widetilde{y}=\lambda\widetilde{y} \tag{4-208}$$

满足初始条件

$$\begin{pmatrix} y_1(0,\ \lambda) \\ y_2(0,\ \lambda) \end{pmatrix} = \begin{pmatrix} \sin\alpha \\ -\cos\alpha \end{pmatrix}$$

的解. 假设 $0\leqslant a<b\leqslant\pi$，对于所有 $(a_{1,}\ a_2)^{\mathrm{T}}$ 和 $(b_{1,}\ b_2)^{\mathrm{T}}$，在 $(L_2[a,\ b])^2$ 中，定义内积

$$\langle(a_1,\ a_2)^{\mathrm{T}},\ (b_1,\ b_2)^{\mathrm{T}}\rangle=a_1b_1+a_2b_2$$

分别将式(4-206)乘以 $\widetilde{\varphi}(x,\ \lambda)$ 和式(4-208)乘以 $\varphi(x,\ \lambda)$（在 $\mathbb{R}^2$ 的标量积意义下），再将乘积相减，我们得到

$$\frac{\mathrm{d}}{\mathrm{d}t}[\widetilde{\varphi}_1(x,\ \lambda)\varphi_2(x,\ \lambda)-\widetilde{\varphi}_2(x,\ \lambda)\varphi_1(x,\ \lambda)]+\langle(\widetilde{Q}(x)-Q(x))\varphi(x,\ \lambda),\ \widetilde{\varphi}(x,\ \lambda)\rangle=0$$

将上式在 $[0,\ x]$ 上积分，由于在 $[b,\ 1]$ 上 $p(x)=\widetilde{p}(x)$，$q(x)=\widetilde{q}(x)$，且 $\alpha=\widetilde{a}$，则

$$\begin{aligned}\int_0^b\langle(Q(t)-\widetilde{Q}(t))\varphi(t,\ \lambda),\ \widetilde{\varphi}(t,\ \lambda)\rangle\mathrm{d}t&=\widetilde{\varphi}_1(1,\ \lambda)\varphi_2(1,\ \lambda)-\widetilde{\varphi}_2(1,\ \lambda)\varphi_1(1,\ \lambda)\\&=[\widetilde{\varphi}_1(1,\ \lambda)\Delta(1,\ \lambda)-\widetilde{\Delta}(1,\ \lambda)\varphi_1(1,\ \lambda)]/\sin\beta\end{aligned} \tag{4-209}$$

定义

$$p_1(x)=p(x)-\widetilde{p}(x),\ q_1(x)=q(x)-\widetilde{q}(x)$$

且

$$H(\lambda)=\int_0^b\langle(Q(t)-\widetilde{Q}(t))\varphi(t,\ \lambda),\ \widetilde{\varphi}(t,\ \lambda)q\rangle\mathrm{d}t$$

由于对于 $n\in\Lambda$，$\Delta(\lambda_n)=\widetilde{\Delta}(\lambda_n)=0$，由式(4-209)得出

$$H(\lambda_n)=0,\ n\in\Lambda \tag{4-210}$$

由文献[153]知，存在核 $K(x,\ t)=(K_{ij}(x,\ t))_{i,\ j=1}^2$ 和 $\widetilde{K}(x,\ t)=(\widetilde{K}_{ij}(x,\ t))_{i,\ j=1}^2$，其元素在 $0\leqslant t\leqslant x\leqslant 1$ 上连续可微，使得下式成立：

$$\begin{cases}\varphi(x,\ \lambda)=\varphi_0(x,\ \lambda)\int_0^x K(x,\ t)\varphi_0(t,\ \lambda)\mathrm{d}t\\ \widetilde{\varphi}(x,\ \lambda)=\varphi_0(x,\ \lambda)\int_0^x \widetilde{K}(x,\ t)\varphi_0(t,\ \lambda)\mathrm{d}t\end{cases} \tag{4-211}$$

其中，$\varphi_0(x,\ \lambda)=(\sin(\lambda x+\alpha),\ -\cos(\lambda x+\alpha))^{\mathrm{T}}$. 因此，由式(4-211)得

$$\begin{aligned}
H(\lambda) &= \int_0^b \langle (Q(t) - \widetilde{Q}(t))\varphi(t, \lambda), \widetilde{\varphi}(t, \lambda)\rangle \mathrm{d}t \\
&= \int_0^b p_1(t)\left[-\cos 2(\lambda t + \alpha) + \int_0^t R_1(t, s)\mathrm{e}^{2i\lambda s}\mathrm{d}s + \int_0^t R_2(t, s)\mathrm{e}^{-2i\lambda s}\mathrm{d}s\right]\mathrm{d}t \\
&\quad + \int_0^b q_1(t)\left[-\sin 2(\lambda t + \alpha) + \int_0^t R_3(t, s)\mathrm{e}^{2i\lambda s}\mathrm{d}s + \int_0^t R_4(t, s)\mathrm{e}^{-2i\lambda s}\mathrm{d}s\right]\mathrm{d}t \\
&= \int_0^b f_1\left[\mathrm{e}^{2i\lambda s} + \int_0^t S_{11}(t, s)\mathrm{e}^{2i\lambda s}\mathrm{d}s + \int_0^t S_{12}(t, s)\mathrm{e}^{-2i\lambda s}\mathrm{d}s\right]\mathrm{d}t \\
&\quad + \int_0^b f_2\left[\mathrm{e}^{-2i\lambda s} + \int_0^t S_{21}(t, s)\mathrm{e}^{2i\lambda s}\mathrm{d}s + \int_0^t S_{22}(t, s)\mathrm{e}^{-2i\lambda s}\mathrm{d}s\right]\mathrm{d}t \\
&= \int_0^b \mathrm{e}^{2i\lambda s}\left[f_1(s) + \int_s^b f_1(t)S_{11}(t, s) + f_2 S_{21}(t, s)\mathrm{d}t\right]\mathrm{d}s \\
&\quad + \int_0^b \mathrm{e}^{-2i\lambda s}\left[f_2(s) + \int_s^b f_1(t)S_{12}(t, s) + f_2 S_{22}(t, s)\mathrm{d}t\right]\mathrm{d}s \\
&= \int_0^b \langle e_0(\lambda s), f(s) + \int_s^b S(s, t)f(t)\mathrm{d}t\rangle \mathrm{d}s
\end{aligned}$$

其中

$$f(x) = (f_1(x), f_2(x))^{\mathrm{T}} = \left(-\frac{\mathrm{e}^{2i\alpha}}{2i}(q_1(x) + ip_1(x)), \frac{\mathrm{e}^{-2i\alpha}}{2i}(q_1(x) - ip_1(x))\right)^{\mathrm{T}}$$

$R_l(x, t)$, $l = 1, \cdots, 4$, $S(x, t) = (S_{ij}(x, t))$, $i, j = 1, 2$, 是矩阵函数，其元素在 $0 \leqslant t \leqslant x \leqslant 1$ 上是分段连续可微的. 考虑到式(4-210)，则有

$$0 = H(\lambda_n) = \int_0^b \langle e_0(\lambda_n s), f(s) + \int_s^b S(t, s)f(t)\mathrm{d}t\rangle \mathrm{d}s,\ n \in \Lambda$$

因此，由于 $\{e_0(\lambda_n x)\}_{n\in\Lambda}$ 在 $\{L_2(0, b)\}^2$ 上的完备性，可以得出

$$f(s) + \int_s^b S(t, s)f(t)\mathrm{d}t = 0,\ s \in (0, b)$$

但这个方程是一个齐次 Volterra 积分方程，只有零解. 因此，我们在 $[0, b]$ 上得 $f(x) = (f_1(x), f_2(x))^{\mathrm{T}} = 0$，从而得到 $p_1(x) = q_1(x) = 0$，则在 $[0, b]$ 上，$p(x) = \widetilde{p}(x)$，$q(x) = \widetilde{q}(x)$. 定理得证.

在第 3 小节中，我们需要以下定理.

定理 4-9 设 $b < 1/2$ 且 $N \in \mathbb{N}$. 如果在 $[b, 1]$ 上 $p(x) = \widetilde{p}(x)$，$q(x) = \widetilde{q}(x)$，$\beta = \widetilde{\beta}$，并且当 $\{\lambda_n\}_{|n|\geqslant N} = \{\widetilde{\lambda}_n\}_{|n|\geqslant N}$ 且 $\eta(1) = \widetilde{\eta}(1)$ 时，则 $L = \widetilde{L}$，即在 $[0.1]$ 上，$p(x) = \widetilde{p}(x)$，$q(x) = \widetilde{q}(x)$ 且 $\alpha = \widetilde{\alpha}$. .

证明 由定理已知条件可知

$$\alpha = \widetilde{\alpha},\ \eta(a) = \widetilde{\eta}(a) \tag{4-212}$$

设 $\Phi(x, \lambda)$ 和 $\Psi(x, \lambda)$ 是方程(4-206)满足初始条件

$$U(\Phi) = 1,\ V(\Phi) = 0;\ \Psi_1(0, \lambda) = 1,\ V(\Psi) = 0$$

的解. 直接计算可得

$$\begin{cases}\Phi(x,\lambda)=\dfrac{-\psi(x,\lambda)}{\Delta(\lambda)}=\dfrac{1}{\sin\alpha}[S(x,\lambda)+M(\lambda)\varphi(x,\lambda)]\\ \Psi(x,\lambda)=\dfrac{\psi(x,\lambda)}{\psi_1(0,\lambda)}=\dfrac{1}{\sin\alpha}[\varphi(x,\lambda)+M_0(\lambda)S(x,\lambda)]\end{cases}\tag{4-213}$$

其中

$$M(\lambda)=-\frac{\psi_1(0,\lambda)}{\Delta(\lambda)}$$

$$M_0(\lambda)=-\frac{\Delta(\lambda)}{\psi_1(0,\lambda)}=\frac{1}{M(\lambda)}$$

定义

$$D(\lambda)=\langle\varphi(x,\lambda),\widetilde{\varphi}(x,\lambda)\rangle|_{x=b}\tag{4-214}$$

利用式(4-212)~式(4-213), 可知对于所有 $|n|\geqslant N$, 有

$$\left.\frac{D(\lambda)}{\sin\alpha}\right|_{\lambda=\lambda_n}=\langle\Psi(b,\lambda),\widetilde{\Psi}(b,\lambda)\rangle|_{\partial\lambda=\lambda_n}=\left.\frac{\langle\psi(b,\lambda),\widetilde{\Psi}(b,\lambda)\rangle}{\psi_1(0,\lambda)\widetilde{\Psi}_1(0,\lambda)}\right|_{\lambda=\lambda_n}$$

在定理的条件下, 我们有 $\psi(x,\lambda)=\widetilde{\Psi}(x,\lambda)$. 因此

$$D(\lambda_n)=0,\quad |n|\geqslant N\tag{4-215}$$

此外, 我们根据式(4-202)、式(4-211)和式(4-214), 有

$$D(\lambda)=O\left(\frac{e^{2|\tau|a}}{\lambda}\right)\tag{4-216}$$

考虑函数

$$F(\lambda)=\frac{D(\lambda)}{\Delta(\lambda)}(\lambda-\lambda_0)\prod_{n=1}^{N-1}(\lambda-\lambda_{-n})(\lambda-\lambda_n)$$

由式(4-215)可知, 上述函数是 λ 的全纯函数. 另一方面, 根据式(4-204), 文献[111]的第 118-119 页, 可得, 对于充分大的 $|\lambda|$, 有

$$|\Delta(\lambda)|\geqslant C_\delta e^{|\tau|},\quad \lambda\in G_\delta\tag{4-217}$$

其中 $G_\delta=\{\lambda:|\lambda-n\pi-c_0|\geqslant\delta, n\in\mathbb{Z}\}$, 结合式(4-216)可得 $F(\lambda)=O(\lambda^{2N-2}\exp((2a-1)|\tau|))$, $|\lambda|\to\infty$, $\lambda\in G_\delta$.

利用 Phragmen-Lindelof 和 Liouville 的定理, 得 $F(\lambda)\equiv 0$. 因此, $D(\lambda)\equiv 0$, 即

$$m_-(b,\lambda)=-\frac{\varphi_2(b,\lambda)}{\varphi(b,\lambda)}=-\frac{\widetilde{\varphi}_2(b,\lambda)}{\widetilde{\varphi}_1(b,\lambda)}=\widetilde{m}_-(b,\lambda)\tag{4-218}$$

根据文献[154]中的唯一性定理立即得到结果. 定理得证.

4.4.3 不完备的逆结点问题

在本节的第一部分中, 我们将证明由结点的稠密子集唯一确定[0, 1]区间上的势函数 $Q(x)$ 和边界条件中的参数 α, β 的唯一性定理. 此外, 利用第二小节中得到的结果, 以及对

于[195，196]中结果的推广，我们将证明，对于 $b < 1/2$，$[b, 1]$ 上的稠密结点子集即可唯一确定算子 L.

首先，我们研究 Dirac 系统的本征函数 $y(x, \lambda_n)$ 的第一分量 $y_1(x, \lambda_n)$ 在足够大 $|n|$ 下的振荡性质.

引理 4-18　对于足够大的 $|n|$，Dirac 系统的本征函数 $y(x, \lambda_n)$ 的第一分量 $y_1(x, \lambda_n)$ 在区间(0.1)中有确定的 $|n|$ 个结点：

$$\begin{aligned} &0 < x_n^1 < \cdots < x_n^n < 1,\ n > 0 \\ &0 < x_n^0 < \cdots < x_n^{n+1} < 1,\ n < 0 \end{aligned} \tag{4-219}$$

此外，

$$x_n^j = \frac{j\pi - \alpha - \eta(x_n^j)}{n\pi} - \frac{c_0(j\pi - \alpha - \eta(x_n^j)) - c_2}{(n\pi)^2} + \frac{(c_0^2 - c_1)(j\pi - \alpha - \eta(x_n^j))}{(n\pi)^3} + O\left(\frac{1}{n^3}\right) \tag{4-220}$$

关于 $j \in \mathbb{Z}$ 一致成立，其中

$$c_2 = \frac{\sin 2\alpha}{4}(q - p)(0) + \frac{1}{8}\int_0^{x_n^j} (p(t) - q(t))^2 \mathrm{d}t \tag{4-221}$$

证明　我们注意到 Dirac 算子 L 的本征函数 $(y_1(x, \lambda_n), y_2(x, \lambda_n))^{\mathrm{T}}$ 是实值的. 从式(4-202)可知，对于足够大的 $|n|$，函数 $y_1(x, \lambda_n)$ 具有如下渐近式，且该渐近式对于 x 是一致成立的：

$$\begin{aligned} y_1(x, \lambda_n) = {} & \sin(\lambda_n x + \alpha + \eta(x)) - \frac{\int_0^x (p(t) - q(t))^2 \mathrm{d}t}{8\lambda_n}\cos(\lambda_n x + \alpha + \eta(x)) \\ & + \frac{(q - p)(x)}{4\lambda_n}\sin(\lambda_n x + \alpha + \eta(x)) \\ & + \frac{(q - p)(0)}{4\lambda_n}\sin(\lambda_n x - \alpha + \eta(x)) + O\left(\frac{1}{\lambda_n^2}\right) \end{aligned}$$

由 $y_1(x_n^j, \lambda_n) = 0$ 可知，

$$\tan(\lambda_n x_n^j + \alpha + \eta(x_n^j)) = \frac{\int_0^{x_n^j} (p - q)^2 \mathrm{d}t + 2\sin 2\alpha(p - q)(0)}{8\lambda_n} + O\left(\frac{1}{\lambda_n^2}\right)$$

再对上式取反正切后进行泰勒展开，我们得到

$$x_n^j = \frac{1}{\lambda_n}[j\pi - \alpha - \eta(x_n^j)] + \frac{c_2}{\lambda_n^2} + O\left(\frac{1}{\lambda_n^3}\right)$$

其中 c_2 在式(4-221)中定义. 此外，利用渐近公式

$$\lambda_n^{-1} = \frac{1}{n\pi} - \frac{c_0}{(n\pi)^2} + \frac{c_0^2 - c_1}{(n\pi)^3} + O\left(\frac{1}{n^4}\right)$$

可知等式(4-220)成立.

等式(4-220)给出了结点长度 $l_n^j := x_n^{j+1} + x_n^j$ 的渐近展开式，我们有下式关于 j 一致成立：

$$l_n^j=\frac{\pi-\frac{1}{2}\int_{x_n^j}^{x_n^{j+1}}(p(t)+q(t))\mathrm{d}t}{n\pi}-\frac{c_0(\pi-\frac{1}{2}\int_{x_n^j}^{x_n^{j+1}}(p(t)+q(t))\mathrm{d}t)}{(n\pi)^2}+O\left(\frac{1}{n^3}\right)$$

$$=\frac{1}{n}+o\left(\frac{1}{n}\right),\quad |n|\to\infty \tag{4-222}$$

因此，对于充分大的 $|n|$，对于正 n 我们有 $x_n^j>x_n^{j+1}$ 和对于负 n 我们有 $x_n^j>x_n^{j+1}$ ($j=0,\ \pm1,\ n,\ n+1$)，由渐近式(4-220)得到

$$x_n^{-1}=\frac{-\pi-\alpha}{n\pi}+O\left(\frac{1}{n^2}\right),\ x_n^0=\frac{-\alpha}{n\pi}+O\left(\frac{1}{n^2}\right)$$

$$x_n^1=\frac{\pi-\alpha}{n\pi}+O\left(\frac{1}{n^2}\right),\ \cdots,\ x_n^n=1-\frac{\alpha}{n\pi}+O\left(\frac{1}{n^2}\right)$$

$$x_n^{n+1}=1+\frac{\pi-\alpha}{n\pi}+O\left(\frac{1}{n^2}\right)$$

因此，根据 x_n^j 的顺序，对于充分大的 $|n|$，Dirac 系统的本征函数 $y(x,\ \lambda_n)$ 的第一分量 $y_1(x,\ \lambda_n)$ 在区间(0，1)区间中正好有 $|n|$ 个结点，即对于正的 n，有 x_n^j，$j=\overline{1,\ n}$，和对于负的 n，有 x_n^j，$j=\overline{n+1,\ 0}$. 引理得证.

推论 4-5 引理 4-19 和式(4-222)的推论是：集合 $X_1=\{x_n^j\}_{n>0}$，$X_2=\{x_n^j\}_{n<0}$ 和 $X_0=X_1\cup X_2$ 在(0，1)中均为稠密的.

定义 4.1 设 $X\subset X_j$，$j=0,\ 1,\ 2$. 如果对于集合 X 中的每一个点 x_n^j，集合 X 中至少包含一个相邻结点 x_n^{j-1} 和/或 x_n^{j+1}，则称集合 X 是孪生的.

现在让我们建立一个唯一性定理，并为求解逆结点问题提供一个建设性的过程.

定理 4-10 固定 $i=1,\ 2$. 设 $X\subset X_i$ 是(0，1)上的稠密孪生结点的子集. 如果 $X=\widetilde{X}$ 且 $\eta(1)=\widetilde{\eta}(1)$，则在[0，1]上，有 $p(x)=\widetilde{p}(x)$，$q(x)=\widetilde{q}(x)$，且 $\alpha=\widetilde{\alpha}$，$\beta=\widetilde{\beta}$. .

注 4-8 请注意，在这个定理中，稠密子集 X 只需要知道 $n>0$ 或 $n<0$ 两组中其中一组，而不是两组同时知道，即已知子集 X 不需要包含在 X_0 中. 将第二个分量 $y_2(x,\ \lambda_n)$ 的结点集合的稠密子集作为谱数据来重构 Dirac 系统有类似的结果.

定理 4-10 的证明 我们首先证明给定的结点集 X 可唯一地确定[0，1]区间上的 $p(x)+q(x)$ 以及 α，β. 对于给定的 $x\in[0,\ 1]$，选择一个序列 $\{x_n^j\}\subset X_i$，当 $|n|\to\infty$ 时，有 $x_n^j\to x$. 利用渐近展开式(4-220)，得

$$n\pi x_n^j-j\pi=-\alpha-\eta(x_n^j)-\frac{j}{n}c_0+O\left(\frac{1}{n}\right) \tag{4-223}$$

$\lim_{|n|\to\infty}x_n^j=x$ 意味着 $j/n\to x$ 且 $\eta(x_n^j)\to\eta(x)$. 由此可知，如 $|n|\to\infty$ 时，式(4-223)左边的极限存在且

$$g_i(x):=\lim_{|n|\to\infty}[n\pi x_n^j-j\pi]=-\alpha-\eta(x)-c_0x \tag{4-224}$$

分别取 $g_i(x)$ 在 $x=1$ 和 $x=0$ 处值，得到

$$\alpha=-g_i(0),\ \beta=-g_i(0) \tag{4-225}$$

下面给函数 $g_i(x)$ 求导数，得

$$p(x)+q(x)-\int_0^1(p(t)+q(t))\mathrm{d}t=-2g[g_i'(x)-\alpha+\beta] \tag{4-226}$$

注意到，如果 $X=\widetilde{X}$，则由式(4-224)可知 $g_i(x)\equiv\widetilde{g}_i(x)$，$x\in[0,1]$．应用式(4-224)~式(4-226)和已知条件 $\eta(1)=\widetilde{\eta}(1)$，可得

$$\alpha=\widetilde{\alpha},\ \beta=\widetilde{\beta},\ p(x)+q(x)=\widetilde{p}(x)+\widetilde{q}(x),\ x\in[0,1] \tag{4-227}$$

接下来，我们将在[0，1]上证明 $p(x)=\widetilde{p}(x)$，$q(x)=\widetilde{q}(x)$．在 $\lambda=\lambda_n$ 处给式(4-206)乘以 $\widetilde{\varphi}(x,\widetilde{\lambda}_n)$，在 $\lambda=\widetilde{\lambda}_n$ 处给式(4-208)乘以 $\varphi(x,\lambda_n)$（在 $\mathbb{R}^2$ 中标量积的意义上），并将两个乘积相减后将其从 x_n^j 到 x_n^{j+1} 上积分，可得

$$\begin{aligned}0&=\int_{x_n^j}^{x_n^{j+1}}\langle((\widetilde{Q}(t)-Q(t)-(\lambda_n-\widetilde{\lambda}_n))I\varphi(t,\lambda_n),\varphi(t,\widetilde{\lambda}_n)\rangle\mathrm{d}t\\&=\int_{x_n^j}^{x_n^{j+1}}(\widetilde{p}(t)-p(t)\varphi_1(t,\lambda_n)\varphi_1(t,\widetilde{\lambda}_n))\mathrm{d}t\\&+\int_{x_n^j}^{x_n^{j+1}}(\widetilde{q}(t)-q(t))\varphi_2(t,\lambda_n)\widetilde{\varphi}_2(t,\widetilde{\lambda}_n)\mathrm{d}t\\&+(\widetilde{\lambda}_n-\lambda_n)\int_{x_n^j}^{x_n^{j+1}}[\widetilde{\varphi}_1(t,\widetilde{\lambda}_n)\varphi_1(t,\lambda_n)+\varphi_2(t,\lambda_n)\widetilde{\varphi}_2(t,\widetilde{\lambda}_n)]\mathrm{d}t\end{aligned} \tag{4-228}$$

由于 $\eta(1)=\widetilde{\eta}(1)$，由式(4-202)、式(4-205)和式(4-227)可知：

$$\lambda_n-\widetilde{\lambda}_n=O\left(\frac{1}{n}\right) \tag{4-229}$$

且有

$$\begin{cases}\widetilde{y}_1(x,\widetilde{\lambda}_n)y_1(x,\lambda_n)=\dfrac{1}{2}[1-\cos((\lambda_n+\widetilde{\lambda}_n)x+2(\alpha+\eta(x)))]+O\left(\dfrac{1}{n}\right)\\\widetilde{y}_2(x,\widetilde{\lambda}_n)y_2(x,\lambda_n)=\dfrac{1}{2}[1+\cos((\lambda_n+\widetilde{\lambda}_n)x+2(\alpha+\eta(x)))]+O\left(\dfrac{1}{n}\right)\end{cases}$$

利用上述等式，由式(4-228))和式(4-229)可得

$$\begin{aligned}0&=\int_{x_n^j}^{x_n^{j+1}}[(\widetilde{q}(t)-q(t))+(\widetilde{p}(t)-p(t))]\mathrm{d}t\\&+\int_{x_n^j}^{x_n^{j+1}}[(\widetilde{q}(t)-q(t))-(\widetilde{p}(t)-p(t))]\cos(2(\alpha+\eta(t))+(\lambda_n+\widetilde{\lambda}_n)t)\mathrm{d}t+O\left(\frac{1}{n^2}\right)\\&=\frac{1}{l_n^j}\int_{x_n^j}^{x_n^{j+1}}[(\widetilde{q}(t)-q(t))-(\widetilde{p}(t)-p(t))]\cos(2(\alpha+\eta(t))+(\lambda_n+\widetilde{\lambda}_n)t)\mathrm{d}t+O\left(\frac{1}{n}\right)\end{aligned}$$

因此，应用文献[198]中的结果，在 $j=j_n(x)$ 处求导，可知当 $n\to\infty$ 时，有

$$[(q(x)-q(x))-(\widetilde{p}(x)-p(x))]\cos(2(\alpha+\eta(x))+(\lambda_n+\widetilde{\lambda}_n)x)=0 \tag{4-230}$$

由于对于所有 $n\in\mathbb{Z}$ 和 $x\in[0,1]$，$\cos(2(\alpha+\eta(x))+(\lambda_n+\widetilde{\lambda}_n)x)$ 不恒等于零 因此，则

有 $q(x)-p(x)=\widetilde{q}(x)-\widetilde{p}(x)$. 由式(4-227)知，在[0, 1]上有 $p(x)=\widetilde{p}(x)$, $q(x)=\widetilde{q}(x)$. 引理得证.

根据引理，可以选择足够大的 N_1，对于所有的 $n>N_1$，使得，算子 L 的本征函数 $y(x, \lambda_n)$ 的第一分量 $y_1(x, \lambda_n)$ 和本征函数 $y(x, \lambda_{-n})$ 的第一分量 $y_1(x, \lambda_{-n})$，恰好对应于本征值 $\lambda_n>0$ 和 $\lambda_{-n}<0$，在区间(0, 1)中分别正好有 n 个结点. 类似于[195]中定理6的证明，对于相同的 N_1，结论对于如下的算子 L_a 依然成立：

$$By'-Q(x)y=\lambda y,\ 0\leqslant a<x<1,\ y_1(a)=V(y)=0 \tag{4-231}$$

因此，可以这样认为：对于所有的 $a\in[0, 1)$ 和 $n>N_1$，算子 L_a 的本征函数 $y(x, \lambda_{n,a})$ 的第一分量 $y_1(x, \lambda_{n,a})$ 和本征函数 $y(x, \lambda_{-n,a})$ 的第一分量 $y_1(x, \lambda_{-n,a})$，分别对应于本征值 $\lambda_{n,a}>0$ 和 $\lambda_{-n,a}<0$，在区间$(a, 1)$中恰好具有 n 个零点.

下面我们继续研究算子基于不完备谱数据的逆结点问题，考虑当结点数据只在部分区间已知的情况.

定理 4-11 给定 $b<1/2$. 如果 $X_0\cap(b, 1)=\widetilde{X}_0\cap(b, 1)$ 且 $\eta(1)=\widetilde{\eta}(1)$，则 $L=\widetilde{L}$. 因此任意区间 $(b, 1)$，$b<1/2$ 上的结点，以及 $p(x)+q(x)$ 的平均值，唯一地确定了函数 $p(x)$，$q(x)$ 和边值条件参数 α，β.

证明 取与定理4-10中相同参数，容易得：

$$\beta=\widetilde{\beta},\ p(x)=\widetilde{p}(x),\ q(x)=\widetilde{q}(x)x\in[b, 1] \tag{4-232}$$

选择 $N\geqslant N_1$，使对于所有的 $n\geqslant N$，有 $x_n^{n-N_1-1}>b$ 和 $x_n^{-n+N_1-2}>b$. 给定 $n\geqslant N$ 并取 $a:=x_n^{n-N_1-1}$. 考虑算子 L_a，对于 $n\geqslant N$，算子 L_a 的本征函数 $y(x, \lambda_{n,a})$ 的分量函数 $y_1(x, \lambda_{n,a})$ 和本征函数 $y(x, \lambda_{-n,a})$ 的分量函数 $y_1(x, \lambda_{-n,a})$ 分别对应于特征值 $\lambda_{n,a}>0$ 和 $\lambda_{-n,a}<0$ 在区间 $(a, 1)$ 上都恰好有 n 个零点. 此外，这些分量函数对于相应特征值满足边值条件(4-231). 因为函数 $y_1(x, \lambda_n)$ 在区间 $(a, 1)$ 中正好有 N_1 个零点，且 $V(y)=y_1(a, \lambda_n)=0$，因此我们有 $\lambda_n=\lambda_{N_1,a}$ 或 $\lambda_n=\lambda_{-N_1,a}$. 此外，由式(4-232)可知 $\widetilde{\lambda}_n=\lambda_{N_1,a}$ 或 $\widetilde{\lambda}_n=\lambda_{-N_1,a}$. 由于 $\lambda_n\widetilde{\lambda}_n>0$ 和 $\lambda_{N_1,a}\lambda_{-N_1,a}<0$，得到 $\lambda_n=\widetilde{\lambda}_n$. 类似地取 $a:=x_{-n}^{-n+N_1+2}$，我们得到 $\lambda_{-n}=\widetilde{\lambda}_{-n}$. 因此，我们有 $\lambda_{-n}=\widetilde{\lambda}_{-n}$ 对于 $|n|\geqslant N$ 均成立，应用定理4-9可得在[0, b]，从而有 $p(x)=\widetilde{p}(x)$，$q(x)=\widetilde{q}(x)$，并且 $\alpha=\widetilde{\alpha}$. 定理得证.

4.5 非连续 Dirac 算子的三组谱逆问题

4.5.1 引言

考虑 Dirac 方程

$$H(Y)=\begin{pmatrix}0 & 1\\ -1 & 0\end{pmatrix}\frac{\mathrm{d}Y}{\mathrm{d}x}+\begin{pmatrix}p(x) & 0\\ 0 & r(x)\end{pmatrix}Y=\lambda Y \tag{4-233}$$

施以边界条件

$$y_2(0) - hy_1(0) = 0 \tag{4-234}$$

$$y_2(1) + Hy_1(1) = 0 \tag{4-235}$$

和界面条件(跳跃点条件)

$$\begin{cases} y_1(t_0 + 0) = ay_1(t_0 - 0) \\ y_2(t_0 + 0) = y_2(t_0 - 0)/a + b\, y_1(t_0 - 0) \end{cases} \tag{4-236}$$

的三组谱问题, 其中 $Y(x) = (y_1(x), y_2(x))^{\mathrm{T}}$, $p(x)$, $r(x) \in L^1([0, 1], \mathbb{R})$, $t_0 \in (0, 1)$ 为给定常数, $0 < a \neq 1$, $b \in \mathbb{R}$.

对于连续 S-L 算子, Gesztesy 与 Simon[64] 及 Pivovarchik[122] 已证明, 若对于 $t_0 \in (0, 1)$, 定义在区间 $[0, 1]$ 及子区间 $[0, t_0]$, $[t_0, 1]$ 上的三个 S-L 问题的谱是分段不交的, 则这三组谱可唯一确定势函数 q, 该问题被称为三组谱问题. 非连续 S-L 问题基于许多物理和应用背景, 如不同材料均匀杆对接(或由不同材料重叠形成的叠层板块)的热传导问题, 依然可以由热传导方程来描述. 在每段杆内还是经典传热方程, 但在杆与杆间的连接处, 会产生一个跨越界面的条件, 这个条件一般称之为“界面条件” 或“转移条件”, 表现在方程中, 即特征函数或其导数具有间断点.

对于具有界面条件的 S-L 问题的特征值, 经典结论都是借助摄动的方法, 利用 $q(x) \equiv 0$ 时具有界面条件的 S-L 算子的特征值 $\{\lambda_n^0\}_{n=0}^{+\infty}$ 进行刻画, 然而 $\{\lambda_n^0\}_{n=0}^{+\infty}$ 本身也是无法精细估计的. Fu, Xu 及 Wei[199] 通过讨论 Weyl m-函数的局部单调性, 给出了具有界面条件的 S-L 算子的特征值与子区间上连续 S-L 算子的特征值间的交替关系, 进而将[64]和[122]三组谱问题的结论推广到具有界面条件的 S-L 算子上.

对于 Dirac 算子反问题的研究来自量子力学中由能量求原子的内力问题, 若力学系统受到外来力的干扰或原子系统受到外电磁场的作用, 都可能使得原系统不再连续. 比如地球物理问题中, 地壳底部横波的反射, 高速运动的离子与原子系统发生碰撞而产生迁跃等, 这些原因都可能使得描述该系统的方程中的特征函数具有间断点, 即算子带有界面条件. 对于连续 Dirac 算子的研究, 已有很多详尽的结果[200,201]. 但是对于 Dirac 算子的三组谱问题, 在文献[77]发表之前, 却没有看到有相应的结果, 尤其是对于具有界面条件的 Dirac 算子, 甚至其自伴性迄今为止尚没有看到有学者证明.

本节的目的是将文献[64]及文献[122]的结果推广到具有界面条件的 Dirac 算子中去. 根据 m-函数的局部单调性态, 研究了三组谱的交错关系, 进而得到了由该三组谱唯一确定势函数 $p(x)$, $r(x)$ 和边值条件中的参数 h, H 的条件.

第 2 小节讨论了三组谱之间的交错性关系, 第 3 小节考虑了其逆特征值问题.

4.5.2　特征值的分布

设 $U(x, \lambda) = (u_1(x, \lambda), u_2(x, \lambda))^{\mathrm{T}}$ 与 $V(x, \lambda) = (v_1(x, \lambda), v_2(x, \lambda))^{\mathrm{T}}$ 是方程(4-233)满足初值条件

$$u_1(0) = 1,\ u_2(0) = h \tag{4-237}$$

及

$$v_1(1) = 1,\ v_2(1) = -H \tag{4-238}$$

的基本解. 记算子(4-233), 式(4-234)~(4-236)对应于不同 a, b 的特征值序列为 $\{\lambda_n(a, b) \mid n \in \mathbb{Z}\}$. 设

$$\Delta(\lambda, a, b)=a^2 u_1(t_0, \lambda) v_2(t_0, \lambda)-u_2(t_0, \lambda) v_1(t_0, \lambda)-ab\, u_1(t_0, \lambda) v_1(t_0, \lambda) \tag{4-239}$$

则对任意 $a \in (0, \infty)$, $b \in \mathbb{R}$, $\Delta(\lambda)$ 是 λ 的阶为 1 的全纯函数.

引理 4-19 算子是(4-233), 式(4-234)~(4-236)的特征值当且仅当 $\Delta(\lambda^*, a, b)=0$.

引理 4-20 算子(4-233), 式(4-234)~(4-236)是自伴的, 且其特征值序列 $\{\lambda_n(a, b) \mid n \in \mathbb{Z}\}$ 是简单的.

证明 $\forall Y(x)=(y_1(x), y_2(x))^T$, $Z(x)=(z_1(x), z_2(x))^{\mathrm{T}}$, $i=1, 2$, 则由式(4-236)可得:

$$\begin{aligned}(HY, Z)-(Y, HZ)&=\int_0^1(y_2' \bar{z}_1-y_1' \bar{z}_2)\,\mathrm{d}t-\int_0^1(y_1 \bar{z}_2'-y_2 \bar{z}_1')\,\mathrm{d}t \\ &=\bar{z}_1 y_2 |_0^{t_0}-\bar{z}_2 y_1 |_0^{t_0}+\bar{z}_1 y_2 |_{t_0}^1-\bar{z}_2 y_1 |_{t_0}^1 \\ &=0\end{aligned}$$

故算子(4-233), 式(4-234)~(4-236)是自伴的, 类似于文献[201]中引理 7.2.2 可证特征值序列 $\{\lambda_n(a, b) \mid n \in \mathbb{Z}\}$ 是简单的. 引理得证.

若在 $t_0 \in (0, 1)$ 点定义边值条件

$$y_1(t_0)=0 \tag{4-240}$$

则在区间 $[0, t_0]$ 上, 由方程(4-233) 与边条件 (4-234)和条件(4-240)生成一个连续的 Dirac 算子, 记其递增特征值序列为 $\{\mu_n{}^D \mid n \in \mathbb{Z}\}$. 同时, 在区间 $[t_0, 1]$ 上, 由方程(4-233) 与边条件 (4-235)和条件(4-240)也生成一个连续 Dirac 算子, 记其递增特征值序列为 $\{v_n^D \mid n \in \mathbb{Z}\}$.

若在 t_0 点定义非 Dirichlet 边条件, 即任给 h_0, $\gamma \in \mathbb{R}$, 则在区间 $[0, t_0]$ 上, 由方程(4-233) 与边条件 (4-234) 和

$$y_2(t_0)+a^2[h_0+(1-\gamma)b]\, y_1(t_0)=0 \tag{4-241}$$

生成了一个连续的 Dirac 算子. 在 $[t_0, 1]$ 上, 由边条件 (4-233) 与边条件 (4-235) 和

$$y_2(t_0)+(h_0-\gamma)b\, y_1(t_0)=0 \tag{4-242}$$

也生成了一个连续的 Dirac 算子. 它们的特征值递增序列分别记为 $\{\mu_n \mid n \in \mathbb{Z}\}$ 和 $\{v_n \mid n \in \mathbb{Z}\}$.

定义 Weyl-Titchmarsh-m-函数

$$m_+(\lambda)=\frac{v_2(t_0, \lambda)}{v_1(t_0, \lambda)}, \quad m_-(\lambda)=-\frac{u_2(t_0, \lambda)}{u_1(t_0, \lambda)}$$

则 $m_\pm(\lambda)$ 均为在上半平面 $\mathbb{C}^+$ 上具有正实部的解析函数, 即 Herglotz 函数, 且有如下的渐近式

$$m_\pm(\lambda)=i+o(1) \tag{4-243}$$

定义 Weyl-Titchmarsh-M-函数

$$M_-(\lambda)=\frac{u_1(t_0, \lambda)}{u_2(t_0, \lambda)+a^2[h_0+(1-\gamma)b]u_1(t_0, \lambda)}$$

$$M_+(\lambda)=\frac{v_1(t_0, \lambda)}{v_2(t_0, \lambda)+(h_0-\gamma b]v_1(t_0, \lambda)}$$

由于 $m_\pm(\lambda)$ 为 Herglotz 函数，故 $m_\pm(\lambda)$ 均为 Herglotz 函数，且 $m_\pm(\lambda)$ 具有如下的渐近式

$$\begin{aligned} M_\pm(\lambda)&=-\frac{1}{m_\pm(\lambda)+const} \\ &=\frac{-c+i}{c^2+1}(1+o(1)) \\ &=i\left(\frac{1}{1-ic}+o(1)\right) \end{aligned} \tag{4-244}$$

其中记 $const=c$.

由 Weyl-Titchmarsh-m-函数，Weyl-Titchmarsh-M-函数的定义及引理 4-20 易知下述引理.

引理 4-21 λ^* 是 $\Delta(\lambda)$的零点的充要条件是

$$m_-(\lambda^*)=-a^2m_+(\lambda^*)+ab \tag{4-245}$$

或

$$M_+(\lambda^*)=-a^2M_-(\lambda^*) \tag{4-246}$$

其中等式（4-245）及等式(4-246) 成立包含两端都为∞的情形，但不区分±∞.

引理 4-22 (i) $m_-(\lambda)$ 在区间 (μ_n^D, μ_{n+1}^D)，$(n=0, \pm1, \pm2, \cdots)$ 内连续地从+∞严格单调递减到-∞；$m_+(\lambda)$ 在区间 (μ_n^D, μ_{n+1}^D)，$(n=0, \pm1, \pm2, \cdots)$ 内连续地从+∞严格单调递减到-∞.

(ii) $M_-(\lambda)$ 在区间 (μ_n, μ_{n+1})，$(n=0, \pm1, \pm2, \cdots)$ 内连续地从+∞严格单调递减到-∞；$M_+(\lambda)$ 在区间 (v_n, v_{n+1})，$(n=0, \pm1, \pm2, \cdots)$ 内连续地从+∞严格单调递减到-∞.

证明 (i) 仅证 $m_-(\lambda)$ 的性态，$m_+(\lambda)$ 的性态类似可证.

由于 $u_1(t_0, \lambda)$的零点恰是$\{\mu_n^D \mid n\in\mathbb{Z}\}$，所以当 $\lambda\in\setminus\{\mu_n^D\mid n\in\mathbb{Z}\}$ 时，$m_-(\lambda)$ 是连续函数. 由于 $U(x, \lambda)=(u_1(x, \lambda), u_2(x, \lambda))^{\mathrm{T}}$ 是方程(4-233)的解，则有

$$u'_2(x, \lambda)+(p(x)-\lambda)u_1(x, \lambda)=0 \tag{4-247}$$

及

$$-u'_1(x, \lambda)+(r(x)-\lambda)u_2(x, \lambda)=0 \tag{4-248}$$

将方程（4-247)两边同时对 λ 求导数并结合式(4-247) 可得

$$\left(\frac{\partial u_2(x, \lambda)}{\partial\lambda}\right)'u_1(x, \lambda)-\frac{\partial u_1(x, \lambda)}{\partial\lambda}u_2(x, \lambda)=u^2_1(x, \lambda) \tag{4-249}$$

将方程（4-248）两边同时对 λ 求导数并结合式(4-248)可得

$$\left(\frac{\partial u_1(x, \lambda)}{\partial\lambda}\right)'u_2(x, \lambda)-\frac{\partial u_2(x, \lambda)}{\partial\lambda}u'_1(x, \lambda)=u_2^2(x, \lambda) \tag{4-250}$$

其中符号“′”仍表示对 x 的导数. 则

$$\left(\frac{\partial u_2(x,\lambda)}{\partial\lambda}\right)' u_1(x,\lambda)+\frac{\partial u_2(x,\lambda)}{\partial\lambda}u_2'(x,\lambda)-\left(\frac{\partial u_1(x,\lambda)}{\partial\lambda}\right)' u_2(x,\lambda)$$
$$-\frac{\partial u_1(x,\lambda)}{\partial\lambda}u_2'(x,\lambda)-\frac{\partial u_1(x,\lambda)}{\partial\lambda}u_2'(x,\lambda)$$
$$=u_1^2(x,\lambda)+u_2^2(x,\lambda) \tag{4-251}$$

注意到 $u_1(0,\lambda)=1$ 和 $u_2(0,\lambda)=h$ 均与 λ 无关, 故

$$\frac{\partial u_1(0,\lambda)}{\partial\lambda}=0,\ \frac{\partial u_2(0,\lambda)}{\partial\lambda}=0$$

于是上式在 $[0,t_0]$ 上积分可得

$$\frac{\partial u_2(t_0,\lambda)}{\partial\lambda}u_1(t_0,\lambda)-\frac{\partial u_1(t_0,\lambda)}{\partial\lambda}u_2(x,\lambda)-\int_0^{t_0}[u_1^2(x,\lambda)+u_2^2(x,\lambda)\mathrm{d}x] \tag{4-252}$$

再由 $m_-(\lambda)$ 的定义及式(4-252)有

$$\frac{\mathrm{d}}{\mathrm{d}\lambda}m_-(\lambda)=\frac{-\int_0^{t_0}[u_1^2(x,\lambda)+u_2^2(x,\lambda)]\mathrm{d}x}{u_1^2(t_0,\lambda)}<0 \tag{4-253}$$

从而由 m-函数的定义及边值条件 (4-240) 得

$$\lim_{\lambda\to\mu_n^D}m_-(\lambda)=\infty,\ \lim_{\lambda\to v_n^D}m_+(\lambda)=\infty$$

结合式 (4-253) 可知

$$\lim_{\lambda\to\mu_n^D+0}m_-(\lambda)=+\infty,\ \lim_{\lambda\to\mu_n^D-0}m_-(\lambda)=-\infty$$
$$\lim_{\lambda\to v_n^D+0}m_+(\lambda)=+\infty,\ \lim_{\lambda\to v_n^D-0}m_+(\lambda)=-\infty$$

(ii) 由 M-函数的定义及 m-函数的性态可证.

定理得证.

定理 4-12 (i) 将 $\{\mu_n^D\mid n\in\mathbb{Z}\}\cup\{v_n^D\mid n\in\mathbb{Z}\}$ 重新排列构成 $\mathbb{R}$ 的一个划分. 则在划分的每个开子区间内都恰有问题(4-233)~(4-236)的一个特征值.

(ii) 若 $\lambda^*\in\{\mu_n^D\mid n\in\mathbb{Z}\}\cup\{v_n^D\mid n\in\mathbb{Z}\}$, 则 λ^* 是(4-233)~(4-236)的特征值. 反之, 若某个 μ_k^D (resp. v_k^D) 是(4-233)~(4-236)的特征值, 则 $\mu_k^D\in\{v_n^D\mid n\in\mathbb{Z}\}$ (resp. $v_k^D\in\{\mu_n^D\mid n\in\mathbb{Z}\}$).

证明 (i) 考察函数

$$\varphi(\lambda,a,b)=m_-(\lambda)+a^2m_+(\lambda)-ab \tag{4-254}$$

则 $\varphi(\lambda,a,b)$ 在假设中分划的每个开区间内都是单调递减且连续的, 且对于 $n=0$, ±1, ±1, ±2, …, 有

$$\lim_{\lambda\to\mu_n^D+0}\varphi(\lambda,a,b)=+\infty,\ \lim_{\lambda\to v_n^D+0}\varphi(\lambda,a,b)=+\infty$$
$$\lim_{\lambda\to\mu_n^D-0}\varphi(\lambda,a,b)=+\infty,\ \lim_{\lambda\to v_n^D-0}\varphi(\lambda,a,b)=-\infty$$

因此, $\varphi(\lambda,a,b)$ 在分划的每个开区间内都恰有一个零点. 因而由引理 4-19, 在上述

每个开子区间内都恰有(4-233)~(4-236)的一个特征值.

(ii)若 $\lambda^* \in \{\mu_n^D \mid n \in \mathbb{Z}\} \cap \{v_n^D \mid n \in \mathbb{Z}\}$，则它使式(4-245)两端均为∞，由引理 4-19，λ^* 是问题(4-233)~(4-236)的特征值. 反之，若 μ_k^D 是问题(4-233)~(4-236)的特征值，再由引理 4-19，μ_k^D 使式(4-245)两端均为∞，因而就有 $v_1(t_0, \mu_k^D) = 0$，即 $\mu_k^D \in \{v_n^D \mid n \in \mathbb{Z}\}$. 类似可证 v_k^D 是问题(4-233)~(4-236)的特征值的情形.

定理得证.

注 4-9　因为分点 $\{\mu_n^D \mid n \in \mathbb{N}\} \cup \{v_n^D \mid n \in \mathbb{N}\}$ 与 a 和 b 无关，则当 $t_0 \in (0, 1)$ 固定，a，b 在 $(0, +\infty)$ 内变化时，所有 a，b 所对应的具有界面条件的 Dirac 算子在定理 4-12 分划的每个开区间中都恰有一个特征值. 且若对某个具有界面条件的 Dirac 算子以某个分点为特征值，则所有具有界面条件的 Dirac 算子均以该分点为特征值. 注意到 $a = 1$，$b = 0$ 对应于连续 Dirac 算子，定理 4-12 表现出具有界面条件的 Dirac 算子的特征值与子区间上 Dirac 算子的特征值分布的一种"一致性".

推论 4-6　当 $a > 0$，$b \in \mathbb{R}$ 时，对于任意的 $n > 0$，有

(i) 当 $\lambda_n \notin \{\mu_n^D\}_{n\in\mathbb{Z}} \cup \{v_n^D\}_{n\in\mathbb{Z}}$ 时，区间 (λ_0, λ_n) 内恰有集合 $\{\mu_n^D\}_{n\in\mathbb{Z}} \cup \{v_n^D\}_{n\in\mathbb{Z}}$ 的 n 个元素(按重数记).

(ii) 当 $\lambda_n \in \{\mu_n^D\}_{n\in\mathbb{Z}} \cup \{v_n^D\}_{n\in\mathbb{Z}}$ 时，区间 (λ_0, λ_n) 恰有集合 $\{\mu_n^D\}_{n\in\mathbb{Z}} \cup \{v_n^D\}_{n\in\mathbb{Z}}$ 的 $n - 1$ 个元素(按重数记).

定理 4-13　(i) 将 $\{\mu_n\}_{n\in\mathbb{Z}} \cup \{v_n\}_{n\in\mathbb{Z}}$ 重新排列构成 $\mathbb{R}$ 的一个划分. 则在每个开子区间内都恰有算子(4-233)~(4-236)的一个特征值.

(ii)若 $\lambda^* \in \{\mu_n\}_{n\in\mathbb{Z}}$ 则 λ^* 是算子(4-233)~(4-236)的特征值. 反之，若某个 μ_k (resp. v_k) 是算子(4-233)~(4-236)的特征值，则 $\mu_k \in \{v_n\}_{n\in\mathbb{Z}}$ (resp. $v_k \in \{\mu_n\}_{n\in\mathbb{Z}}$).

考虑函数

$$\Phi(\lambda, a, b) = M_+(\lambda) + a^2 M_-(\lambda) \tag{4-255}$$

结合引理 4-22，类似于定理 4-12 可证结论成立.

推论 4-7　当 $a > 0$，$b \in \mathbb{R}$ 时，对于任给的 $n > 0$，则有

(i) 当 $\lambda_n \notin \{\mu_n\}_{n\in\mathbb{Z}} \cup \{v_n\}_{n\in\mathbb{Z}}$ 时，区间 $(-\infty, \lambda_n)$ 恰好包含了集合 $\{\mu_n\}_{n\in\mathbb{Z}} \cup \{v_n\}_{n\in\mathbb{Z}}$ 的 $n + 1$ 个元素(按重数记).

(ii) 当 $\lambda_n \in \{\mu_n\}_{n\in\mathbb{Z}} \cup \{v_n\}_{n\in\mathbb{Z}}$ 时，区间 $(-\infty, \lambda_n)$ 恰好包含了集合 $\{\mu_n\}_{n\in\mathbb{Z}} \cup \{v_n\}_{n\in\mathbb{Z}}$ 的 n 个元素(按重数记).

4.5.3　逆谱问题

问题 (4-333)~(4-336) 的谱函数定义为：

$$\rho(\lambda) = \begin{cases} \displaystyle\sum_{0<\lambda_n\leqslant\lambda} \frac{1}{\alpha_n^2}, & \lambda > 0 \\ \displaystyle\sum_{\lambda<\lambda_n\leqslant 0} \frac{1}{\alpha_n^2}, & \lambda > 0 \end{cases} \tag{4-256}$$

其中 $\alpha_n^2 = \int_0^{\pi} [u_1^2(x, \lambda_n) + u_2^2(x, \lambda_n)] \mathrm{d}x$，$n \in \mathbb{Z}$，称为规范常数. 通过建立谱函数 ρ 和 m 之

间合适的函数关系，可得到与 Marchenko[155] 相似的结果：

引理 4-23 若 $m_+^*(t_0, \lambda) = m_+(t_0, \lambda)$，则在 $[t_0, 1]$ 上，有 $p^*(x) = p(x)$，$r^*(x) = r(x)$.

引理 4-24 若 $m_-^*(t_0, \lambda) = m_-(t_0, \lambda)$，则在 $[0, t_0]$ 上，有 $p^*(x) = p(x)$，$r^*(x) = r(x)$.

引理 4-25 设 $f_1(z)$ 与 $f_2(z)$ 为两个亚纯的 Herglotz 函数，分别具有相同的极点和留数. 若 $x \to \infty$ 时，有 $f_1(ix) - f_2(ix) \to 0$，则 $f_1 = f_2$.

引理 4-26 当 $t_0 \in (0, 1)$ 且 $a > 0$，$b \in \mathbb{R}$ 时，若 $\{\mu_n^D\}_{n\in\mathbb{Z}}$ 与 $\{v_n^D\}_{n\in\mathbb{Z}}$ 不交，则 $\{\mu_n^D\}_{n\in\mathbb{Z}}$，$\{v_n^D\}_{n\in\mathbb{Z}}$ 与 $\{\lambda_n(a, b)\}_{n\in\mathbb{Z}}$ 可确定势函数 $p(x)$，$r(x)$ 及边条件 h 与 H.

证明 首先证明可以确定势函数. 由式(4-244)可得，半纯函数

$$\varphi(\lambda, a, b) = \frac{\Delta(\lambda, a, b)}{u_1(t_0, \lambda)v_1(t_0, \lambda)} \tag{4-257}$$

则 $\{\mu_n^D\}_{n\in\mathbb{Z}} \cup \{v_n^D\}_{n\in\mathbb{Z}}$ 恰好是 $\varphi(\lambda, a, b)$ 的极点，$\{\lambda_n(a, b)\}_{n\in\mathbb{Z}}$ 恰好是 $\varphi(\lambda, a, b)$ 的零点.

假设将方程(4-233)中的 $p(x)$，$r(x)$ 换成 $\widetilde{p}(x)$，$\widetilde{r}(x)$，边条件(4-234)和(4-235)中的 h 与 H 分别换成 $\widetilde{h}$ 与 $\widetilde{H}$ 后，对应的具有界面条件的 Dirac 算子及两个子区间上的 Dirac 算子与原来问题分别具有相同的特征值 $\{\lambda_n(a, b)\}_{n\in\mathbb{Z}}$，$\{\mu_n^D\}_{n\in\mathbb{Z}}$ 和 $\{v_n^D\}_{n\in\mathbb{Z}}$. 同时，对应地定义 m-函数 $\widetilde{m}_+(\lambda)$，$\widetilde{m}_-(\lambda)$ 及辅助函数 $\widetilde{\varphi}(\lambda)$.

设

$$F(\lambda) = \varphi(\lambda)/\widetilde{\varphi}(\lambda) \tag{4-258}$$

由于 $\varphi(\lambda)$ 与 $\widetilde{\varphi}(\lambda)$ 分别有相同的极点和零点，则 F 为整函数，根据 m-函数的渐近式(4-243)，对于任意的 $\varepsilon > 0$，当 $\varepsilon \leq \arg\lambda \leq 2\pi - \varepsilon$ 时，有 $F(\lambda) = 1 + o(1)$.

由 Liouville 定理，则有 $F(\lambda) \equiv 1$，故 $\varphi(\lambda)$.

由于 $m_-(\lambda)$ 和 $m_+(\lambda)$ 恰好分别以 $\{\mu_n^D\}_{n\in\mathbb{Z}}$ 和 $\{v_n^D\}_{n\in\mathbb{Z}}$ 为极点，当集合 $\{\mu_n^D\}_{n\in\mathbb{Z}}$ 与集合 $\{v_n^D\}_{n\in\mathbb{Z}}$ 不交时，则有

$$\begin{aligned}\operatorname{res} m_-(\mu_n^D) &= \operatorname{res}[m_-(\mu_n^D) + a^2 m_+(\mu_n^D) - ab] \\ &= \operatorname{res}\varphi(\mu_n^D),\ n = 0,\ \pm 1,\ \pm 2,\ \cdots \\ \operatorname{res} m_+(v_n^D) &= \frac{1}{a^2}\operatorname{res}[m_-(\mu_n^D) + a^2 m_+(\mu_n^D) - ab] \\ &= \frac{1}{a^2}\operatorname{res}\varphi(v_n^D),\ n = 0,\ \pm 1,\ \pm 2,\ \cdots\end{aligned}$$

故对于所有的 $n \neq 0$，有

$$\operatorname{res} m_-(\mu_n^D) = \operatorname{res}\widetilde{m}_-(\mu_n^D),\ \operatorname{res} m_+(v_n^D) = \operatorname{res}\widetilde{m}_+(v_n^D)$$

根据引理 4-23，结合 m-函数的渐近式(4-243)，可得 $m_\pm(\lambda) = \widetilde{m}_\pm(\lambda)$.

由引理 4-23 和引理 4-24，在区间$[0, t_0]$和$[t_0, 1]$上，有 $p(x)=\tilde{p}(x)$，$r(x)=\tilde{r}(x)$. 下面证明可以确定边条件：令

$$z_-(x, \lambda)=\frac{u_2(x, \lambda)}{u_1(x, \lambda)},\ z_+(x, \lambda)=\frac{v_2(x, \lambda)}{v_1(x, \lambda)} \tag{4-259}$$

则由方程(4-333)和 $m_\pm(\lambda)$ 的定义容易验证，$z_=(x, \lambda)$ 和 $z_+(x, \lambda)$ 分别是区间$[0, t_0]$和$[t_0, 1]$上的初值问题

$$\begin{aligned} &z'_\pm(x, \lambda)=(\lambda-r(x))z_\pm^2(x, \lambda)+(\lambda-p(x)),\\ &z_\pm(t_0, \lambda)=m_\pm(\lambda) \end{aligned} \tag{4-260}$$

的解. 类似定义 $\tilde{z}_\pm(x, \lambda)$.

由于 $p(x)=\tilde{p}(x)$，$r(x)=\tilde{r}(x)$ 且 $m_\pm(\lambda)=\widetilde{m}_\pm(\lambda)$，利用初值问题解的存在唯一性定理可得 $z_\pm(x, \lambda)=\tilde{z}_\pm(x, \lambda)$ 特别地，当 $\lambda=\mu_1$ 时，$(u_1(x, \mu_1), u_2(x, \mu_1))^{\mathrm{T}}$ 是$[0, t_0]$上 Dirac 系统对应于特征值 μ_1 的特征函数. 根据边条件(4-234)可得 $h=u_2(0, \mu_1)/u_1(0, \mu_1)=z_-(0, \mu_1)$，故 $h=z_-(0, \mu_1)=\tilde{z}_-(0, \mu_1)=\tilde{h}$. 类似可证 $H=z_+(0, v_1)=\tilde{z}_+(0, v_1)=\widetilde{H}$.

定理得证.

定理 4-14　对于 $a>0$，$b\in\mathbb{R}$，如果 $\{\mu_n\}_{n\in\mathbf{Z}}$ 与 $\{v_n\}_{n\in\mathbf{Z}}$ 不交，则这两组谱与 $\{\lambda_n(a, b)\}_{n\in\mathbf{Z}}$ 可确定势函数 $p(x)$，$r(x)$ 及边条件 h 与 H.

证明　由式(4-255)可知，亚纯函数

$$\Phi(\lambda, a, b)=\frac{\Delta(\lambda)}{\{u_2(t_0, \lambda)+a^2[h_0+(1-\gamma)b]u_1(t_0, \lambda)\}[v_2(t_0, \lambda)+(h_0+\gamma b)v_1(t_0, \lambda)]} \tag{4-261}$$

则 $\Phi(\lambda, a, b)$ 恰好以 $\{\mu_n\}_{n\in\mathbf{Z}}\cup\{v_n\}_{n\in\mathbf{Z}}$ 为极点，以 $\{\lambda_n(a, b)\}_{n\in\mathbf{Z}}$ 为零点.

由于 $M_\pm(\lambda)$ 有渐近式(4-244)，结合 $M_-(\lambda)$，$M_+(\lambda)$ 极点的互异性，可确定 $M_-(\lambda)$，$M_+(\lambda)$ 的留数，故在区间$[0, t_0]$和$[t_0, 1]$上，$p(x)$，$r(x)$ 可唯一确定.

类似于引理 4-26，证明可唯一确定边条件 h 与 H.

定理得证.

第5章 Jacobi 矩阵的逆谱问题

很多离散 Sturm-Liouville 问题(包括具有任意分离性边值条件的问题)的谱问题都可以等价的表示成三对角矩阵，即 Jacobi 矩阵的谱问题，反之，Jacobi 矩阵的谱问题也可以表示成离散 Sturm-Liouville 问题的谱问题来研究，所以关于 Jacobi 矩阵的谱问题的研究对于离散 Sturm-Liouville 问题的研究具有重要的促进作用，而且，Jacobi 矩阵的逆谱问题已经不纯粹是数学问题，它与振动系统及古典瞬时问题的研究都具有重要联系.

有很多学者对 Jacobi 矩阵的逆谱问题感兴趣，并致力于该问题的研究，得到了很多重要的结果，其中，关于 Jacobi 矩阵的唯一性问题，最重要的结果就是 Borg 的两组谱定理，Hochstadt 及 Deift 最先将 Gelfand 的谱函数定理应用到 Jacobi 矩阵的研究中来，Hochstadt 得到了由 Jacobi 矩阵的全部 N 个特征值来唯一确定 N 阶 Jacobi 矩阵中的 N 个元素的结论，后来又得到了著名的半逆谱定理. 近年来，Gesztetesy 与 Simon 又证明了：若 N 阶 Jacobi 矩阵中仅有 j(j 不超过 N)个元素未知，其余已知，则可由矩阵的 j 个特征值来唯一确定 Jacobi 矩阵未知的 j 个元素. 在这些结果的基础上，又有一些学者得到了用规范常数来代替特征值唯一确定 Jacobi 矩阵的结果.

5.1 基于混合谱数据的 Jacobi 矩阵的唯一性问题

5.1.1 引言

本节研究 Jacobi 矩阵的逆问题. 考虑 $N\times N$ 的 Jacobi 矩阵

$$H:=\begin{bmatrix} b_1 & a_1 & 0 & 0 & \cdots & \cdot & \cdot \\ a_1 & b_2 & a_2 & 0 & \cdots & \cdot & \cdot \\ 0 & a_2 & b_3 & a_3 & \cdots & \cdot & \cdot \\ \cdot & \cdot & \cdot & \cdot & \cdots & \cdot & \cdot \\ \cdot & \cdot & \cdot & \cdot & & \cdot & \cdot \\ \cdot & \cdot & \cdot & \cdot & & b_{N-1} & a_{N-1} \\ \cdot & \cdot & \cdot & \cdot & \cdots & a_{N-1} & b_N \end{bmatrix} \tag{5-1}$$

其中对于 $n=1, \cdots, N-1$，bs 和 as 为实数且 $a_n>0$. 有时将 bs 和 as 看作是一个单独的序列 $b_1, a_1, \cdots, b_N:=c_1, c_2, \cdots, c_{2N-1}$，即

$$c_{2n-1}=b_n, \qquad c_{2n}=a_{2n}, \qquad n=1, \cdots, N \tag{5-2}$$

在上述假设下，众所周知(见文献[5, 202, 210])，H 的所有特征值(用 $\{\lambda_m\}_{m=1}^{N}$ 表示)都是互异的，而 λ_m 对应的特征向量 u_m 的首尾分量均不为零. 如果将 H 的特征向量归一化，即 $\|u_m\|=1$，则 u_m 的最后分量 k_m 都是正的，k_m 称为 λ_m 对应的规范常数.

本节的重点是在 H 的部分元素和谱数据 $\{\lambda_m, k_n\}$ 已知条件下考虑 Jacobi 矩阵 H 的唯一性和存在性问题.

Jacobi 矩阵谱逆问题的研究不是单纯的数学问题. 实际上，该问题有很强的应用背景，它与振动系统(见文献[5, 212])和经典矩问题(见文献[214])有关. 一般来说，Jacobi 矩阵的特征值问题可以看作是 Sturm-Liouville 方程

$$-y''(x)+q(x)y(x)=\lambda y(x), \quad x\in[0, 1] \tag{5-3}$$

的离散化结果，其中 $q(x)$ 是定义在 $[0, 1]$ 上的连续函数. 因此，Jacobi 矩阵有很多对应于 Sturm-Liouville 问题的推广结果. 读者可以参考 Borcea 等[203,204]对矩阵问题与连续问题之间的联系进行全面的研究.

Jacobi 矩阵的唯一性问题，是 Borg 两组谱定理[38]和 Gelfand 谱函数定理[41]的推广，该问题在 Jacobi 矩阵方面的讨论最先是分别由 Hochstadt[143,210]和 Deift[205,206]等提出来的(参见文献[5, 202, 207, 213]). 此外，在文献[195]中，Hochstadt 证明了以下著名的定理:

定理 5-1　假设 $c_{N+1}, \cdots, c_{2N-1}$，以及 H 的特征值 $\lambda_1, \cdots, \lambda_N$ 已知，则 $c_1, \cdots, c_N$ 是唯一确定的.

Hochstadt 和 Lieberman[63]也证明了连续统情况下 Hochstadt 定理的一个类似结果，现在称为半逆谱定理. 最近，Gesztesy 和 Simon[207]给出了半逆谱定理的一个重要推论，该结论表明，当 $1\leqslant j\leqslant N$ 时，$c_{j+1}, \cdots, c_{2N-1}$ 及 H 的任意 j 个特征值唯一地确定 H. 在文献[66]中给出了连续系统下的 Gesztesy-Simon 定理.

本节的目的是给出一个新的结果，该结果类似于 Gesztesy 和 Simon 的结论，即由 H 的部分信息，以及部分特征值 $\{\lambda_m\}_{m=1}^{N}$ 和其对应的部分规范常数 $\{k_n\}_{n=1}^{N}$ 唯一确定 Jacobi 矩阵 H，该结论描述如下:

定理 5-2　假设已知 $1\leqslant j\leqslant 2N-1$ 和 $c_{j+1}, \cdots, c_{2N-1}$，以及 Jacobi 矩阵的 k 个特征值 $\lambda_{j_1}, \cdots, \lambda_{j_k}$，和对应的 l 个规范化常数，$k_{i_1}, \cdots, k_{i_l}$，且这些数据满足

$$k\geqslant l, \quad k+l=j, \quad \{i_1, \cdots, i_l\}\subseteq\{j_1, \cdots, j_k\} \tag{5-4}$$

则 $c_1, \cdots, c_j$ 唯一确定.

上述定理启示我们，若 Jacobi 矩阵的部分信息已知，则同等数量的规范常数与特征值是等价的，且可将以上结论推广到更一般的情形. 此外，在第 3 小节中，我们结合 Jacobi 矩阵 H 的修边系统(见文献[202, 212])的谱数据，将上述结果推广到更一般的情况.

我们在第 2 小节给出定理 5-2 的证明，作为该定理的特例，我们有以下推论:

推论 5-1　假设 $N\leqslant j\leqslant 2N-1$，且 $c_{j+1}, \cdots, c_{2N-1}$，以及所有特征值和 $(j-N)$ 个规范常数 $k_{i_1}, \cdots, k_{i_{j-N}}$ 已知，则 $c_1, \cdots, c_j$ 可唯一确定.

截至目前，大多数定理都是关于唯一性问题的，讨论 Jacobi 矩阵存在性问题的论文并不多(见文献[209, 211-213]和其中的参考文献). 1984 年，Deift 和 Nanda 为半逆问题的可解性提供了充分条件(见[206]中的定理 1.1). 受 Deift 和 Nanda 教授所研究结果的启发，本节给出对应于推论 5-1 的存在性定理.

设 $N \leqslant j \leqslant 2N-1$，若 c_{j+1}，…，c_{2N-1} 满足

$$\text{当} j = 2n-1 \text{时}, a_{n+l} := c_{2n+2l} > 0, \text{其中} 0 \leqslant l \leqslant N-n-1 \tag{5-5}$$

$$\text{当} j = 2n \text{时}, a_{n+l} := c_{2n+2l} > 0, \text{其中} 1 \leqslant l \leqslant N-n-1 \tag{5-6}$$

记 $c_{2n+2l-1} =: b_{n+l}$ ($1 \leqslant l \leqslant N-n$)，定义($N-[j/2]$)阶 Jacobi 矩阵 $H_{[[j/2+1],N]}$ 为

$$H_{[[j/2+1],N]} := \begin{bmatrix} b_{[j/2+1]} & a_{[j/2+1]} & & \\ a_{[j/2+1]} & b_{[j/2+2]} & \ddots & \\ & \ddots & \ddots & a_{N-1} \\ & & a_{N-1} & b_N \end{bmatrix} \tag{5-7}$$

当 $j = 2n-1$ 是奇数时，$b_{[j/2+1]}$ 可以被选为任意数. 这里 $[a]$ 表示不超过 a 的最大整数. 设

$$\Phi = [1, (H_{[[j/2+1],N]})_{N-[j/2]}, \cdots, (H_{[[j/2+1],N]}^{2N-j-1})_{N-[j/2]}]^{\mathrm{T}} \tag{5-8}$$

其中 $(A)_k$ 为矩阵 A 的第 k 行第 k 列项，并 m 个不同数 λ_1，…，λ_m 的 Vandermonde 矩阵表示为

$$V_{l\times m}[\lambda_1, \cdots, \lambda_m] := \begin{bmatrix} 1 & 1 & \cdots & 1 \\ \lambda_1 & \lambda_2 & \cdots & \lambda_m \\ \vdots & \vdots & \cdots & \vdots \\ \lambda_1^{l-1} & \lambda_2^{l-1} & \cdots & \lambda_m^{l-1} \end{bmatrix}; \tag{5-9}$$

当 $l = m$ 时，记作 $V_m[\lambda_1, \cdots, \lambda_m]$. 采用上面的符号，我们得到了推论 5-1 的存在性定理如下：

定理 5-3 设 $N \leqslant j \leqslant 2N-1$. 假设所有 $\{\lambda_l\}_{l=1}^{N}$ 是互异的，所有 $\{k_i\}_{i=2N-j+1}^{N}$ 均为正数，且满足 $\sum\limits_{i=2N-j+1}^{N} k_i^2 < 1$. 如果 $\{c_m\}_{m=j+1}^{2N-1}$ 满足条件(5-5)~(5-6). 向量

$$V_{(2N-j)}[\lambda_1, \cdots, \lambda_{2N-j}]^{-1}(\Phi - V_{(2N-j)\times(j-N)}[\lambda_1, \cdots, \lambda_{2N-j}]\gamma) \tag{5-10}$$

的所有元素均为正数，其中 $\gamma := [k_{2N-j+1}^2, \cdots, k_N^2]^{\mathrm{T}}$. 则存在 Jacobi 矩阵 H，其元素 $\{d_m\}_{m=1}^{2N-1}$ 满足：

(i) $\{\lambda_1, \lambda_2, \cdots, \lambda_N\}$ 为 H 的特征值；

(ii) $k_i (i = 2N-j+1, \cdots, N)$ 为 H 对应于特征值 λ_i 的规范常数，即 λ_i 为归一化特征向量的最后一个分量；

(iii) $d_m = c_m$，其中 $m = j+1, \cdots, 2N-1$.

上述定理推广了[206]中的定理 1 和定理 2，研究了 $j = N$ 和 $(2N-1)$ 的情况. 本节的结构如下. 在第 2 小节中，我们回顾了与 Jacobi 矩阵相关的 m 函数及其性质，并给出定理 5-2 的证明. 在第 3 小节中，我们将定理 5-2 推广到 H 的修边矩阵，并进一步建立了一些新的唯一性结果. 定理 5-3 的证明见第 4 小节.

5.1.2 m 函数及定理 5-2 的证明

在本小节中，我们将首先回顾 Jacobi 矩阵的 m-函数及其性质（有关详细信息，请参阅文献[207]），以便于我们证明定理 5-2 及其推论(见第 5.1.3 节).

首先定义关于复变量 z 的多项式 $\{P_-(z, n)\}_{n=1}^{N+1}$ 和 $\{P_+(z, n)\}_{n=0}^{N}$. 这里 $P_-(z, n)$ 和

$P_+(z,\ n)$ 分别为 $(n-1)$ 和 $(N-n)$ 次多项式，定义如下

$$
\begin{gathered}
a_n P_+(z,\ n+1) + b_n P_+(z,\ n+1) + a_{n-1} P_-(z,\ n-1) = zP_-(z,\ n) \\
P_-(z,\ 0) = 0, \quad P_-(z,\ 1) = 1, \quad 1 \leqslant n < N+1
\end{gathered}
\tag{5-11}
$$

和

$$
\begin{gathered}
a_n P_+(z,\ n+1) + b_n P_+(z,\ n) + a_{n-1} P_+(z,\ n-1) = zP_+(z,\ n) \\
P_+(z,\ N) = 1, \quad P_+(z,\ N+1) = 0, \quad 1 \leqslant n < N-1
\end{gathered}
\tag{5-12}
$$

为讨论方便，并为了给出 $P_-(z,\ N+1)$ 和 $P_+(z,\ 0)$ 的定义，我们设

$$
a_N = a_0 = 1 \tag{5-13}
$$

显然，式(5-11)和式(5-12)给出了所需要的任意次幂多项式 $P_{\mp}(z,\ n)$ 的递推公式. 从文献[207]可知，我们有以下推论：

引理 5-1　设 $H_{[1,\ n]}$ 和 $H_{[n,\ N]}$ 分别为 Jacobi 矩阵 H 的左上角和右下角的 n 阶和 $(N-n+1)$ 阶矩阵，则

$$
\begin{gathered}
P_-(z,\ n+1) = (a_1,\ \cdots,\ a_n)^{-1} \det(z - H_{[1,\ n]}) \\
P_+(z,\ N-n) = (a_{N-1},\ \cdots,\ a_{N-n})^{-1} \det(z - H_{[N-n+1,\ N]})
\end{gathered}
\tag{5-14}
$$

对于 Jacobi 矩阵 H，定义其对应于变量 n 的 m 函数为

$$
\begin{gathered}
m_-(z,\ n) = (\delta_{n-1},\ (H_{[1,\ n-1]} - z)^{-1}\delta_{n-1}),\ n = 2,\ 3,\ \cdots,\ N+1 \\
m_+(z,\ n) = (\delta_{n+1},\ (H_{[n+1,\ N]} - z)^{-1}\delta_{n+1}),\ n = 0,\ 1,\ \cdots,\ N-1
\end{gathered}
\tag{5-15}
$$

其中 $\delta_{n+1} = (0,\ \cdots,\ 0,\ 1,\ 0,\ \cdots,\ 0)^{\mathrm{T}}$（规范单位向量）的第 n 个分量为 1. 显然 $m_{\mp}(z,\ n)$ 是 Herglotz 函数. 则 H 的 m -函数为：

$$
m_-(z) := m_-(z,\ N+1), \quad m_+(z) := m_+(z,\ 0) \tag{5-16}
$$

显然，$m_-(z,\ n)$ 和 $m_+(z,\ n)$ 分别与 Jacobi 矩阵 $H_{[1,\ n+1]}$ 和 $H_{[n+1,\ N]}$ 相关联. 简单的计算得

$$
m_-(z,\ n) = -\frac{P_-(z,\ n-1)}{a_{n-1} P_-(z,\ n)}, \quad m_+(z,\ n) = -\frac{P_+(z,\ n+1)}{a_n P_+(z,\ n)} \tag{5-17}
$$

方程(5-14)和方程(5-17)隐含着 Ricatti 方程成立且建立了 $m_-(z,\ n+1)$ 和 $m_+(z,\ n)$ 之间的关系：

引理 5-2

(i)我们有

$$
\begin{gathered}
a_{n-1}^2 m_-(z,\ n) + \frac{1}{m_-(z,\ n+1)} = b_n - z \\
a_n^2 m_+(z,\ n) + \frac{1}{m_+(z,\ n-1)} = b_n - z
\end{gathered}
\tag{5-18}
$$

(ii)对于 H 的任意特征值 λ_l，我们有

$$
m_-(\lambda_l,\ n+1) = \frac{1}{a_n^2 m_+(\lambda_l,\ n)},\ 1 \leqslant n \leqslant N \tag{5-19}
$$

其中方程(5-18)和方程(5-19)包括了两边均为无穷的情况.

(iii)设 k_n 为特征值 λ_n 对应的规范常数. 则

$$k_n^2 = \frac{P_-(\lambda_n, N)}{P'_-(\lambda_n, N+1)} \tag{5-20}$$

其中，$P'_-(\lambda_n, N+1)$ 是函数 $P_-(z, N+1)$ 对变量 z 在 $z=\lambda_n$ 点的导数.

证明 (i)由文献[207, 第273-4页]可知，文献[207, 定理2-9]使得(ii)成立. 因此仅需证明式(5-20). 设 $H=U\Lambda U^{\mathrm{T}}$，其中 Λ 是由 H 的特征值 λ_n 为主对角线元素构成的对角矩阵，U 为特征向量构成的正交矩阵. 则有

$$\begin{aligned}(\delta_N, (H-zI)^{-1}\delta_N) &= \delta_N^{\mathrm{T}}(H-zI)^{-1}\delta_N\\ &= \delta_N^{\mathrm{T}}[U\Lambda U^{\mathrm{T}} - zUU^{\mathrm{T}}]^{-1}\delta_N\\ &= \delta_N^{\mathrm{T}}U(\Lambda - zI)^{-1}U^{\mathrm{T}}\delta_N\end{aligned} \tag{5-21}$$

其中 U^{T} 表示矩阵 U 的转置矩阵，由于 $(k_1, \cdots, k_N)=\delta_N^{\mathrm{T}}U$. 则由式(5-16)和式(5-21)可知

$$m_-(z) = \sum_{j=1}^{N} \frac{k_j^2}{\lambda_j - z} \tag{5-22}$$

对于 $z \neq \lambda_j$，再结合式(5-17)和式(5-14)得

$$\begin{aligned}-P_-(z, N) &= P_-(z, N+1)m_-(z)\\ &= \frac{1}{a_1\cdots a_N}\left(\prod_{i=1}^{N}(z-\lambda_i)\right)\left(\sum_{j=1}^{N}\frac{k_j^2}{\lambda_j - z}\right)\\ &= -\frac{1}{a_1\cdots a_N}\sum_{j=1}^{N}k_j^2\left(\sum_{j=1}^{N}\frac{k_j^2}{\lambda_j - z}\right)\end{aligned}$$

注意到 $a_N=1$. 将 $z=\lambda_n$ 代入上述恒等式得到

$$P_-(\lambda_n, N) = \frac{1}{a_1\cdots a_{N-1}}k_n^2\prod_{i=1}^{N}(\lambda_n - \lambda_i) = k_n^2 P'_-(\lambda_n, N+1)$$

这意味着式(5-20)是成立的.

让我们考虑第二个 Jacobi 矩阵 $\widetilde{H}$，其元素为 $\widetilde{c}_l$ $(l=1, \cdots, 2N-1)$，其中 $\widetilde{c}_1, \widetilde{c}_2, \cdots, \widetilde{c}_{2N-1}=\widetilde{b}_1, \widetilde{a}_1, \cdots, \widetilde{b}_N$（见(5-2)）. 与其对应的多项式 $\widetilde{P}_{\mp}(z, n)$ 类似用式(5-11)和式(5-22)定义. 对于 $n=1, 2, \cdots, N$，设

$$Q_-(z, n) = \begin{vmatrix} P_-(z, n) & \widetilde{P}_-(z, n) \\ P_-(z, n+1) & \widetilde{P}_-(z, n+1) \end{vmatrix} \tag{5-23}$$

则有以下引理，该引理在本书中有重要的作用.

引理 5-3 假设 $1 \leqslant j \leqslant 2N-1$ 且当 $j+1 \leqslant l \leqslant 2N-1$ 时 $c_l=\widetilde{c}_l$. 若 $\lambda_m=\widetilde{\lambda}_m$，则 $Q_-(\lambda_m, [(j/2)/2])=0$，若同时有 $k_m=\widetilde{k}_m$，则

$$Q'_-(\lambda_m, [(j/2)/2]) = 0 \tag{5-24}$$

即 λ_m 是方程 $Q_-(z, [(j/2)/2])=0$ 的二重根.

证明 首先假设 j 是奇数，即 $j=2n-1$. 则对于 $l=n, \cdots, N-1$ 有 $a_l=\widetilde{a}_l$，且对于 $l=$

$n+1, \cdots, N$，有 $b_l=\widetilde{b}_l$，由式(5-11)和式(5-23)可知

$$
\begin{aligned}
Q_-(z, n) &= \begin{vmatrix} P_-(z, n) & \widetilde{P}_-(z, n) \\ P_-(z, n+1) & \widetilde{P}_-(z, n+1) \end{vmatrix} \\
&= \frac{1}{b_{n+1}-z} \begin{vmatrix} P_-(z, n) & \widetilde{P}_-(z, n) \\ -a_{n+1}P_-(z, n+2) & -\widetilde{a}_{n+1}\widetilde{P}_-(z, n+2) \end{vmatrix} \\
&= \frac{a_{n+1}}{a_n} \begin{vmatrix} P_-(z, n+1) & \widetilde{P}_-(z, n+1) \\ P_-(z, n+2) & \widetilde{P}_-(z, n+2) \end{vmatrix} \\
&= \frac{a_{n+1}}{a_n} Q_-(z, n+1) \\
&\cdots\cdots \\
&= \frac{1}{a_n} Q_-(z, N)
\end{aligned} \tag{5-25}
$$

由(5-14)可知，如果 $\lambda_m=\widetilde{\lambda}_m$，则 $P_-(\lambda_m, N+1)=0=\widetilde{P}_-(\lambda_m, N+1)$，从而由式(5-25)知 $Q_-(\lambda_m, n)=0$. 由于

$$
Q_-(z, N) = \begin{vmatrix} P_-(z, N) & \widetilde{P}_-(z, N) \\ P(z, N+1) & \widetilde{P}_-(z, N+1) \end{vmatrix} - \begin{vmatrix} P_-(z, N) & P_-(z, N) \\ P(z, N+1) & P_-(z, N+1) \end{vmatrix}
$$

将 $z=\lambda_m$ 代入上式，有

$$
Q'_-(\lambda_m, N) = P_-(\lambda_m, N)\widetilde{P}'_-(\lambda_m, N+1) - P'_-(\lambda_m, N+1)\widetilde{P}_-(\lambda_m, N) \tag{5-26}
$$

由于 $P_-(\lambda_m, N)=k_m^2P'_-(\lambda_m, N+1)$（见(5-20)），此外 $k_m=\widetilde{k}_m$，很容易验证 $Q'_-(\lambda_m, N)=0$ 成立. 故有 $Q'_-(\lambda_m, n)=0$，从而当 $j=2n-1$ 时有式(5-24)成立.

假设 j 是偶数，即 $j=2n$. 在这种情况下，对于 $l=n+1, \cdots, N$，有 $a_l=\widetilde{a}_l$，且对于 $l=n+1, \cdots, N$，有 $b_l=\widetilde{b}_l$，并且

$$
Q_-(z, n+1) = \frac{1}{a_{n+1}} Q_-(z, N) \tag{5-27}
$$

结合 $j=2n-1$ 情况的讨论，易得出式(5-24)成立. 引理得证.

根据上述结论，我们现在给出定理 5-2 的证明.

定理 5-2 的证明　首先讨论 Jacobi 矩阵 H 的 Herglotz 函数 $m_-(z, n+1)$（$n=1, 2, \cdots, N$）的渐近展开式. 类似于式[20，定理 3. 1]，由 $m_-(z, n+1)$ 的定义（见式(5-

15))和依范数展开(因为 H 有界)式可得，当 $z\to\infty$ 时，有

$$(H_{[1,n]}-zI)^{-1}=-z^{-1}(I-z^{-1}H_{[1,n]})^{-1}$$
$$=-z^{-1}-z^{-2}H_{[1,n]}+O(z^{-3})$$

需要注意的是 $(\delta_n, H_{[1,n]}\delta_n)=b_n$. 结合上式可得

$$m_-(z,n+1)=-z^{-1}-z^{-2}(\delta_n, H_{[1,n]}\delta_n)+O(z^{-3})$$
$$=-z^{-1}-b_nz^{-2}+O(z^{-3})$$

故

$$m_-(z,n+1)=-z-b_n+O(z^{-1}) \tag{5-28}$$

设 $\widetilde{H}$ 为另一个 Jacobi 矩阵，其元素为 $\tilde{c}_r$ ($r=1, \cdots, 2N-1$)(见式(5-2))；类似可得其 m-函数 $\widetilde{m}_-(z,n+1)^{-1}$ 的渐近展开式，仅需将式(5-28)中 $\tilde{b}_n$ 替换为 b_n . 则当 $z\to\infty$ 时，有

$$m_-(z,n+1)^{-1}-\widetilde{m}_-(z,n+1)^{-1}=b_n-\tilde{b}_n+O(z^{-1}) \tag{5-29}$$

根据定理 5-2 的已知条件，首先假设 j 是奇数，即 $j=2n-1$. 在此情况下，当 $i=n, \cdots, N-1$ 时, $a_i=\tilde{a}_i$， 当 $i=n+1, \cdots, N$ 时, $b_i=\tilde{b}_i$. 应用式(5-17)和式(5-23)，得

$$m_-(z,n+1)^{-1}-\widetilde{m}_-(z,n+1)^{-1}=-\frac{a_nP_-(z,n+1)}{P_-(z,n)}+\frac{\tilde{a}_n\widetilde{P}_-(z,n+1)}{\widetilde{P}_-(z,n)}$$
$$=\frac{a_nQ_-(z,n)}{P_-(z,n)\widetilde{P}_-(z,n)} \tag{5-30}$$

根据引理 5-3，我们得到 $Q_-(\lambda_{j_r},n)=0$，因为 $\lambda_{j_r}=\tilde{\lambda}_{j_r}$，其中 $r=1, \cdots, k$，由 $k_{i_m}=\tilde{k}_{i_m}$ 和 $\{i_m\}_{m=l}^{l}\subseteq\{j_1, \cdots, j_k\}$ 可知, $Q'_-(\lambda_{i_m},n)=0$，其中 $m=1, \cdots, l$. 这表明如果 $Q'_-(z,n)\neq 0$ 对于某些 $z\in\mathbb{C}$ (复平面)成立，则多项式 $Q_-(z,n)$ 有 $(2n-1)$ 个根(重根按重数计)，因此其幂次至少为 $(2n-1)$. 注意，由式(5-14)可知，多项式 $P_-(z,n)$ 和多项式 $\widetilde{P}_-(z,n)$ 都是 $(n-1)$ 次幂的. 因此，如果我们假设 $Q_-(z,n)\neq 0$， 那么 $z\to\infty$ 时，$(m_-(z,n+1)^{-1}-\widetilde{m}_-(z,n+1)^{-1})\to\infty$. 这与它的渐近展开式(5-29)相矛盾，因此对于所有 $z\in\mathbb{C}$， $Q_-(z,n)=0$. 由文献[207]的定理 3. 2 知, $m_-(z,n+1)=\widetilde{m}_-(z,n+1)$ (见式(5-15))，故 $H_{[1,n]}=\widetilde{H}_{[1,n]}$， 这就意味着 $c_i=\tilde{c}_i$， 其中 $i=1, \cdots, 2n-1$.

假设 j 是偶数，即 $j=2n$. 在本问题中, $a_i=\tilde{a}_i$， 其中 $i=n+1, \cdots, N-1$， 且 $b_i=\tilde{b}_i$，其中 $i=n+1, \cdots, N$. 考虑 $m_-(z,n+2)^{-1}-\widetilde{m}_-(z,n+2)^{-1}$. 由式(5-29)可知

$$m_-(z,n+2)^{-1}-\widetilde{m}_-(z,n+2)^{-1}=O(z^{-1}) \tag{5-31}$$

另一方面，由式(5-30)得

$$m_{-}(z,\ n+2)^{-1}-\widetilde{m}_{-}(z,\ n+2)^{-1}=\frac{a_{n+1}Q_{-}(z,\ n+1)}{P_{-}(z,\ n+1)\widetilde{P}_{-}(z,\ n+1)}$$

结合对于情形 $j=2n-1$ 的讨论可知，若对于 $z\in\mathbb{C}$，$Q_{-}(z,\ n+1)\neq 0$，则该多项式最低为 $2n$ 次幂多项式. 由于多项式 $P_{-}(z,\ n+1)$ 和多项式 $\widetilde{P}_{-}(z,\ n+1)$ 均为 n 次多项式. 这与渐近展开式(5-31)相矛盾，故对于所有 $z\in\mathbb{C}$，$Q_{-}(z,\ n+1)=0$. 定理得证.

5.1.3 对于更一般情形下的唯一性定理

在这一节中，我们将定理 5-2 的谱数据 $\{\lambda_i,\ k_j\}$ 推广到可选自不同的 Jacobi 矩阵 $H(h)$，其中矩阵 $H(h)$ 的元素，除了 b_N 被替换为 b_N+h，其他元素与 H 相同，即

$$H(h)=H+h(\delta_N,\ \cdot)\delta_N \tag{5-32}$$

这里 h 是实数. 这表明 $H(h)$ 是系统 H 的一维扰动系统，也称为 H 的修边矩阵(参考文献[202, 207, 212]).

在文献[38]中 Borg 对于定义在有限区间上的常型 Schrödinger 算子证明了著名的两组谱定理，即基于两组不同边值条件下生成的两组谱可唯一确定势函数. 对于 Jacobi 矩阵，Hochstadt[210]，Gesztesy 和 Simon[207] 考虑了 Borg 定理. 他们证明了 H 的 $(2n-1)$ 个特征值和其修边矩阵 $H(h)$ 的 $2n$ 个特征值唯一地确定了 H. 此外由 $H_{[1,\ n]}$ 和 $H_{[1,\ N-1]}$ 的谱唯一确定 H 的结论，事实上可被看作是 $h=\infty$ 的情形. 下面我们的结论讨论不同的 h，其中 h 可看作连续系统中的边值条件. 这种观点可将文献[207, 95]的结论推广到更一般的情况. 本质上，大致来说，在唯一确定 Jacobi 矩阵 H 的问题上，所需谱数据的数量必须等于 H 的未知元素的个数.

对于任意 Jacobi 矩阵 $H(h)$，类似于式(5-11)和式(5-21)，我们定义 P_{-} 和 m_{-}，分别表示为 $P_{-}(z,\ n;\ h)$ 和 $m_{-}(z,\ n;\ h)$. 由于除了 b_N，$H(h)$ 的所有其余元素均与 H 的元素相同，故

$$\begin{aligned} P_{-}(z,\ n;\ h)&=m_{-}(z,\ n), \qquad n\leqslant N\\ m_{-}(z,\ n;\ h)&=m_{-}(z,\ n), \qquad n\leqslant N-1 \end{aligned} \tag{5-33}$$

引理 5-4 若 $h_1\neq h_2$，那么 $\lambda(h_1)\neq\lambda(h_2)$，其中 $\lambda(h_i)$ 是 $H(h_i)$ $(i=1,\ 2)$ 的任意特征值.

证明 设 $\lambda(h_1)=\lambda(h_2)$. 则由式(5-11)和式(5-13)，对于 $i=1,\ 2$，有

$$\begin{aligned} 0&=P_{-}(\lambda(h_i),\ N+1;\ h_i)\\ &=(\lambda(h_i)-b_N-h_i)P_{-}(\lambda(h_i),\ N;\ h_i)-a_{N-1}P_{-}(\lambda(h_i),\ N-1;\ h_i)\\ &=(\lambda(h_i)-b_N-h_i)P_{-}(\lambda(h_i),\ N)-a_{N-1}P_{-}(\lambda(h_i),\ N-1), \end{aligned}$$

故有 $(h_2-h_1)P_{-}(\lambda(h_i),\ N)=0$，则 $\lambda(h_i)$ 是 $H_{[1,\ N-1]}(h_i)$ 的特征值，这与 $H(h_i)$ 和 $H_{[1,\ N-1]}(h_i)$ 的特征值相互交替的性质相矛盾(见文献[210]，引理 2). 则 $\lambda(h_1)\neq\lambda(h_2)$.

本小节的目的是证明以下定理.

定理 5-4 假设 $1\leqslant j\leqslant 2N-1$，若已知 c_{j+1}，…，c_{2N-1}，以及 k 个不同的特征值 $\lambda(h_1)$，…，$\lambda(h_k)$，以及 l 个规范常数 $k(h_{i_1})$，…，$k(h_{i_l})$，且满足

$$k\geqslant l, \quad k+l=j, \quad \{i_1,\ \cdots,\ i_l\}\subseteq\{1,\ \cdots,\ k\} \tag{5-34}$$

$r=1, \cdots, l$，其中$k(h_{i_r})$是特征值$\lambda(h_{i_r})$对应的规范常数. 则$c_1, \cdots, c_j$是唯一确定的.

证明 设$\widetilde{H}$是另一个 Jacobi 矩阵，其元素为$\tilde{c}_i$，$i=1, \cdots, 2N-1$. 则由定理假设，对于$i=j+1, \cdots, 2N-1$，有$c_i=\tilde{c}_i$. 由式(5-33)可以看出，对于任意h_m，当$r=1, \cdots, N-1$时，$Q_-(z, r; h_m)=Q_-(z, r)$.

我们仅需证明当$j=2n-1$为奇数时结论成立. 偶数情况类似可证. 首先考虑$n \leqslant N-1$时的情况. 在这种情况下，当$m=1, \cdots, k$时，$m_-(z, n; h_m)=m_-(z, n)$，且$\widetilde{m}_-(z, n; h_m)=\widetilde{m}_-(z, n)$. 进而，由式(5-20)和引理 5-3 可知，如果$\lambda(h_m)=\tilde{\lambda}(h_m)$，则$Q_-(\lambda(h_m), n)=0$，且若进而有$k(h_m)=\tilde{k}(h_m)$，其中$k(h_m)$和$\tilde{k}(h_m)$分别是本征值$\lambda(h_m)$和$\tilde{\lambda}(h_m)$的规范常数，则$Q'_-(\lambda(h_m), n)=0$. 由式(5-30)我们可得

$$m_-(z, n+1)^{-1}-\widetilde{m}_-(z, n+1)^{-1}=\frac{Q_-(z, n)}{P_-(z, n)\widetilde{P}_-(z, n)}$$

因此推断，如果对于某些$z \in \mathbb{C}$有$Q_-(z, n) \neq 0$，则多项式$Q_-(z, N)$的幂次数至少为$(2n-1)$，结合定理5-2 的结论可知$m_-(z, n+1)=\widetilde{m}_-(z, n+1)$，因此$c_i=\tilde{c}_i$，其中$i=1, \cdots, j$.

接下来我们讨论$n=N$的情况. 在这种情况下，我们考虑与矩阵H有关的多项式$Q_-(z, N)$，由式(5-11)和式(5-23)，我们有

$$Q_-(z, N)=\begin{vmatrix} P_-(z, N) & \widetilde{P}_-(z, N) \\ P_-(z, N+1) & \widetilde{P}_-(z, N+1) \end{vmatrix}$$

$$=\begin{vmatrix} P_-(z, N) & \widetilde{P}_-(z, N) \\ (z-b_N-h_m)P_-(z, N)-a_{N-1}P_-(z, N-1) & (z-\tilde{b}_N-h_m)\widetilde{P}_-(z, N)-\tilde{a}_{N-1}\widetilde{P}_-(z, N-1) \end{vmatrix} \tag{5-35}$$

$$=Q_-(z, N; h_m)$$

注意到，$a_N=1$. 可以得到：如果$\lambda(h_m)=\tilde{\lambda}(h_m)$，则$Q_-(\lambda(h_m), N)=0$，；此外如果，$k(h_m)=\tilde{k}(h_m)$，则$Q'_-(\lambda(h_m), N)=0$. 根据以上讨论，我们可以很容易地推导出$c_i=\tilde{c}_i$，其中$i=1, \cdots, 2N-1$. 定理得证.

推论 5-2 已知不同的特征值$\lambda(h_1), \cdots, \lambda(h_k)$，及$l$个规范常数$k(h_{i_1}), \cdots, k(h_{i_l})$. 若满足

$$k \geqslant l, \quad k+l=2N-1, \quad \{i_1, \cdots, i_l\} \subseteq \{1, \cdots, k\} \tag{5-36}$$

则H可唯一确定.

证明 在定理 5-4 中，取$j=2N-1$，我们很容易得到结果.

推论 5-3　设 $1 \leqslant j \leqslant 2N-1$. 假定 c_{j+1}, …, c_{2N-1}, 以及 j 个不同的特征值 $\lambda(h_1)$, …, $\lambda(h_j)$ 已知. 则 c_1, …, c_j 可唯一确定.

证明　这是定理 5-2 中 $l=0$ 的特例.

注 5-1　以上推论是文献[207]中的定理 5.1 的推广. 事实上, 如果 $j=2N-1$, 且所有的 $\lambda_i(0)$ 和 $\lambda_i(h)$ 与 $h \neq 0$ 的特征值都已知, 则 H 是唯一确定的. 另外, 作为一个典型的例子, 如果 $\{h_m\}_{m=1}^{2N-1}$ 是不同的数且已知, 那么已知某个固定的 $i(=1, \cdots, N)$ 的第 i 项 $\lambda_i(h_m)$, 则 H 是唯一确定的, 这是文献[71]在连续介质情况下的唯一性定理的一个类比.

5.1.4　定理 5-3 的证明

在这一小节中, 我们将给出定理 5-3 的证明. 下面的引理对于定理的证明起了本质的作用, 类似于文献[206, 引理 4].

引理 5-5　设 H 为 Jacobi 矩阵, 其元素为 $\{c_k\}_{k=1}^{2N-1}$ (见式(5-2)). 对于每一个 $1 \leqslant m \leqslant 2N-1$, 有如下一一对应关系:

$$\{c_{2N-1}, c_{2N-2}, \cdots, c_{2N-m}\} \text{ 和 } \{H_N, (H^2)_N, \cdots, (H^m)_N\}$$

证明　应该指出的是

$$(H^m)_N = \sum H_{N, j_1} H_{j_1, j_2} \cdots H_{j_{k-1}, j_k} H_{j_k, j_{k+1}} \cdots H_{j_{m-1}, j_{m-1}} H_{j_{m-1}, N}$$

其中 $H_{j_k, j_{k+1}}$ 为 Jacobi 矩阵 H 的第 j_k 行和第 j_{k+1} 列元素, 取 $j_1=N, N-1$, $j_{m-1}=N, N-1$, $|j_i - j_{i-1}| \leqslant 1$. 该结论结合式[200, 引理 4]的讨论可证引理的结论成立.

定理 5-2 的证明　首先由式(5-10), 证明数据 $\{\lambda_l\}_{l=1}^{N}$ 和 $\{c_i\}_{i=j+1}^{2N-1}$ 可唯一确定 k_i, 其中 $i=1, \cdots, 2N-j$. 设 $H_{[[j/2+1], N]}$ 定义为式(5-7), 元素 $\{c_i\}_{i=j+1}^{2N-1}$ (见式(5-5)~式(5-6)), 且 $\Lambda := \mathrm{diag}[\lambda_1, \cdots, \lambda_N]$. 我们设

$$\Gamma = [x_1, x_2, \cdots, x_{2N-j}, k_{2N-j+1}, \cdots, k_N]^{\mathrm{T}}$$

其中所有的 $x_i > 0$, 且

$$(H^k_{[[j/2+1], N]})_{N-[j/2]} = (\Lambda^k \Gamma, \Gamma) = \sum_{m=1}^{2N-j} \lambda_m^k x_m^2 + \sum_{m=2N-j+1}^{N} \lambda_m^k x_m^2 \tag{5-37}$$

其中 $k=1, 2, \cdots, (2N-j-1)$, 且

$$1 = \sum_{m=1}^{2N-j} x_m^2 + \sum_{m=2N-j+1}^{N} k_m^2 \tag{5-38}$$

成立, 则若假定

$$\Phi = [1, (H_{[[j/2+1], N]})_{N-[j/2]}, \cdots, (H^{2n-j-1}_{[[j/2+1], N]})_{N-[j/2]}]^{\mathrm{T}}$$

(见式(5-8)), 则式(5-37)和式(5-38)等价于:

$$V_{(2N-j)}[\lambda_1, \cdots, \lambda_{2N-j}]X = \Phi - V_{(2N-j)\times(j-n)}[\lambda_{2N-j+1}, \cdots, \lambda_N]\mathrm{Y} \tag{5-39}$$

其中 $X=[x_1^2, \cdots, x_{2N-j}^2]^{\mathrm{T}}$ 和 $\mathrm{Y}=[k_{2N-j+1}^2, \cdots, k_N^2]^{\mathrm{T}}$. 根据条件(5-10), 已知存在向量满足方程. 设 $x_i =: k_i$ 对于 $i=1, \cdots, 2N-j$, 以及 k_l 对于 $l=(2N-j+1), \cdots, N$ 已知. 那么通过[206]中的定理 1 可知, 存在 Jacobi 矩阵 H, 其元素为 $\{d_m\}_{m=1}^{2N-1}$ (见式(5-2)), 使得 $\{\lambda_1, \lambda_2, \cdots, \lambda_N\}$ 为 H 的特征值, 且 $\{k_1, \cdots, k_N\}$ 为 H 的规范常数, 即为矩阵 U 规范化后的特征向量的最后一行元素. 此外, 根据式(5-31)和式(5-38), 可得

$$(H^k)_N = (U^{\mathrm{T}}\Lambda^k U)_N = \sum_{m=1}^{N} \lambda_m^k k_m^2 = (H^k_{[[j/2+1],\ N]})_{N-[j/2]} \tag{5-40}$$

由引理 5-5 可知，$d_r = c_r$ 对于 $r = j + 1,\ \cdots,\ 2N - 1$ 均成立. 这表明定理 5-3 的条件(iii)成立，从而定理得证.

5.2 基于混合谱数据的 Jacobi 矩阵的重构问题

5.2.1 引言

在本节中，应用混合谱数据，包括矩阵 J_n 的部分元素、J_n 的特征值及其修边矩阵的部分特征值，考虑 Jacobi 矩阵的逆特征值问题中的重构问题. 其中 $n \times n$ 阶的 Jacobi 为如下的三对角实对称矩阵：

$$J_n = \begin{bmatrix} b_1 & a_1 & 0 & 0 & \cdots & . & . \\ a_1 & b_2 & a_2 & 0 & \cdots & . & . \\ 0 & a_2 & b_3 & a_3 & \cdots & . & . \\ . & . & . & . & & . & . \\ . & . & . & . & & . & . \\ . & . & . & . & \cdots & b_{n-1} & a_{n-1} \\ . & . & . & . & \cdots & a_{n-1} & b_n \end{bmatrix} \tag{5-41}$$

这里对于所有的 $i = 1,\ \cdots,\ n - 1,\ a_i > 0$. 记 Jacobi 矩阵 J_n 的元素为：

$$a_0 = c_0,\ b_1 = c_1,\ a_1 = c_2,\ \cdots,\ a_n = c_{2n} \tag{5-42}$$

在此为了下面讨论方便，定义 $a_0 = a_n = 1$，基于以上假设，由文献[10]可知，矩阵 J_n 的特征值(记作 $\{\lambda_i\}_{i=1}^n$)均为简单的实数.

当 $n \leqslant l < 2n - 1$ 时，假设 $c_{2j} > 0$ 且 $j = [l/2] + 1,\ [l/2] + 2,\ \cdots,\ (n - 1)$，则 $\{\lambda_i\}_{i=1}^n$，$\{\mu_j\}_{j=1}^{l-n}$ 和 $\{c_i\}_{i=l+1}^{2n-1}$ 分别是三个互异的实数序列. 这里$[a]$表示不超过 a 的最大整数. 我们提醒读者，$\{\mu_j\}_{j=1}^{l-n}$ 在 $l = n$ 的特殊情况下是空集. 本节的主要目的是利用上面提到的给定数据重构 Jacobi 矩阵

问题 1 若 $h \in \mathbb{R} \cup \{\infty\} \setminus \{0\}$，已知 $\{c_i\}_{i=l+1}^{2n-1}$，$\{\lambda_i\}_{i=1}^n$，及 $\{\mu_j\}_{j=1}^{l-n}$ 且满足如下条件：

(1) $\{\lambda_i\}_{i=1}^n \cup \{\mu_j\}_{j=1}^{l-n}$ 是一个严格单调递增序列；

(2) 对于 $i = 1,\ \cdots,\ n$，序列 $\{\mu_j\}_{j=1}^{l-n}$ 中至多有一个元素属于 $(\lambda_i,\ \lambda_{i+1})$，且若 $h \in (0,\ \infty]$，则 $\mu_1 > \lambda_1$，若如果 $h \in (-\infty,\ 0)$，则 $\mu_{l-n} < \lambda_n$，并设 $\lambda_0 = -\infty$ 和 $\lambda_{n+1} = +\infty$.

构造一个 $n \times n$ 阶 Jacobi 矩阵 J_n，使得 $\{c_i\}_{i=l+1}^{2n-1}$ 为按照式(5-42)所定义的 J_n 的元素，$\{\lambda_i\}_{i=1}^n$ 是 J_n 的特征值，且 $\{\mu_j\}_{j=1}^{l-n}$ 为 J_n 的修边矩阵 $\hat{J}_n(h)$ 的部分特征值，其中 $\hat{J}_n(h)$ 定义为

$$\hat{J}_n(h) = J_n + h e_n \mathrm{e}_n^{\mathrm{T}} \tag{5-43}$$

其中 e_i 表示与 J_n 同阶的单位矩阵的第 i 列，且在式(5-43)中，若 $h = \infty$，则 $\hat{J}_n(h)$ 退化为

$J_{1,n-1}$，即去掉 J_n 的最后一列和最后一行所得的矩阵.

注 5-2　众所周知[221]，$\hat{J}_n(h)$ 的每个特征值 μ_j 是一个严格的单调递增序列，且是关于 h 的连续函数，即在问题 1 中，当 $h>0$ 时 $\mu_1>\lambda_1$，当 $h<0$ 时 $\mu_{l-n}<\lambda_n$.

1979 年，Hochstadt[95] 证明了如果 $l=n$，且 $\{c_i\}_{i=l+1}^{2n-1}$ 已知，则如上问题的解若存在则一定是唯一的. Gesztesy 和 Simon[207] 将该唯一性结果推广到 $l\leqslant n$ 的情况下，证明了 $\{c_i\}_{i=l+1}^{2n-1}$，与 J_n 的任意 l 个特征值一起，可唯一地确定 J_n. 进而，在 5.1 节中证明了问题 1 的解是唯一且存在的. 以上结论均可被看作是 Hochstadt 唯一性定理的推广.

近年来，许多学者研究了 Hochstadt 唯一性定理的可解性和重构算法(见文献[202, 217, 220, 224-226]及其文献). 特别地，H. Dai[219] 提出了当 n 为偶数时，即 $l=n/2$ 时可解的充要条件. 后来 S. F. Xu[226] 又对该条件进行了改善. 近年来，P. A. Cojuhari 和 L. P. Nizhnik[218] 也给出了 Hochstadt 逆特征值问题解存在的充要条件，并给出了解的计算算法. 然而，对于推广的 Hochstadt 唯一性定理，其可解性和算法的研究结果却很少，目前仅看到 Y. Wei[224] 对于 Gesztesy-Simon 唯一性定理讨论了 $l\leqslant n$ 的情况，L. P. Nizhnik[13] 考虑了 $l>n$ 且 $h=\infty$ 的情况. 他们分别给出了问题的可解性和数值解的充要条件.

我们在本节中的主要目标是提供一种算法来重构上述问题 1 的 Jacobi 矩阵. 我们使用的主要技巧是针对多项式的欧几里各除法[220]，利用该除法可以将一个未知的 m 次多项式分解成两个幂次数为 m_1 和 m_2 的多项式，其中 $m_1+m_2<m$. 通过使用该除法，为我们使用 Lagrange 插值公式提供了一个很好的环境. 本节建立了问题 1 可解的充要条件，并给出了重构矩阵数值算法. 特别地，我们还给出了上述 Hochstadt 唯一性定理一个简单的重构算法.

本节结构安排为：第二小节给出了问题 1 可解的充要条件；第三小节给出了重构算法和算例.

5.2.2　问题 1 的可解性

在本小节中，我们将给出与问题 1 相关的多项式的欧几里各除法，以便于后面使用 Lagrange 插值公式重构矩阵，从而得出本节的结果.

首先用 $\sigma(J_n)$ 表示 Jacobi 矩阵 J_n 的特征值集合，用 $J_{r,k}$ 表示由 J_n 去掉前 $(r-1)$ 行和列，后 $(n-k)$ 行和列所得的 J_n 的子矩阵，其中 $1\leqslant r\leqslant k\leqslant n$. 我们设

$$\varphi_{r,k}(\lambda)=\det(\lambda I-J_{r,k}) \tag{5-44}$$

特别地，设 $\varphi_n(\lambda)=\varphi_{1,n}(\lambda)$，这是 J_n 的特征多项式.

为了简洁起见，对于 $l\geqslant n$，我们记

$$l=2m \text{ 或 } 2m-1 \tag{5-45}$$

在这种情况下，当 $l=2m$ 时，$J_{m+1,n}$ 是已知的；当 $l=2m-1$ 时，$J_{m+1,n}$ 及 a_m 是已知的. 不失一般性，本节仅讨论 $l=2m$ 时的情形. 对于 $l=2m-1$ 的情形，可类似讨论.

在给出主要引理之前，先给出了两个关于多项式的引理.

引理 5-6　当 $n/2\leqslant m\leqslant n-1$ 时，设 $\varphi_n(\lambda)$，$\varphi_{m+1,n}(\lambda)$，及 $\varphi_{m+2,n}(\lambda)$ 由式(5-44)定义. 对于多项式 $\varphi_{m+1,n-1}(\lambda)\varphi_n(\lambda)$ 利用欧几里得除法，即用多项式 $\varphi_{m+1,n-1}(\lambda)$ 相除，可知存在两个多项式 q (商)和 g (余数)满足

$$\varphi_{m+1,n-1}(\lambda)\varphi_n(\lambda)=q(\lambda)\varphi_{m+1,n}(\lambda)+g(\lambda) \tag{5-46}$$

其中 $\deg(g) < \deg(\varphi_{m+1,n})$. 若我们记

$$f(\lambda)=\varphi_{m+2,\ n-1}(\lambda)\varphi_n(\lambda)-\varphi_{m+2,\ n}(\lambda)q(\lambda) \tag{5-47}$$

则

$$\begin{vmatrix} f(\lambda) & \varphi_{m+2,\ n}(\lambda) \\ g(\lambda) & \varphi_{m+1,\ n}(\lambda) \end{vmatrix}=A_0\varphi_n(\lambda) \tag{5-48}$$

其中 $\varphi_{n+1,\ n}(\lambda)=\varphi_{n,\ n-1}(\lambda)=1$, $\varphi_{n+2,\ n}(\lambda)=\varphi_{n+1,\ n-1}(\lambda)=0$, 且 $A_0=-a_{m+1}^2a_{m+2}^2\cdots a_n^2$.

证明 由文献[219, 引理1]推知

$$\begin{vmatrix} \varphi_{m+2,\ n-1}(\lambda) & \varphi_{m+2,\ n}(\lambda) \\ \varphi_{m+1,\ n-1}(\lambda) & \varphi_{m+1,\ n}(\lambda) \end{vmatrix}=-a_{m+1}^2a_{m+2}^2\cdots a_n^2=:A_0 \tag{5-49}$$

进而可得到式(5-46)和式(5-47). 因此

$$\begin{vmatrix} f(\lambda) & \varphi_{m+2,\ n}(\lambda) \\ g(\lambda) & \varphi_{m+1,\ n}(\lambda) \end{vmatrix}=\begin{vmatrix} \varphi_{m+2,\ n-1}(\lambda)\varphi_n(\lambda)-q(\lambda)\varphi_{m+2,\ n}(\lambda) & \varphi_{m+2,\ n}(\lambda) \\ \varphi_{m+1,\ n-1}(\lambda)\varphi_n(\lambda)-q(\lambda)\varphi_{m+1,\ n}(\lambda) & \varphi_{m+1,\ n}(\lambda) \end{vmatrix}$$

$$=\varphi_n(\lambda)\begin{vmatrix} \varphi_{m+2,\ n-1}(\lambda) & \varphi_{m+2,\ n}(\lambda) \\ \varphi_{m+1,\ n-1}(\lambda) & \varphi_{m+1,\ n}(\lambda) \end{vmatrix} \tag{5-50}$$

引理得证.

注 5-3 从式(5-48)很容易看出, $\deg(f)=m$. 此外, 一旦 J_n 的所有特征值已知, 结合 $\varphi_{m+2,\ n}(\lambda)$ 和 $\varphi_{m+1,\ n}(\lambda)$ 的定义, 由式(5-46)可知, 使用欧几里各除法[6]可得到多项式 $g(\lambda)$ 和 $q(\lambda)$. 进一步, 我们应用式(5-47)可得到 $f(\lambda)$.

引理 5-7 当 $n/2\leqslant m\leqslant n-1$ 时, 设两个多项式 $g(\lambda)$ 和 $f(\lambda)$ 分别由式(5-46)和式(5-47)定义, 则存在唯一多项式 $w(\lambda)$ 且 $\deg w(\lambda)=2m-n-1$, 使得下式成立:

$$\varphi_{1,\ m}(\lambda)-A_0^{-1}f(\lambda)=w(\lambda)\varphi_{m+2,\ n}(\lambda) \tag{5-51}$$

$$a_m^2\varphi_{1,\ m-1}(\lambda)-A_0^{-1}g(\lambda)=w(\lambda)\varphi_{m+1,\ n}(\lambda) \tag{5-52}$$

特别地, 当 $2m=n$ 时, $w(\lambda)\equiv 0$.

证明 我们把 Jacobi 矩阵写成

$$J_n=\begin{bmatrix} J_{1,\ m} & a_me_m\mathrm{e}_1^{\mathrm{T}} \\ a_me_m\mathrm{e}_1^{\mathrm{T}} & J_{m+1,\ n} \end{bmatrix} \tag{5-53}$$

利用 Schur 完备性[210], 有

$$\varphi_n(\lambda)=\begin{vmatrix} \varphi_{1,\ m}(\lambda) & \varphi_{m+2,\ n}(\lambda) \\ a_m^2\varphi_{1,\ m-1}(\lambda) & \varphi_{m+1,\ n}(\lambda) \end{vmatrix} \tag{5-54}$$

结合式(5-48)可得

$$\begin{vmatrix} \varphi_{1,\ m}(\lambda)-A_0^{-1}f(\lambda) & \varphi_{m+2,\ n}(\lambda) \\ a_m^2\varphi_{1,\ m-1}(\lambda)-A_0^{-1}f(\lambda) & \varphi_{m+1,\ n}(\lambda) \end{vmatrix}\equiv 0 \tag{5-55}$$

注意到 $\varphi_{m+2,\ n}(\lambda)$ 和 $\varphi_{m+1,\ n}(\lambda)$ 是互质的. 如果 $n\leqslant l\leqslant 2n-2$, 因为 $\deg(\varphi_{1,\ m-1})>\deg(g)$, $\deg(\varphi_{1,\ m-1})>\deg(\varphi_{m+1,\ n})$, 则式(5-55)隐含着

$$\varphi_{m+2,\ n}(\lambda)\mid(\varphi_{1,\ m}(\lambda)-A_0^{-1}f(\lambda))\text{ 和 }\varphi_{m+1,\ n}(\lambda)\mid(a_m^2\varphi_{1,\ m-1}(\lambda)-A_0^{-1}f(\lambda))$$

其中 $r(\lambda)\mid s(\lambda)$ 表示 $r(\lambda)$ 除以 $s(\lambda)$, $r(\lambda)$ 是 $s(\lambda)$ 的除数(等效地, $s(\lambda)$ 是 $r(\lambda)$ 的倍

数)．故式(5-51)和式(5-52)仍然成立且 $\deg w(\lambda)=2m-n-1$. 另一方面，如果 $l=n$，则 $\deg(\varphi_{1,m-1})=m-1$ 和 $\deg(\varphi_{m+1,n})=m$．根据式(5-46)，还可以得到 $\deg(g(\lambda))<\deg(\varphi_{m+1,n}(\lambda))$．因此式(5-55)意味着 $\varphi_{m+2,n}(\lambda)\mid(\varphi_{1,m}(\lambda)-A_0^{-1}f(\lambda))$ 和 $\varphi_{m+1,n}(\lambda)\mid(a_m^2\varphi_{1,m-1}(\lambda)-A_0^{-1}f(\lambda))$．我们得出 $\varphi_{m+2,n}(\lambda)$ 和 $\varphi_{m+1,n}(\lambda)$ 有一个公约数，这与 $\varphi_{m+2,n}(\lambda)$ 和 $\varphi_{m+1,n}(\lambda)$ 的主要性质相矛盾，因此 $w(\lambda)=0$. 引理得证.

下面由 $\{\mu_i\}_{i=1}^{2m-n}$ 来重构多项式 $w(\lambda)$，即由 $(2m-n)$ 个截边矩阵的特征值或由式(5-43)定义的修边矩阵 $\hat{J}_n(h)$ 的特征值. 此外，设 $\hat{\varphi}_{l,k}(\lambda)=\det(\lambda I-\hat{J}_{l,k}(h))$，此定义类似于定义(5-44). 在这种情况下，我们有

$$\hat{\varphi}_n(\lambda)=\begin{vmatrix}\varphi_{1,m}(\lambda) & \varphi_{m+2,n}(\lambda)\\ a_m^2\varphi_{1,m-1}(\lambda) & \varphi_{m+1,n}(\lambda)\end{vmatrix}\tag{5-56}$$

从式(5-51)和式(5-52)得到

$$\hat{\varphi}_n(\lambda)=A_0^{-1}\begin{vmatrix}f(\lambda) & \hat{\varphi}_{m+2,n}(\lambda)\\ g(\lambda) & \hat{\varphi}_{m+1,n}(\lambda)\end{vmatrix}+w(\lambda)\begin{vmatrix}\varphi_{m+2,n}(\lambda) & \hat{\varphi}_{m+2,n}(\lambda)\\ \varphi_{m+1,n}(\lambda) & \hat{\varphi}_{m+1,n}(\lambda)\end{vmatrix}\tag{5-57}$$

由于 $(\varphi_{m+2,n}\hat{\varphi}_{m+1,n}-\varphi_{m+1,n}\hat{\varphi}_{m+2,n})(\lambda)=\hat{h}A_0$，其中如果 $h=\infty$ 时 $\hat{h}=-1$，$h\in\mathbb{R}\setminus\{0\}$ 时 $\hat{h}=h$，从而

$$w(\lambda)=(\hat{h}A_0)^{-1}\hat{\varphi}_n(\lambda)-\hat{h}^{-1}A_0^{-2}\begin{vmatrix}f(\lambda) & \hat{\varphi}_{m+2,n}(\lambda)\\ g(\lambda) & \hat{\varphi}_{m+1,n}(\lambda)\end{vmatrix}$$

设 $\{\mu_i\}_{i=1}^{2m-n}\subset\sigma(\hat{J}_n(h))$．我们有 $\hat{\varphi}_n(\mu_i)=0$，且

$$w(\mu_i)=-\hat{h}^{-1}A_0^{-2}\begin{vmatrix}f(\mu_i) & \hat{\varphi}_{m+2,n}(\mu_i)\\ g(\mu_i) & \hat{\varphi}_{m+1,n}(\mu_i)\end{vmatrix}\tag{5-58}$$

注意到 $\deg w(\lambda)=2m-n-1$. 利用 Lagrange 插值公式，以 $\{\mu_i\}_{i=1}^{2m-n}$ 作为插值结点，则可得 $w(\lambda)$ 表达式如下：

$$w(\lambda)=H(\lambda)\sum_{i=1}^{2m-n}\frac{w(\mu_i)}{(\lambda-\mu_i)\dot{H}(\mu_i)}\tag{5-59}$$

其中，$w(\mu_i)$ 是由式(5-58)给定，$H(\lambda)=(\lambda-\mu_1)(\lambda-\mu_2)\cdots(\lambda-\mu_{2m-n})$ 且 $\dot{H}(\lambda)=\partial H/\partial\lambda$．定义两个多项式 $P_m(\lambda)$ 和 $P_{m-1}(\lambda)$ 为：

$$P_m(\lambda)=A_0^{-1}f(\lambda)+w(\lambda)\varphi_{m+2,n}(\lambda)\tag{5-60}$$

$$P_{m-1}(\lambda)=A_0^{-1}g(\lambda)+w(\lambda)\varphi_{m+1,n}(\lambda)\tag{5-61}$$

其中 $A_0=-a_{m+1}^2a_{m+2}^2\cdots a_n^2$，$f(\lambda)$ 和 $g(\lambda)$ 分别由式(5-46)和式(5-47)给出.

下面的定理是本节的主要结果.

定理 5-5　设 $\{\alpha_j\}_{j=1}^{m}$ 和 $\{\beta_j\}_{j=1}^{m-1}$ 是两个多项式 $P_m(\lambda)$ 和 $P_{m-1}(\lambda)$ 的零点，其中 $l=2m-1$ 或 $2m$．则问题 1 有一个唯一解的充要条件为：

(1) $\{\alpha_j\}_{j=1}^{m}$ 和 $\{\beta_j\}_{j=1}^{m-1}$ 是简单的且相互交错，即：对于 $j=1, 2, \cdots, m-1$，有 $\alpha_j<\beta_j<\alpha_{j+1}$；

(2) 当 $l=2m$ 时，多项式 $P_{m-1}(\lambda)$ 的首项系数为正.

证明 我们仅证明 $l=2m$ 情况下的结果. $l=2m-1$ 的证明是类似的.

首先证明必要性. 假设问题1有唯一解, 记作 J_n, 其满足 $\{\lambda_i\}_{i=1}^{n}=\sigma(J_n)$, $\{\mu_i\}_{i=1}^{l-n}\subset(\sigma(\hat{J}_n))$, 且 $\{c_i\}_{i=l+1}^{2n-1}$ 是其由式(5-42)定义的元素. 设

$$J_n=\begin{bmatrix} J_{1,m} & a_m e_m e_1^{\mathrm{T}} \\ a_m e_m e_1^{\mathrm{T}} & J_{m+1,n} \end{bmatrix} \tag{5-62}$$

对于 $n/2\leqslant m\leqslant n-1$, 其中 $J_{m+1,n}$ 是问题1中所给定的. 在这种情况下, 结合定义(5-44), 有

$$\varphi_n(\lambda):=\prod_{i=1}^{n}(\lambda-\lambda_i)=\begin{vmatrix} \varphi_{1,m}(\lambda) & \varphi_{m+2,n}(\lambda) \\ a_m^2\varphi_{1,m-1}(\lambda) & \varphi_{m+1,n}(\lambda) \end{vmatrix} \tag{5-63}$$

其中 $\varphi_{1,m}(\lambda)$ 和 $\varphi_{1,m-1}(\lambda)$ 分别是 $J_{1,m}$ 和 $J_{1,m-1}$ 的特征多项式. 根据 Gladwell[208] 的结论可知, $\varphi_{1,m}(\lambda)$ 和 $\varphi_{1,m-1}(\lambda)$ 的零点都是简单的且相互交错的. 对应矩阵 J_n, 由引理5-6可知, $f(\lambda)$ 和 $g(\lambda)$ 可由多项式 $\varphi_{m+1,n}(\lambda)$, $\varphi_{m+2,n}(\lambda)$, $\varphi_{m+1,n-1}(\lambda)$, $\varphi_{m+1,n-1}(\lambda)$ 及 $\varphi_n(\lambda)$ 表示. 因此, 由引理5-7可知

$$\varphi_{1,m}(\lambda)=A_0^{-1}f(\lambda)+w(\lambda)\varphi_{m+2,n}(\lambda) \tag{5-64}$$

$$a_m^2\varphi_{1,m-1}(\lambda)=A_0^{-1}g(\lambda)+w(\lambda)\varphi_{m+1,n}(\lambda) \tag{5-65}$$

其中多项式 $w(\lambda)$ 可以 $\{\mu_i\}_{i=1}^{l-n}$ 为插值结点, 应用 Lagrange 插值得到, 这里 $\{\mu_i\}_{i=1}^{l-n}$ 为修边矩阵 $\hat{J}_n(h)$ (见式(5-43))的特征值. 则有 $\varphi_{1,m}(\lambda)=P_m(\lambda)$ 及 $a_m^2\varphi_{1,m-1}(\lambda)=P_{m-1}(\lambda)$. 因此, $P_m(\lambda)$ 和 $P_{m-1}(\lambda)$ 的零点是简单的且相互交错的, 且 $P_{m-1}(\lambda)$ 的首项系数为 a_m^2. 则定理中的条件(1)和(2)成立.

下面证明充分性成立. 注意到 $P_m(\lambda)$ 为首一多项式且 $P_{m-1}(\lambda)$ 的首项系数为正的. 由于多项式 $P_m(\lambda)$ 和 $P_{m-1}(\lambda)$ 的零点为实的, 是简单的且相互交错的, 由 Gladwell[208] 的结论可知, 存在唯一的 Jacobi 矩阵 $\hat{J}_m$, 使得 $\sigma(\hat{J}_m)=\{\alpha_j\}_{j=1}^{m}$, $\sigma(\hat{J}_{m-1})=\{\beta_j\}_{j=1}^{m-1}$ 成立, 且 $\hat{J}_m$ 可由 De Boor 和 Golub 的算法[215]重构(见证明后). 设

$$\widetilde{J}_n=\begin{bmatrix} \widetilde{J}_{1,m} & \widetilde{a}_m e_m e_1^{\mathrm{T}} \\ \widetilde{a}_m e_m e_1^{\mathrm{T}} & J_{m+1,n} \end{bmatrix},\quad \widetilde{\varphi}_n(\lambda):=\begin{vmatrix} \widetilde{\varphi}_{1,m}(\lambda) & \varphi_{m+2,n}(\lambda) \\ \widetilde{a}_m^2\hat{\varphi}_{1,m-1}(\lambda) & \varphi_{m+1,n}(\lambda) \end{vmatrix} \tag{5-66}$$

其中 $\widetilde{\varphi}_{1,m}(\lambda)=\det(\lambda I-\widetilde{J}_m)$ 和 $\widetilde{\varphi}_{1,m-1}(\lambda)=\det(\lambda I-\widetilde{J}_{m-1})$.

显然 $P_m(\lambda)=\widetilde{\varphi}_{1,m}(\lambda)$ 且 $P_{m-1}(\lambda)=\widetilde{a}_m^2\widetilde{\varphi}_{1,m-1}(\lambda)$. 首先我们证明 $\widetilde{\varphi}_n(\lambda)=\varphi_n(\lambda)$. 由式(5-60)、式(5-61)和引理5-6, 我们得到

$$\begin{aligned} \widetilde{\varphi}_n(\lambda):&=\begin{vmatrix} A_0^{-1}f(\lambda)+w(\lambda)\varphi_{m+2,n}(\lambda) & \varphi_{m+2,n}(\lambda) \\ A_0^{-1}g(\lambda)+w(\lambda)\varphi_{m+1,n}(\lambda) & \varphi_{m+1,n}(\lambda) \end{vmatrix} \\ &=A_0^{-1}\begin{vmatrix} f(\lambda) & \varphi_{m+2,n}(\lambda) \\ g(\lambda) & \varphi_{m+1,n}(\lambda) \end{vmatrix}+w(\lambda)\begin{vmatrix} \varphi_{m+2,n}(\lambda) & \varphi_{m+2,n}(\lambda) \\ \varphi_{m+1,n}(\lambda) & \varphi_{m+1,n}(\lambda) \end{vmatrix} \end{aligned} \tag{5-67}$$

设

$$\tilde{\tilde{\varphi}}_n(\lambda)=\begin{vmatrix}\tilde{\varphi}_{1,m}(\lambda) & \hat{\varphi}_{m+2,n}(\lambda)\\ \tilde{a}_m^2\tilde{\varphi}_{1,m-1}(\lambda) & \hat{\varphi}_{m+1,n}(\lambda)\end{vmatrix} \tag{5-68}$$

其中 $\hat{\varphi}_{m+2,n}(\lambda)$ 和 $\hat{\varphi}_{m+1,n}(\lambda)$ 是由式(5-56)定义. 由式(5-60)和式(5-61)得到

$$\tilde{\tilde{\varphi}}_n(\lambda)=\begin{vmatrix}A_0^{-1}f(\lambda) & \hat{\varphi}_{m+2,n}(\lambda)\\ A_0^{-1}g(\lambda) & \hat{\varphi}_{m+1,n}(\lambda)\end{vmatrix}+w(\lambda)\begin{vmatrix}\varphi_{m+2,n}(\lambda) & \hat{\varphi}_{m+2,n}(\lambda)\\ \varphi_{m+1,n}(\lambda) & \hat{\varphi}_{m+1,n}(\lambda)\end{vmatrix}$$

对于 $j=1,2,\cdots,2m-n$, 由式(5-57)得到 $\tilde{\tilde{\varphi}}_n(\mu_j)=0$. 上面的讨论表明, $\{\lambda_i\}_{i=1}^n$ 均为 $\hat{J}_n(h)$ 的特征值且 $\{\mu_i\}_{i=1}^{2m-n}$ 为修边矩阵 $\hat{J}_n(h)$ 的 $2m-n$ 个特征值 (见式(5-43)).

注意到多项式 $P_{m-1}(\lambda)$ 首项的系数是 a_m^2. 而当 $l=2m$ 时, a_m 未知, 故条件(2)对于 $l=2m$ 的情形是必要的, 且当 $l=2m-1$ 时, a_m 为正的且是已知的, 故条件(2)对于 $l=2m-1$ 的情形是不需要的. 定理得证.

下面给出 De Boor 和 Golub 重构算法[215]的简要过程: 给定矩阵 $\tilde{J}_m$ 的特征值 $\{\alpha_j\}_{j=1}^m$ 和 $\tilde{J}_{m-1}$ 的特征值 $\{\beta_j\}_{j=1}^{m-1}$, 定义 $\tilde{\varphi}_{1,m}(\lambda)=\prod_{j=1}^m(\lambda-\alpha_j)$, $\tilde{\varphi}_{1,m-1}(\lambda)=\prod_{j=1}^m(\lambda-\beta_j)$. De Boor 和 Golub 重构算法如下:

(1) 对于 $i=1,2,\cdots,m$, 通过 $\omega_i=\tilde{\varphi}_{1,m-1}(\alpha_i)/\tilde{\varphi}_{1,m}(\alpha_i)$ 确定 ω_i;

(2) 按照自然秩序, 构造首一多项式 $\tilde{\varphi}_{1,r}(\lambda)$, 它满足 $\tilde{\varphi}_{1,-1}(\lambda)=0$, $\tilde{\varphi}_{1,0}(\lambda)=1$ 且

$$\tilde{\varphi}_{1,r}(\lambda)=(\lambda-\bar{b}_r)\tilde{\varphi}_{1,r-1}(\lambda)-\bar{a}_{r-1}^2\tilde{\varphi}_{1,r-2}(\lambda)$$

其中 $1\leqslant r\leqslant m$. 项 $\bar{b}_r$, $\bar{a}_{r-1}$ 可以由 $\bar{b}_r=(\tilde{\varphi}_{1,r-1},\lambda\tilde{\varphi}_{1,r-1})/\|\tilde{\varphi}_{1,r-1}\|^2$, $\bar{a}_{r-1}=\|\tilde{\varphi}_{1,r-1}\|/\|\tilde{\varphi}_{1,r-2}\|$ 计算. 这里 $(f_1,f_2)=\sum_{i=1}^m f_1(\alpha_i)f_2(\alpha_i)\omega_i$ 且 $\|f\|=(f,f)^{1/2}$.

构建 $\tilde{J}_m$, 其对角线元素是 $\tilde{b}_{n+1-i}=\tilde{b}_i$, 次对角线元素为 $\tilde{a}_{n-i}=\tilde{a}_i$, 其中 $i=1,2,\cdots,m$.

当 $l=n$ 时, 我们可得如下对应于 Hochstadt 唯一性定理的推论:

推论 5-4　若 $l=n$, 问题 1 有唯一解的充要条件为:

(1) 分别由式(5-45)和式(5-46)定义的 $f(\lambda)$ 和 $g(\lambda)$, 它们的零点是简单的且相互交错的;

(2) 当 n 是偶数时, 多项式 g 的首项系数为负.

证明　在这种情况下, 我们知道在式(5-51)和式(5-52)中的 $w(\lambda)\equiv 0$. 根据定理 5-5, 结论可证.

注 5-4　注意, 上述(1)和(2)的性质可以写成当 $k=1,2,\cdots,n$, $(-1)^{n-k}g(\lambda_k)>0$. 将推论 5-4 的结果与文献[219]中的定理 3 的结果进行比较, 可以看出两个结论是等价的.

5.2.3　算法及算例

基于上面的讨论, 本小节给出问题 1 的重构算法.

问题 1 的重构算法：

(1)利用多项式的欧几里各除法，计算由式(5-46)定义的 $q(\lambda)$ 与 $g(\lambda)$，从而由式(5-47)得到$f(\lambda)$；

(2)利用 Lagrange 插值计算式(5-59)定义的 $w(\lambda)$；如果 $l=n$，定义 $w(\lambda)=0$；

(3)计算式(5-60)和式(5-61)中的 $P_m(\lambda)$ 和 $P_{m-1}(\lambda)$ 的零点. 若它们的零点不是简单的或不是相互交错的，或者当 $l=2m$ 时，$P_{m-1}(\lambda)$ 的首项系数小于或等于零，则问题无解.

(4)利用 De Boor 和 Golub 的重构算法[215]，用 $P_m(\lambda)$ 和 $P_{m-1}(\lambda)$ 的零点构造 Jacobi 矩阵 J_m. 并计算得 a_m，这是 $P_{m-1}(\lambda)$ 的首项系数的正平方根.

构造 Jacobi 矩阵

$$J_n=\begin{bmatrix} J_m & a_m e_m \mathrm{e}_1^{\mathrm{T}} \\ a_m e_m \mathrm{e}_1^{\mathrm{T}} & J_{m+1,\ n} \end{bmatrix}$$

例 5-1 现在我们可以重构一个 15×15 的 Jacobi 矩阵 J_{15}，使其特征值为

$$\lambda_1=-7.2858,\ \lambda_2=-2.1804,\ \lambda_3=-1.8837,\ \lambda_4=-1.3492,\ \lambda_5=-0.1498,$$
$$\lambda_6=1.4393,\ \lambda_7=1.8683,\ \lambda_8=2.7873,\ \lambda_9=4.0377,\ \lambda_{10}=4.1183,$$
$$\lambda_{11}=5.5760,\ \lambda_{12}=6.4642,\ \lambda_{13}=7.3695,\ \lambda_{14}=9.8511,\ \lambda_{15}=10.3408$$

且

$$\mu_1=-0.1424,\ \mu_2=7.5471,\ \mu_3=1.4396$$

为 $h=2$ 时，其修边矩阵的三个特征值. 此外，

$$J_{10,\ 15}=\begin{bmatrix} 3 & 3 & 0 & 0 & 0 & 0 \\ 3 & 4 & 5 & 0 & 0 & 0 \\ 0 & 5 & 5 & 1 & 0 & 0 \\ 0 & 0 & 1 & 6 & 2 & 0 \\ 0 & 0 & 0 & 2 & 3 & 3 \\ 0 & 0 & 0 & 0 & 3 & 1 \end{bmatrix}$$

为去掉 J_{15} 的前 9 列和行得到的子矩阵.

应用如上算法，Matlab 编程可得

$$a_9=2.0000$$

则 Jacobi 矩阵 J_{15} 的左上角的 9×9 的子矩阵可重构为：

$$J_9=\begin{bmatrix} 2.0000 & 1.0000 & 0 & 0 & 0 & 0 & 0 & 0 & 0 \\ 1.0000 & 3.0000 & 2.0000 & 0 & 0 & 0 & 0 & 0 & 0 \\ 0 & 2.0000 & -0.9999 & 1.9999 & 0 & 0 & 0 & 0 & 0 \\ 0 & 0 & 1.9999 & 1.0007 & 4.9997 & 0 & 0 & 0 & 0 \\ 0 & 0 & 0 & 4.9997 & -3.0006 & 3.0003 & 0 & 0 & 0 \\ 0 & 0 & 0 & 0 & 3.0003 & 1.9998 & 2.0000 & 0 & 0 \\ 0 & 0 & 0 & 0 & 0 & 2.0000 & 8.0000 & 3.0000 & 0 \\ 0 & 0 & 0 & 0 & 0 & 0 & 3.0000 & 2.0000 & 2.0000 \\ 0 & 0 & 0 & 0 & 0 & 0 & 0 & 2.0000 & 5.0000 \end{bmatrix}.$$

参考文献

[1] J. Weidmann, Spectral theory of Ordinary differential operators[M]. Lecture Notes in Math. 1987.

[2] G.Freiling and V. Yorko, Inverse Sturm-Liouville Problems and Their Applications[M]. Nova Science, New York, 2000.

[3] F.Gesztesy and B. Simon, Uniqueness theorems in inverse spectral theory for one-dimensional Schrodinger operators[J]. Trans. Amer. Math. Soc., 1996, 348: 349-373.

[4] A.Zettl, Sturm-Liouville Theory[J]. Math. Surveys Monographs 121. American Math. Soc. 2005.

[5] M.L. Gladwell, Inverse Problem in Vibration[M]. Dordrecht: Martinus Ni-jhoff, 1986.

[6] O.H.Hald, Discontinuous inverse eigenvalue problems[J]. Communications on Pure and Applied Mathematics, 1984, 37: 539-577.

[7] E.C.Titchmarsh, Eigenfunction Expansion Associated with Second Order Differential Equations[M]. Oxford: Oxford University Press, 1946.

[8] W.N. Everitt and A.Zettl, Generalized symmetric ordinary differential expressions I: The general theory [J]. Nieuw Archief voor Wiskunde, 1979, 27(3): 363-397.

[9] B.M.Levitan, Inverse Sturm-Liouville problems [M]. Utrecht: VNU Science Press, 1987.

[10] M.A.Naimark, Linear Differential Operators [M]. New York: English Transl. Ungar, 1968.

[11] D.E.Edmunds and W.D.Evans, Spectral Theory and Differential Operators [M]. Oxford: Oxford University Press, 1987.

[12] 李东旭，高能结构动力学[M]. 北京：科学出版社，2010.

[13] Q.Wu and F.Pricke. Determination of blocking locations and cross-sectional area in a duct by eAgenfrequency shifts[J]. Journal of the Acoustical Society of America, 1990, 87: 67-75.

[14] 曹之江，常微分算子[M]. 上海科学技术出版社，1987.

[15] C.L. Pekeria, Asymptotic solutions for the normal modes in the theory of microwave propagation [J]. J. Appl. Phys., 1946, 17: 1108-1124.

[16] R. E. Ranger, Asymptotic solutions of a differential equation in the theory of microwave propagation [J]. Comm. Pure. Appl. Math., 1950, 3: 427-438.

[17] P.Srinivasan, Mechanical vibration analysis [M]. New Delhi: McGraw-Hill, 1982.

[18] 吴淇泰，振动分析[M]. 杭州：浙江大学出版社，1989.

[19] 邹志利，水波理论及其应用[M]. 北京：科学出版社，2005.

[20] J.K.orgens, Spectral theory of second-order ordinary differential operators [M]. Matematisk Institut, Aarhus University, 1964.

[21] 喀兴林，高等量子力学[M]. 北京：高等教育出版社，1999.

[22] 曾谨言，量子力学(卷 11)[M]. 北京：科学出版社，2000.

[23] 钱伯初，量子力学[M]. 北京：高等教育出版社，2002.

[24] C.Itzyson and J. Zulber, Quanta Field Theory[M]. Courier Dover Publications, 1980.

[25] B.M.Levitan and I. S. Sargsjan, Introduction to Spectral Theory[J]. Translations of Mathematical Monographs, Ame. Math. Soci, 1975, 39: 1-19.

[26] A.R.Its and V. Y.Novokshenov, The isomonodromic deformation method in the theory of painleve equations [J]. Lecture Notes in Math. 1191, Springer-Verlag, 1986.

[27] M.J. Ablowitz, D.J.Kaup, A.C.Newell, and H. Segur, The inverse scattering transform-Fourier analysis for nonlinear problems[J]. Studies in Appl. Math., 1974, 53: 249-315.

[28] V.E.Zakharov and A.B.Shabat, Exact theory of two-dimendional self-focusing and one-dimendional self-modulation of waves in nonlinear media[J]. ZhEksper. Teoret. Fiz., 1971, 61: 118-134.

[29] M.J. Ablowitz, D.J.Kaup, A.C.Newell and H. Segur, onlinear-evolution equation of physical significance [J]. Phys. Rev. Lett., 1973, 31: 125-127.

[30] O.Hald, The inverse Sturm - Liouville problem and the Rayleigh - Ritz method [J]. Mathematics of Computation, 1978, 32: 687-705.

[31] S.Law, Z.Shi, and L. Zhang, Structural damage localization from modal strain energy change. J. Sound Vibration, 1998, 218: 825-844.

[32] E.J. Williams, A.Messina, and T. Contursi, Structural damage detection by a sensitivity and statistical-based method[J]. J. Sound Vibration, 1998, 216: 791-808.

[33] K.T. Joseph, Inverse eigenvalue problem in structured design[J]. AIAA Journal 1992, 30: 2890-2896.

[34] A.Kirsch, An Introduction to the Mathematical Theory of Inverse Problems [M]. New York: Springer-Verlag, 1996.

[35] A.I. Markushevich, Theory of Functions of a Complex Variable(2nd ed)[M]. New York, Chelsea, 1985.

[36] M.G.Gasymov and T. T. Džabiev, Solution of the inverse problem by two spectra for the Dirac equation on a finite interval[J]. Akad. Nauk Azerbaidžan., 1966, 22: 3-6.

[37] T.T.Džabiev, The inverse problem for the Dirac equation with a singularity[J]. Akad. Nauk Azerbaidžan. SSR Dokl., 1966, 22: 8-12.

[38] G.Borg, Eine Umkehrung der Sturm-Liouville schen Eigenwertaufgabe [J]. Acta Math. 1945, 78: 1-96.

[39] V.Marchenko, Some problems in the theory of second-order differential operators[J]. Dokl. Akad. Nauk SSSR,. 1950. 72: 457-460 (Russian).

[40] I.M.Gelfand and B.M.Levitan, On the determination of a differential equation from its spectral function, Izv. Akad. Nauk SSSR, Ser. Mat. 1951, 15: 309-360.; English transl. in Amer. Math. Soc. Transl, Ser. 2., 1955, 1: 253-304.

[41] V.A.Marchenko, Some problems in the theory of linear differential operators[J]. Trudy Moskov. Mat. Obshch., 1952, 1: 327-420.

[42] M.G.Krein, Solution of the inverse Sturm-Liouville problem[J]. Dokl Akad. Nauk SSSR, 1951, 76: 21-24.

[43] M.G.Krein, On the transfer function of a one-dimensional boundary problem of second order[J]. Dokl Akad. NaukSSSR, 1953, 88: 405-408.

[44] M.B.Veliev and M.G.Gasymov, The transformation operator for a Sturm-Liouville system of equations[J]. (Russian) Mat. Zametki, 1972, 11: 559-567.

[45] B.M.Levitan and M.G.Gasymov, Determination of a differential equation by two of its spectra[J]. Uspekhi Mat. Nauk, 1964, 19: 3-63; English version: Russian Mathematical Surveys, 1964, 19: 1-63.

[46] V.V.žikov, On inverse Sturm-Liouville problems on a finite segment [J]. Izv. Akad. Nauk SSSR, 1967, 31: 923-934.

[47] J.R.McLaughlin, Analytical methods for recovering coefficients in differential equations from spectral data[J]. SIAM Review, 1986, 28: 53-72.

[48] M.C.Drignei, Uniqueness of solutions to inverse Sturm-Liouville problems with $L^2(0, a)$ potential using three

spectra [J]. Adv. Appl. Math., 2009, 42: 471-482.

[49] GM.L. Gladwell, Inverse problems in vibration [M]. Dordrecht: Martinus Nijho Publishers, 1986.

[50] E.L. Isaacson and E.Trubowitz, The inverse Sturm-Liouville problem[J]. I.Comm. Pure Appl. Math., 1983, 36: 767-783.

[51] E.L. Isaacson, H. P.McKean, and E.Trubowitz, The inverse Sturm-Liouville problem[J]. II.Comm. Pure Appl. Math., 1984, 37: 1-11.

[52] E.J.Bjorn Dahlberg and E.Trubowitz, The inverse Sturm-Liouville problem[J]. III.Comm. Pure Appl. Math., 1984, 37: 255-267.

[53] M.G.Gasymov and B.M.Levitan, The inverse problem for the Dirac system[J]. Dokl. Akad. Nauk SSSR, 1966, 167: 967-970.

[54] M.G.Gasymov and B.M.Levitan, Determination of the Dirac system from the scattering phase[J]. Dokl. Akad. Nauk SSSR 1966, 167: 1219-1222.

[55] B.Thaller, The Dirac Equation[M]. Springer, Berlin, 1992.

[56] I.S. Frolov, An inverse scattering problem for the Dirac system on the entire axis[J]. Dokl. Akad. Nauk SSSR.1972, 207: 44-47 (Russian).

[57] B.Grebert, Inverse scattering for the Dirac operator on the real line[J]. Inverse Problems, 1992, 8: 787-807.

[58] D.B.Hinton, A.K.Jordan, M.Klaus, and J.K.Shaw, Inverse scattering on the line for a Dirac system[J]. J. Math. Phys., 1991, 32: 3015-3030.

[59] A.Sakhnovich, Dirac type and canonical systems: spectral and Weyl-Titchmarsh matrix functions, direct and inverse problems[J]. Inverse Problems, 2002, 18: 331-348.

[60] S.Clark and F.Gesztesy, Weyl-Titchmarsh M-function asymptotics, local uniqueness results, trace formulas, and Borg-type theorems for Dirac operators[J]. Trans. Amer. Math. Soc., 2002, 354: 3475-3534.

[61] T.N. Arutyunyan, Asymptotics of the Weyl-Titchmarsh function and the inverse problem for the Dirac system [J]. Izv. Akad. Nauk Armyan. SSR Ser. Mat. 1989, 24: 327-336, 416 (Russian); Engl. transl.: Soviet J.Contemporary Math. Anal. 1989, 24: 15-24.

[62] S.G.Mamedov, The inverse boundary value problem on a finite interval for Dirac system of equations[J]. Azerbadcheckan. Univ. Ucen. Zap. Ser. Fiz-Mat. Nauk, 1975, 5: 61-67.

[63] H. Hochstadt and B.Lieberman, An inverse Sturm-Liouville problem with mixed given data[J]. SIAM J. Appl. Math., 1978, 34 : 676-680.

[64] F.Gesztesy and B.Simon, On the determination of a potential from three spectra[J]. Trans. Amer. Math. Soc., 1999, 189: 85-92.

[65] F.Gesztesy and B.Simon, Inverse spectral analysis with partial information on the potential. I.The case of an a. c. component in the spectrum[J]. Helv. Phys. Acta, 1997, 70: 66-71.

[66] F.Gesztesy and B.Simon, Inverse spectral analysis with partial information on the potential, II.the case of discrete spectrum[J]. Trans. Amer. Math. Soc., 2000, 352: 2765-2787.

[67] G.Wei and H. K.Xu, Inverse spectral problem with partial information given on the potential and norming constants[J]. Trans. Amer. Math. Soc., 2012, 364: 3265- 3288.

[68] G.Wei and H. K.Xu, Inverse spectral problem for a string equation with partial information[J]. Inverse Problems 2010, 26: 115004.

[69] L.Amour, Extension on isospectral sets for AKNS system[J]. Inverse problem, 1996, 12: 115-120.

[70] R.Delrio and B.Grebert, Inverse spectral results for SKNS systems with partial information on the potentials

[J]. Math. Phy. Anl. Gro., 2001, 4: 229-244.

[71] J.R.McLaughlin and W.Rundell, A Uniqueness theorem for an inverse Sturm-Liouville problem [J]. J.Math. Phys., 1987, 28: 1471-1472.

[72] F.Gesztesy and B.Simon, On the determination of a potential from three spectra[J]. Trans. Amer. Math. Soc., 1999, 189: 85-92.

[73] V.N. Pivovarchik, An inverse Sturm-Liouville Problems by three spectra[J]. Integral Equations and Operator Theory, 1999, 34: 234-243.

[74] R.del Rio, F.Gesztesy, and B.Simon, Inverse spectral analysis with partial information on the potential, III [J]. Updating boundary conditions, Int. Math. Res. Not. IMRN 15 (1997).

[75] M.Horvath, On the inverse spectral theory of Schrodinger and Dirac operators [J]. Amer. Math. Soc. Transl., 2001, 353(10): 4155-4171.

[76] 傅守忠，正则 Sturm-Liouville 逆谱问题[D]. 西安交通大学.

[77] 魏朝颖，魏广生，非连续 Dirac 算子谱的分布及其逆谱问题[J]. 应用数学学报，2014, 37: 170-177.

[78] B.Ja. Levin, Distribution of zeros of entire functions[M]. American Mathematical Society, 1980.

[79] Z.Wei andG.Wei, Uniqueness results for inverse Sturm-Liouville problems with partial information given on the potential and spectra data[J]. Boundary Problem, 2016, 2016: 1-13.

[80] A.Kirschl, On the existence of transmission eigenvalues[J] Inverse Problems and Imaging 3 (2009),

[81] F.Cakoni, D.Colton, and H. Haddar, On the determination of Dirichlet and transmission eigenvalues from far field data[J]. Comptes Rendus Mathematique, 2010, 348 : 379-383.

[82] F.Cakoni, D.Colton, and P.Monk, On the use of transmission eigenvalues to estimate the index of refraction from far field data[J]. inverse problems, 2007, 23: 507-522.

[83] J.Sun, Estimition of transmissioneigenvalues and the index of refraction from Cauchy data[J]. Inverse Problems, 2011, 27: 015009(18pp.)

[84] A.Kirsch and N. Grinberg, The Factorization Method for Inverse Problems[M]. Oxford University Press, Oxford, 2008.

[85] D.Colton and R.Kress, Inverse Acoustic and Electromagnetic Scattering Theory[M]. 2nd ed., Appl. Math. Sci. 93, Springer, New York, 1998.

[86] F.Cakoni and D.Colton, Qualitative Methods in Inverse Scattering Theory[M]. Springer, Berlin. 2006.

[87] T.Aktosun, D.Gintides, and V.G.Papanicolaou, The uniqueness in the inverse problem for transmission eigenvalues for the spherically symmetric variable-speed wave equation[J]. Inverse Problems 2011, 27: 115004 (17pp).

[88] F.Cakoni, D.Colton, and H. Haddar, The interior transmission problem for regions with cavities[J]. SIAM J. Math. Analysis, 2010, 42 : 145-162.

[89] L.Paivarinta and J.Sylvester. Transmission Eigenvalues[J]. SIAM J.Math. Anal. 2008, 40: 738-753.

[90] F.Cakoni, D.Gintides, H. Haddarl The existence of an infnite discrete set of transmission eigenvalues[J]. SIAM J.Math Anal., 2010, 42 : 237-255.

[91] M.Hitrik, K.Krupchyk, P.Ola, and L.Paivarintal, Transmission eigenvalues for operators with constant coencients[J]. SIAM J.Math. Analysis, 2010, 42 : 2965-2986.

[92] F.Cakoni, D.Colton, and H. Haddar, The interior transmission problem for absorbing media[J]. Inverse Problems, 2012, 28: 045005 (15pp).

[93] L.Robbiano, Spectral analysis of the interior transmission eigenvalue problem[J]. Inverse Problems, 2013, 29: 104001 (28pp).

[94] S.Albeverio, P.Binding, R.Hryniv, and Ya Mykytyuk, Inverse spectral problems for coupled oscillating systems[J]. Inverse Problems, 2007, 23: 1181-1200.

[95] H. Hochstadt, On the construction of a Jacobi matrix from mixed spectral data [J]. Linear Algebra Appl., 1979, 28: 113-115.

[96] V.G.Papanicolaou and A.V.Doumas, On the discrete one-dimensional inverse transmission eigenvalue problem [J]. Inverse Problems, 2011, 27: 015004 (14 pp.).

[97] G.Wei, The uniqueness for inverse discrete transmission eigenvalue problems[J]. Linear Algebra Appl., 2013, 439: 3699-3712.

[98] J.B.Conway, Functions of one complex variable[M]. vol. I, seconded., Springer-Verlag, New York, 1995.

[99] M.Schatzman, Numerical analysis: A mathematical introduction[M]. Clarendon Press, Oxford. 2002.

[100] 王仁宏，数值逼近[M]. 高等教育出版社，北京，2005.

[101] V. G. Papanicolaou and A. V. Doumas, On the discrete one-dimensional inverse transmission eigenvalue problem[J]. Inverse Problems, 2011, 27: 015004(14pp.).

[102] 袁慰平，张灵敏等，数值分析[M]. 东南大学出版社，南京，1992.

[103] M.J.Ablowitz and A.S.Fokas, Complex Variables Introduction and Applications [M]. Second Edition, Cambridge University Press, 2003.

[104] T.Aktosun and V.G.Papanicolaou, Reconstruction of the wave speed from transmission eigenvalues for the spherically symmetric variable-speed wave equation[J]. Inverse Problems, 2013, 29: 065007.

[105] F.Cakoni, D.Colton, and H. Haddar, The interior transmission problem for regions with cavities[J]. Cgiar Challenge Program on Water and Food, 2010, 19: 423-428.

[106] D.Colton, Y.J.Leung, and S.X. Meng, Distribution of complex transmission eigenvalues for spherically stratified media[J]. Inverse Problems, 2015, 31 : 035006.

[107] D.Colton and P.Monk, The inverse scattering problem for time-harmonic acoustic waves in an inhomogeneous medium-Numerical Experiments[J]. Q.J.Mech. Appl. Math., 1989, 26: 323-350.

[108] D.Colton, P.Monk, and J.Sun, Analytical and computational methods for transmission eigenvalues[J]. Inverse Problems, 2010, 26: 045011.

[109] M.Horváth, Inverse spectral problems and closed exponential systems[J]. Annals of Mathematics, 2005, 162: 885-918.

[110] B.Levin, Distribution of zeros of entire functions[M]. American Mathematical Society, 1980.

[111] B.Levin, Lecture on Entire Functions, Translations of Mathematical Monographs [M]. American Mathematical Soc., 150, 1996.

[112] B.Levin, Generalized Translation Operators and Some of the Applications[M]. D.Davey and Company, New York, 1964.

[113] B.Levin and Yu I.Lyubarskii, Interpolation by entire functions of special classes and related expansions in series of exponents[J]. Izv. Akad. Nauk USSR, 1975, 39 : 657-702 (Russian).

[114] N. Levinson, The inverse Sturm-Liouville problem[J]. Mat. Tidskr., B 1949, 25-30.

[115] N. Levinson, Gap and Density Theorem[M]. American Mathematical Society, 1940.

[116] C-K Law and G.Wei, On the extended Hochstadt-Lieberman Theorem[J]. 2019, preprint.

[117] V.A.Marchenko, Sturm-Liouville Operators and Applications[M]. Birkhauser, Basel, 1986.

[118] O.Martinyuk and V.Pivovarchik, On the Hochstadt-Lieberman Theorem[J]. Inverse Problems, 2010, 26:035011.

[119] V.Pivovarchik, On the Hald-Gesztesy-Simon Theorem[J]. Integr. Equ. Oper. Theory, 2012, 73:

383-393.
[120] J.R.McLaughlin, P.L.Polyakov, and P.E.Sacks, Reconstruction of a spherically symmetric speed of sound [J]. SIAM J.Appl. Math., 1994, 54: 1203-1223.
[121] J.R.McLaughlin and P.L.Polyakov, On the uniqueness of a spherically symmetric speed of sound from transmission eigenvalues[J]. J.Diff. Equs., 1994, 107: 351-382.
[122] V.N. Pivovarchik, An inverse Sturm-Liouville problem by three Spectra[J]. Integr. Equ. Operator Theory, 1995, 34: 234-243.
[123] P.Poschel and E.Trubowitz, Inverse Spectral Theory[M]. Boston, Academic Press, 1987.
[124] L.Sakhnovich, Half-inverse problem on the finite interval[J]. Inverse Problems, 2001, 17: 527-32.
[125] G.Wei and H. K.Xu, On the missing eigenvalue problem for an inverse Sturm-Liouville problem [J]. J. Math. Pures Appl. 2009, 92: 468-475.
[126] G.Wei and H. K.Xu, Inverse spectral analysis for the transmission eigenvalue problem[J]. Inverse Problems, 2013, 29: 115012.
[127] R.M.Young, An Introduction to Nonharmonic Fourier Series[M]. Academic Press, New York, 1980.
[128] M.J.Ablowitz and A.S.Fokas, Complex Variables Introduction and Applications 2nd edn[M]. Cambridge: Cambridge University Press, 2003.
[129] L.Amour and J.Faupin, Inverse spectral results for the Schrödinger operator in Sobolev spaces[J]. Int. Math. Res. Not. IMRN 2010, 22: 4319-4333.
[130] L.Amour and T.Raoux, Inverse spectral results for Schrödinger operators on the unit interval with potentials in Lp spaces[J]. Inverse Probl. 2007, 23: 23-67.
[131] L.Amour and T.Raoux, Inverse spectral results for Schrödinger operators on the unit interval with partial information given on the potentials[J]. J.Math. Phys. 2009, 50, 033505.
[132] F.V.Atkinson, Discrete and Continuous Boundary Problems[J]. Math. in Science and Engineering, vol. 8, Academic, New York, 1964.
[133] P.A.Binding, P.J.Browne, and B.A.Watson, Inverse spectral problems for Sturm-Liouville equations with eigenparameter dependent boundary conditions[J]. J.Lond. Math. Soc. 2000, 62: 161-182.
[134] P.A.Binding, P.J.Browne, and B.A.Watson, Sturm-Liouville problems with boundary conditions rationally dependent on the eigenparameter: I[J]. Proc. Edinb. Math. Soc. 2002, (2) 45: 631-645.
[135] P.A.Binding, P.J.Browne, and B.A.Watson, Sturm-Liouville problems with boundary conditions rationally dependent on the eigenparameter: II[J]. J.Comput. Appl. Math. 2002, 148: 147-168.
[136] P. A. Binding, P. J. Browne, and B. A. Watson, Equivalence of inverse Sturm-Liouville problems with boundary conditions rationally dependent on the eigenparameter[J]. J. Math. Anal. Appl. 2004, 291: 246-261.
[137] P.A.Binding, P.J.Browne, and B.A.Watson, Recovery of the m-function from spectral data for generalized Sturm-Liouville problems[J]. J.Comput. Appl. Math. 2004, 171: 73-91.
[138] P.A.Binding, P.J.Browne, and B.A.Watson, Spectral isomorphisms between generalized Sturm-Liouville problems[J]. Oper. Theory Adv. Appl. 2002, 130: 135-152.
[139] M.V.Chugunova, Inverse spectral problem for the Sturm-Liouville operator with eigenvalue parameter dependent boundary conditions[J]. Oper. Theory Adv. Appl. 2001, 123: 187-194.
[140] J.B.Conway, Functions of One Complex Variable[M]. Vol. I, 2nd ed., Springer-Verlag, New York, 1995.
[141] A.Danielyan and B.M.Levitan, On the asymptotic behavior of the Weyl-Titchmarsh m-function[J]. Math. USSR, Izv. 1991, 36 : 487-496.

[142] R.del Rio, F.Gesztesy, and B.Simon, Inverse spectral analysis with partial information on the potential, III. Updating boundary conditions[J]. Int. Math. Res. Not. IMRN 15, 1997.

[143] H. Hochstant, On the construction of a Jacobi matrix from spectral data[J]. Linear Algebra Appl. 1974, 8: 435-446.

[144] M.Horváth, On the inverse spectral theory of Schrödinger and Dirac operators[J]. Trans. Amer. Math. Soc. 2001, 353: 4155-4171.

[145] M. Horváth, Inverse spectral problems and closed exponential systems[J]. Ann. of Math. 2005, 162: 885-918.

[146] V.Marchenko, Sturum-Liouville Operators and Applications[M]. Birkhäuser, Basel, 1986.

[147] A.I.Markushevich, Theory of Functions of a Complex Variable[M]. 2nd edition, Chelsea, New York, 1985.

[148] E.M.Russakovskii, Operator treatment of boundary problems with spectral parameters entering via polynomials in the boundary conditions[J]. Funct. Anal. Appl. 1975, 9: 358-359.

[149] V.A.Yurko, Inverse Spectral Problems for Differential Operators and Their Applications[M]. Gordon and Breach, Amsterdam, 2000.

[150] B.Levitan, Inverse Sturm-Liouville Problems[M]. VNU Science Press, Utrecht 1987.

[151] P.Psoschel and E.Trubowitz, Inverse Spectral Theory[M]. Academic Press, Boston, 1987.

[152] R.del Rio, F.Gesztesy, and B.Simon, Inverse spectral analysis with partial information on the potential, III. Updatingboundary conditions[J]. Int. Math. Res. Not. 1997, 15: 751-758

[153] B.M.Levitan and I.S.Sargsjan, Sturm-Liouville and Dirac operators[M]. Nauka, Moscow, 1988(Russian).

[154] M.Horváth, On the inverse spectral theory of schrodinger and Dirac operators[J]. Amer. Math. Soc. Transl. 2001, 353(10): 4155-4171.

[155] V.A.Marchenko, Some questions in the theory of one-dimensional linear differential operators of the second order[J]. Trudy Moskov. Mat. Obshch. 1952, 1: 327-420 (Russian)

[156] B.M.Levitan and I.S.Sargsjan, Introduction to spectral theory: selfadjoint ordinary differential operators[J]. Translations of Mathematical Monographs, Ame. Math. Soci. 1975, 39: 25-34.

[157] A.A.Danielyan, B.M.Levitan, and A.B.Khasanov, Asymptotic behavior of Weyl Titchmarsh m-function in the case of the Dirac system, Moscow Institute of Electrome chanical Engineering[J]. Translated from Matematicheskie Zametki, 1991, 50(2): 77-88.

[158] G.Freiling and V.A.Yurko, Inverse problems for Sturm-Liouville equations with boundary conditions polynomially dependent on the spectral parameter[J]. Inverse Problems, 2010, 26, 17.

[159] M.Shahriari, A.J.Akbarfam, and G.Teschl, Uniqueness for inverse Sturm-Liouville problems with a finite number of transmission conditions[J]. J.Math. Anal. Appl. 2012, 395: 19-29.

[160] J.Walter, Regular eigenvalue problems with eigenvalue parameter in the boundary conditions[J]. Math. Z. 1973, 133: 301-312.

[161] R.Carlson, Hearing point masses in a string[J]. SIAM J.Math. Anal. 1995, 26: 583-600.

[162] R.Kh. Amirov, On system of Dirac differential equations with discontinuity conditions inside an interval[J]. Ukrainian Math. J.2005, 57: 712-727.

[163] B.Keskin and A.S.Ozkan, Inverse spectral problems for Dirac operator with eigenvalependent boundary and jump conditions[J]. Acta Math. Hungar. 2011, 130 (4) : 309-320.

[164] V. A. Yurko, Method of Spectral Mappings in the Inverse Problem Theory, in: Inverse and Ill-Posed Problems Series, VSP, Utrecht, 2002.

[165] S.A.Buterin, On inverse spectral problem for non-selfadjoint Sturm-Liouville operator on a finite interval[J].

J.Math. Anal. Appl. 2007, 335: 739-749.
[166] S.A.Buterin, On the reconstruction of a non-selfadjoint Sturm-Liouville operator[J]. Matematika. Mekhanika, Saratov Univ., Saratov, 2000, 2: 3-10.
[167] L.Amour and J.Faupin, Inverse spectral results in Sobolev spaces for the AKNS operator with partial informations on the potentials[J]. Inverse Probl. Imaging, 2013, 7: 1115-1122.
[168] A.A.Danielyan, B.M.Levitan, and A.B.Khasanov, Asymptotic behavior of Weyl-Titchmarsh m-function in the case of the Dirac system[J]. Math. Notes Acad. Sci. USSR 1991, 50: 816-823 [Translated from Mat. Zametki 50, 77-88 (1991)].
[169] Z.Wei and G.Wei, On the uniqueness of inverse spectral problems associated with incomplete spectral data [J]. J.Math. Anal. Appl. 2018, 462: 697-711.
[170] V.Pivovarchik, Direct and inverse three-point Sturm-Liouville problem with parameter-dependent boundary conditions[J]. Asymptotic Anal. 2001, 26: 219-238.
[171] Y.P.Wang, Uniqueness theorems for Sturm-Liouville operators with boundary conditions polynomially dependent on the eigenparameter from spectral data[J]. Results Math. 2013, 63(3-4): 1131-1144.
[172] R.Kh. Amirov, On system of Dirac differential equations with discontinuity conditions inside an interval[J]. Ukr. Math. J.2005, 57: 712-727.
[173] B.Keskin and A.S.Ozkan, Inverse spectral problems for Dirac operator with eigenvale dependent boundary and jump conditions[J]. Acta Math. Hung. 2011, 130: 309-320.
[174] Z.Wei and G.Wei, Inverse spectral problem for non-selfadjoint Dirac operator with boundary and jump conditions dependent on the spectral parameter[J]. J.Comput. Appl. Math. 2016, 308: 199-214.
[175] C.F.Yang, Hochstadt-Lieberman theorem for Dirac operator with eigenparameter dependent boundary conditions[J]. Nonlinear Anal. 2011, 74: 2475-2484.
[176] I.S.Kac and M.G.Krein, R-functions-analytic functions mapping the upper halfplane into itself[J]. Am. Math. Soc. Transl. 1974, 103(2): 1-18.
[177] V.Kotelnikov, On the carrying capacity of the ether and wire in lecommunications, In: Material for the First All - Union Conference on Questions of Communications [M]. Izd. Red. Upr. Svyazi RKKA, Moscow, 1933.
[178] C.E.Shannon, Communications in the presence of noise[J]. Proc. Inst. Radio Eng. 1949, 37: 10-21.
[179] E.T.Whittaker, On the functions which are represented by the expansion of the interpolation theory[J]. Proc. R.Soc. Edinb., Sect. A.1915, 35: 181-194.
[180] M.M.Tharwat, A.H. Bhrawy, and A.Yildirim, Numerical computation of the eigenvalues of a discontinuous Dirac system using the sinc method with error analysis[J]. Int. J.Comput. Math. 2012, 89: 2061-2080.
[181] M. M. Tharwat, A. H. Bhrawy, and A. Yildirim, Numerical computation of eigenvalues of discontinuous Sturm-Liouville problems with parameter dependent boundary conditions using sinc method[J]. Numer. Algorithms, 2013, 63: 27-48.
[182] M.M.Tharwat, A.H. Bhrawy, and A.Yildirim, Sampling of discontinuous Dirac systems[J]. Numer. Funct. Anal. Optim. 2013, 34: 323-348.
[183] M. M. Tharwat, A. H. Bhrawy, and A. Yildirim, Approximation of eigenvalues of discontinuous Sturm - Liouville problems with eigenparameter in all boundary conditions [J]. Bound. Value Probl. 2013, 132.
[184] M.M.Tharwat, A.H. Bhrawy, and A.Yildirim, Computation of eigenvalues of discontinuous Dirac system using Hermite interpolation technique[J]. Adv. Differ. Equ. 2012, 59.
[185] A.H. Bhrawy, M.M.Tharwat, and A.Al-Fhaid, Numerical algorithms for computing eigenvalues of discontin-

uous Dirac system using sinc-Gaussian method[J]. Abstr. Appl. Anal. 2012: 925134.

[186] M.G.Gasymov and T.T.Dzhabiev, Determination of a system of Dirac differential equations using two spectra [M]. In: Proceedings of School-Seminar on the Spectral Theory of Operators and Representations of Group Theory, pp. 46-71. Élm, Baku (1975) (in Russian)

[187] M.G.Gasymov, Inverse problem of the scattering theory for Dirac system of order 2n[J]. Tr. Mosk. Mat. Ob^s. 1968, 19: 41-112.

[188] B.A.Watson, Inverse spectral problems for weighted Dirac systems[J]. Inverse Probl. 1999, 15: 793-805.

[189] Y.Guo and G.Wei, Inverse problems: dense nodal subset on an interior subinterval[J]. J.Differ. Equ. 2013, 255: 2002-2017.

[190] C.K.Law, C-L Shen, and C-F Yang, The inverse nodal problem on the smoothness of the potential function [J]. Inverse Probl. 1999, 15: 253-263.

[191] C.K.Law and C-L.Shen, On the well-posedness of the inverse nodal problem[J]. Inverse Probl. 2001, 17: 1493-1512.

[192] J.R.McLaughlin, Inverse spectral theory using nodal points as data-a uniqueness result[J]. J.Differ. Equ. 1988, 73: 354-362.

[193] X. F.Yang, A new inverse nodal problem[J]. J.Differ. Equ. 2001, 169: 633-653.

[194] C-F.Yang and Z-Y.Huang, Reconstruction of the Dirac operator from nodal data[J]. Integral Equ. Oper. Theory, 2010, 66: 539-551.

[195] S.A.Buterin and C-T.Shieh, Incomplete inverse spectral and nodal problems for differential pencils[J]. Results Math. 2012, 62: 167-179.

[196] C-T.Shieh and V.A.Yurko, Inverse nodal and inverse spectral problems for discontinuous boundary value problems[J]. J.Math. Anal. Appl. 2008, 347: 266-272.

[197] M.M.Malamud, Uniqueness questions in inverse problems for systems of differential equations on a fifinite interval[J]. Trans. Mosc. Math. Soc. 1999, 60: 173-224 .

[198] Y.T.Chen, Y.H. Cheng, C.K.Law, and J.Tsay, L1 Convergence of the reconstruction formula for the potential function[J]. Proc. Am. Math. Soc. 2002, 130: 2319-2324.

[199] S.Fu, Z.Xu, and G.Wei, The Interlacing of spectra between contionuous and discontinuous Sturm-Liouville problems and its application to inverse problems[J]. Taiwanese J.Math., 2012, 16: 651-663.

[200] S.Albeverio, R.Hryniv, and Y.Mykytyuk, Inverse spectral problems for Dirac operators with summable potentials[J]. Inverse problems, 2008, 2: 589-600.

[201] W.N. Everitt, D.B.Hinton, and J.K.Shaw, The asymptotic form of the Tithmarsh-Weyl coefficient for Dirac system[J]. J.Londen. Math. Soc., 1983, 27: 465-476.

[202] D.Boleyti and H. Gene, A survey of matrix inverse eigenvalue problems[J]. Inverse Problems, 1987, 3: 595-622.

[203] L.Borcea and V.Druskin, Optimal finite difference grids for direct and inverse Sturm-Liouville problems[J]. Inverse Problems 2002, 18: 979-1001.

[204] L.Borcea and V.Druskin, Knizhnerman, On the continuum limit of a discrete inverse spectral problem on optimal finite difference grids Commun[J]. Pure Appl. Math., 2005, 58: 1231-1279.

[205] P.Deift, F.Lund, and E.Trubowitz, Nonlinear wave equations and constrained harmonic motion Commun[J]. Math. Phys. 1980, 74: 141-188.

[206] P.Deift and T.Nanda, On the determination of a tridiagonal matrix from its spectrum and a submatrix[J]. Linear Algebra Appl. 1984, 60: 43-55.

[207] F.Gesztesy and B.Simon, m-functions and inverse spectral analysis for finite and semin finite Jacobi matrices [J]. Analyse Math. 1997, 73 : 267-297.

[208] G.M.L.Gladwell, Inverse Problems in Vibration[M]. Dordrecht: Nijhoff, 1986.

[209] O.Hald, Inverse eigenvalue problems for Jacobi matrices[J]. Linear Algebra Appl. 1976, 1463-1485.

[210] H.Hochstadt, On some inverse problems in matrix theory[J]. Arch. Math. 1967, 18: 201-207.

[211] P.Nyleny and E.Uhligz, Inverse eigenvalue problem: existence of special spring-mass systems[J]. Inverse Problems 1997, 13: 1071-1081.

[212] Y.M.Ram, Inverse eigenvalue problem for a modified vibrating system[J]. SIAM J.Appl. Math. 1993, 53: 1762-1775.

[213] C-T.Shieh, Some inverse problems on Jacobi matrices[J]. Inverse Problems, 2004, 20: 589-600.

[214] B.Simon, The classical moment problem as a self-adjoint finite difference operator[J]. Adv. Math. 1998, 137: 82-203.

[215] C.De Boor and G.H.Golub, The numerically stable reconstruction of a Jacobi matrix from spectral data [J]. Linear Algebra Appl. 1978, 21: 245-260.

[216] M.T.Chu, Inverse eigenvalue problems[J]. SIAM Rev. 1998, 40: 1-39 .

[217] M.T.Chu and G.H.Golub, Inverse Eigenvalue Problems: Theory, Algorithms and Applications[M]. Oxford University Press, Oxford, 2005 .

[218] P.A . Cojuhari and L.P.Nizhnik, Hochstadt inverse eigenvalue problem for Jacobi matrices[J]. J.Math. Anal. Appl. 2017, 455: 439-451 .

[219] H.Dai, On the construction of a Jacobi matrix from its spectrum and a submatrix[J]. Trans. Nanjing Univ. Aeronaut. Astronaut. 1994, 1: 55-59 .

[220] J.H.Davenport, Y.Siret, and E.Tournier, Computer Algebra: Systems and Algorithms for Algebraic Computation[M]. Academic Press, London, 1988 .

[221] Q.Kong and A.Zettl, The study of Jacobi and cyclic Jacobi matrix eigenvalue problems using Sturm-Liouville theory[J]. Linear Algebra Appl. 2011, 434 : 1648-1655 .

[222] L.P.Nizhnik, On the inverse eigenvalue problem for a Jacobi matrices with mixed given data[J]. Methods Funct. Anal. Topol. 2018, 24: 178-186 .

[223] G.Wei and Z.Wei, Inverse spectral problem for Jacobi matrices with partial spectral data[J]. Inverse Probl. 2011, 27: 075007 .

[224] Y.Wei, A Jacobi matrix inverse eigenvalue problem with mixed data[J]. Linear Algebra Appl. 2013, 439: 2774-2783 .

[225] Y.Wei and H.Dai, An inverse eigenvalue problem for Jacobi matrix[J]. Appl. Math. Comput. 2015, 251: 633-642 .

[226] S.F.Xu, On the Jacobi matrix inverse eigenvalue problem with mixed given data[J]. SIAM J.Matrix Anal. Appl. 1996, 17: 632-639 .